计算机系列教材

傅　兵　编著

软件质量和测试

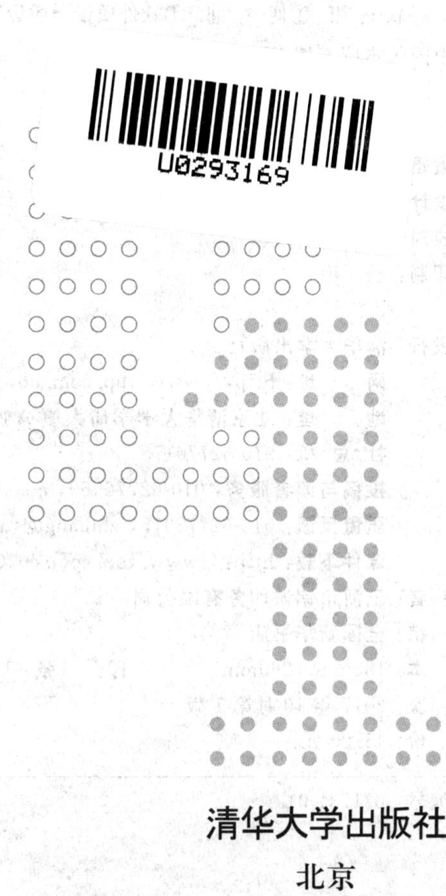

清华大学出版社
北京

内 容 简 介

现在，国内许多高校的计算机科学与技术、软件工程及其相关专业纷纷开设软件质量保证和软件测试相关课程，以培养更多的软件人才。为了适应当前教学的需要，编者查阅了大量国内外有关软件质量和测试方面的著作和文献，并结合自己多年的从业和教学经验编写了本书。本书的特点是技术介绍全面，实践和理论并重，实例多。

本书着重介绍软件质量和测试及管理技术理论中最重要、最精华的部分，注重知识点的融会贯通；而不是面面俱到，没有重点和特色。本书中既有整体框架，又有重点理论和技术。

全书分两篇，共12章。第一篇软件质量包括第1～5章：第1章软件质量概述，第2章软件质量度量和配置管理，第3章软件质量标准，第4章软件全面质量管理，第5章软件评审；第二篇软件测试包括第6～12章：第6章软件测试基础，第7章白盒测试，第8章黑盒测试，第9章集成测试，第10章系统测试，第11章软件测试自动化，第12章软件测试管理。

本书可以作为高校计算机科学与技术专业、软件工程专业及其相关专业本科生或研究生的教材，也可以作为软件开发人员、软件质量保证人员和软件测试人员的参考书，还适合广大计算机用户阅读。

图书在版编目(CIP)数据

软件质量和测试/傅兵编著. —北京：清华大学出版社，2017(2020.2重印)
(计算机系列教材)
ISBN 978-7-302-47257-5

Ⅰ. ①软… Ⅱ. ①傅… Ⅲ. ①软件质量—质量管理—教材 ②软件—测试—教材 Ⅳ. ①TP311.5

中国版本图书馆CIP数据核字(2017)第125961号

责任编辑：白立军　张爱华
封面设计：常雪影
责任校对：时翠兰
责任印制：杨　艳

出版发行：清华大学出版社
网　　址：http://www.tup.com.cn，http://www.wqbook.com
地　　址：北京清华大学学研大厦A座　　**邮　　编**：100084
社 总 机：010-62770175　　**邮　　购**：010-62786544
投稿与读者服务：010-62776969，c-service@tup.tsinghua.edu.cn
质量反馈：010-62772015，zhiliang@tup.tsinghua.edu.cn
课件下载：http://www.tup.com.cn，010-83470236
印 装 者：三河市铭诚印务有限公司
经　　销：全国新华书店
开　　本：185mm×260mm　　**印　　张**：19.75　　**字　　数**：451千字
版　　次：2017年10月第1版　　**印　　次**：2020年2月第2次印刷
定　　价：45.00元

产品编号：071731-01

《软件质量和测试》前言

随着信息技术的发展，软件已经渗透到人们生活的各个领域，成为人们生活中不可缺少的一部分。伴随软件的广泛使用，人们对软件质量的要求越来越高；同时由于软件系统变得越来越复杂，如何提高软件质量是广大计算机技术人员所关注的，这使软件开发人员和软件测试人员面临着巨大挑战。

软件质量和测试行业的理论、技术、管理和工具等都在不断更新和发展。与此同时，软件质量管理和软件测试方面的书籍也涌现出来，但将二者很好的结合的书籍却十分有限。本书是供此专业领域的学生以及软件质量管理人员和软件测试人员学习的一本很好的专业用书。本书力争做到二者兼顾：一是兼顾了相关技术和理论知识的介绍；二是兼顾了实践的培养和自动化工具的使用。另外，本书对软件开发各个阶段的软件质量保证活动的理论、方法和应用等进行了详细的阐述，同时对软件测试的方法、测试工具和软件测试的全过程等内容进行了全面的介绍。

本书分两篇，第一篇软件质量部分的主要内容如下。

第 1 章软件质量概述，首先介绍了软件和软件工程，接着重点阐述了软件质量的含义以及软件质量保证和软件质量模型，最后介绍了软件缺陷的含义、产生的原因，软件缺陷的严重性、优先级、构成、预防和修复等。

第 2 章软件质量度量和配置管理，分别讲述了软件质量度量和软件配置管理的含义、内容和常见问题。

第 3 章软件质量标准，首先概述了软件质量标准，其次详细讲述了 CMM 和 CMMI 的含义、基本内容和二者的区别等内容，然后介绍了 ISO 9000 软件质量标准，最后介绍了其他质量标准。

第 4 章软件全面质量管理，讲述了软件全面质量管理的含义、步骤和评审、软件全面质量管理中的团队和质量控制。

第 5 章软件评审，介绍了软件评审的含义和主要内容，以及软件评审的几个阶段：需求评审、概要设计评审、详细设计评审、测试评审等内容，然后介绍了如何避免进入评审误区，最后讲述了软件评审中的角色和职能。

第二篇软件测试部分的主要内容如下。

第 6 章软件测试基础，从软件开发的过程入手，通过介绍软件缺陷造成的重大损失和灾难，阐述了软件测试的定义、软件测试的过程，介绍了软件测试的原则与误区，以及软件测试的发展等。

第 7 章白盒测试，介绍了白盒测试的基本概念，详细阐述了逻辑驱动覆盖测试的几种覆盖标准：语句覆盖、判定覆盖、条件覆盖、判定/条件覆盖、条件组合覆盖、路径覆盖和修订的条件/判定覆盖等白盒测试的方法，还介绍了其他几种白盒测试方法和代码检查方法。

第 8 章黑盒测试，介绍黑盒测试的基本概念，常用的黑盒测试方法，包括等价类划分、边界值分析法、因果图法、决策表法、正交实验设计法，以及其他黑盒测试方法等。

第 9 章集成测试，介绍了集成测试的概念、方法，集成测试用例设计，集成测试过程等。

第 10 章系统测试，详细阐述了系统测试方法，包括性能测试、压力测试、容量测试、健壮性测试、安全性测试、可靠性测试、兼容性测试、可用性测试、安装性测试、容错性测试、冒烟测试、GUI 软件测试、文档测试、网站测试、恢复测试、协议测试、验收测试等。

第 11 章软件测试自动化，介绍了软件测试自动化基础，包括软件测试自动化的含义和软件测试自动化的特点，以及软件测试自动化的实施和软件测试自动化工具的选择与比较，比较详细地介绍了几款国内外著名的测试工具，即 LoadRunner、WinRunner 和 AutoRunner。

第 12 章软件测试管理，介绍了如何建立软件测试管理、软件测试管理的基本内容和常用的软件测试管理工具等。

本书由傅兵撰写和统稿，韩冬、韩秉霖也参与了编写。

在本书编写过程中，参阅了很多国内外同行的著作和论文等文献资料，在此对这些资料的作者表示衷心的感谢。同时也感谢清华大学出版社给予的帮助和支持。

由于编者的水平有限，加之时间仓促，书中难免存在疏漏之处，希望专家、同行和广大读者批评指正。

编者

2017 年 7 月

第一篇 软件质量

第一篇

软 件 质 量

第1章　软件质量概述

随着软件行业的高速发展、软件的复杂度增加和规模的日益扩大，软件的功能也从开始阶段的单一化和简单化，发展到越来越复杂，逐步暴露出一些软件质量问题。各个企业为了在激烈的市场竞争中立于不败之地，想尽一切办法来提高软件质量，以促使软件质量不断提升。

1.1　软件开发过程

软件是软件开发的基础，软件在现代社会中占有重要的地位，经过数十年的发展，软件产业已经成为信息社会的支柱产业之一。软件规模和复杂度的增加导致软件质量的下降，软件质量的下降导致了软件危机，软件工程正是为了保证软件产品质量而诞生的，软件开发过程是一个系统工程。要想提高软件产品的质量，软件质量保证工作一定要贯穿于整个软件产品开发的整个阶段。

1.1.1　计算机软件

1. 计算机软件的概念

计算机软件(Computer Software)是指计算机系统中的程序、数据及其文档。程序是计算任务的处理对象和处理规则的描述。文档是为了便于了解程序所需的阐明性资料。程序必须装入机器内部才能工作，文档一般是给人阅读的，不一定装入机器。

1）计算机软件的含义

计算机软件的含义包括三个部分。

(1) 当其运行时，能够提供所要求功能和性能的指令或计算机程序集合。

(2) 程序能够满意地处理信息的数据结构。

(3) 描述程序功能需求以及程序如何操作和使用所要求的文档。

软件是用户与硬件之间的接口，用户主要是通过软件与计算机进行交流。软件是计算机系统设计的重要依据。为了方便用户，为了使计算机系统具有较高的总体效用，在设计计算机系统时，必须通盘考虑软件与硬件的结合，以及用户对软件的要求。

2）计算机软件的特点

计算机软件的特点如下。

(1) 计算机软件与一般作品的目的不同。计算机软件多用于某种特定目的，如控制一定生产过程，使计算机完成某些工作；而一般作品，例如文学作品，则是为了阅读欣赏，满足人们精神文化生活需要。

(2) 要求法律保护的侧重点不同。著作权法一般只保护作品的形式，不保护作品的内容。而计算机软件则要求保护其内容。

(3) 计算机软件语言与作品语言不同。计算机软件语言是一种符号化、形式化的语言,其表现力十分有限;文字作品则是人类的自然语言,其表现力十分丰富。

(4) 计算机软件可援引多种法律保护,文字作品则只能援引著作权法。

2. 计算机软件分类

计算机软件总体分为系统软件和应用软件两大类。

系统软件是负责管理计算机系统中各种独立的硬件,使得它们可以协调工作。系统软件使得计算机使用者和其他软件将计算机当作一个整体而不需要顾及底层每个硬件是如何工作的。

系统软件包括各类操作系统,如 Windows、Linux、UNIX 等,还包括操作系统的补丁程序及硬件驱动程序。此外,系统软件还包括一系列基本的工具软件。

应用软件是为了某种特定的用途而被开发的软件。它可以是一个特定的程序,也可以是一组功能联系紧密且互相协作的程序的集合,例如微软的 Office 软件。

较常见的应用软件有文字处理软件,如 Word 等;信息管理软件;辅助设计软件,如 AutoCAD;实时控制软件;教育与娱乐软件等。

3. 几种常用软件的含义

1) 操作系统

操作系统(Operating System,OS)是管理、控制和监督计算机软、硬件资源协调运行的程序系统,由一系列具有不同控制和管理功能的程序组成,它是直接运行在计算机硬件上的最基本的系统软件,是系统软件的核心。操作系统是计算机发展中的产物,它的主要目的有两个:一是方便用户使用计算机,是用户和计算机的接口,例如用户输入一条简单的命令就能自动完成复杂的功能,这就是操作系统帮助的结果;二是统一管理计算机系统的全部资源,合理组织计算机工作流程,以便充分、合理地发挥计算机的效率。

2) 语言处理系统(翻译程序)

机器语言是计算机唯一能直接识别和执行的程序语言。如果要在计算机上运行高级语言程序,就必须配备程序语言翻译程序(或简称翻译程序)。翻译程序本身是一组程序,不同的高级语言都有相应的翻译程序。

对于高级语言来说,翻译的方法有两种:一种称为“解释”。早期的 BASIC 源程序的执行都采用这种方式。它调用机器配备的 BASIC“解释程序”,在运行 BASIC 源程序时,逐条对 BASIC 的源程序语句进行解释和执行,它不保留目标程序代码,即不产生可执行文件。这种方式速度较慢,每次运行都要经过“解释”,边解释边执行。另一种称为“编译”,它调用相应语言的编译程序,把源程序变成目标程序(以.OBJ 为扩展名),然后再连接程序,把目标程序与库文件相连接形成可执行文件。尽管编译的过程复杂一些,但它形成的可执行文件(以.EXE 为扩展名)可以反复执行,速度较快。对源程序进行解释和编译任务的程序,分别叫作编译程序和解释程序。

3）服务程序

服务程序能够提供一些常用的服务性功能，它们为用户开发程序和使用计算机提供了方便，像微机上经常使用的诊断程序、调试程序、编辑程序均属此类。

4）数据库管理系统

在信息社会里，社会和生产活动产生的信息很多，使人工管理难以应对，人们希望借助计算机对信息进行搜集、存储、处理和使用。数据库系统(Data Base System，DBS)就是在这种需求背景下产生和发展的。数据库是指按照一定联系存储的数据集合，可为多种应用共享。数据库管理系统(Data Base Management System，DBMS)则是能够对数据库进行加工、管理的系统软件。其主要功能是建立、消除、维护数据库及对库中数据进行各种操作。数据库系统主要由数据库、数据库管理系统以及相应的应用程序组成。数据库系统不但能够存放大量的数据，更重要的是能迅速、自动地对数据进行检索、修改、统计、排序、合并等操作，以得到所需的信息。

5）应用软件

为解决各类实际问题而设计的程序系统称为应用软件。从其服务对象的角度，又可分为通用软件和专用软件两类。通用软件通常是为解决某一类问题而设计的，而这类问题是很多人都要遇到和解决的，例如文字处理、表格处理、电子演示等。市场上可以买到通用软件，而具有特殊功能和需求的软件是无法买到的，需要用户自己组织开发这样的软件即为专用软件。

1.1.2 软件开发过程

软件开发过程是软件工程的重要部分，也是软件测试的基础。软件开发流程即软件设计思路和方法的一般过程，包括设计软件的功能和实现的算法和方法、软件的总体结构设计和模块设计、编程和调试、程序联调和测试以及编写、提交程序，最后达到用户的满意。

通常的软件开发过程包括六个阶段：需求分析、概要设计、详细设计、编写代码、软件测试与运行维护。

1. 需求分析

1）系统分析员向用户初步了解需求，然后列出要开发的系统的大功能模块、每个大功能模块有哪些小功能模块，对于有些需求比较明确的相关界面，在这一步里可以初步定义好少量的界面。

2）系统分析员进一步了解和分析需求，根据自己的经验和需求用相关的工具做出一份文档系统的功能需求文档。这次的文档会清楚列出系统大致的大功能模块、大功能模块有哪些小功能模块，并且列出相关的界面和界面功能。

3）系统分析员向用户再次确认需求。

2. 概要设计

开发者需要对软件系统进行概要设计，即系统设计。概要设计需要对软件系统的设计进行考虑，包括系统的基本处理流程、系统的组织结构、模块划分、功能分配、接口设计、运行设计、数据结构设计和出错处理设计等，为软件的详细设计提供基础。

3. 详细设计

在概要设计的基础上，开发者需要进行软件系统的详细设计。在详细设计中，描述实现具体模块所涉及的主要算法、数据结构、类的层次结构及调用关系，需要说明软件系统各个层次中的每一个程序（每个模块或子程序）的设计考虑，以便进行编码和测试。应当保证软件的需求完全分配给整个软件。详细设计应当足够详细，能够根据详细设计报告进行编码。

4. 编写代码

在软件编码阶段，开发者根据《软件系统详细设计报告》中对数据结构、算法分析和模块实现等方面的设计要求，开始具体的编写程序工作，分别实现各模块的功能，从而实现对目标系统的功能、性能、接口、界面等方面的要求。在规范化的研发流程中，编码工作在整个项目流程里最多不会超过 1/2，通常需 1/3 的时间，所谓磨刀不误砍柴工，设计过程完成的好，编码效率就会极大提高。编码时不同模块之间的进度协调和协作是最需要小心的，也许一个小模块的问题就可能影响了整体进度，让很多程序员因此被迫停下工作等待，这种问题在很多研发过程中都出现过。编码时的相互沟通和应急的解决手段都是相当重要的，对于程序员而言，bug 永远存在，程序员必须永远面对这个问题。

5. 软件测试

将测试编写好的系统交付给用户使用，用户使用后一个一个地确认每个功能。软件测试是项目研发中一个相当重要的步骤，对于一个大型软件，几个月到一年以上的外部测试都是正常的，因为永远都会有不可预料的问题存在。完成测试后，完成验收并完成最后的一些帮助文档，整体项目才算告一段落，当然日后少不了升级，修补等工作。

6. 运行维护

在软件测试证明软件达到要求后，软件开发者应向用户提交开发的目标安装程序、数据库的数据字典、《用户安装手册》《用户使用指南》、需求报告、设计报告、测试报告等双方合同约定的产物。

《用户安装手册》应详细介绍安装软件对运行环境的要求、安装软件的定义和内容、在客户端、服务器端及中间件的具体安装步骤、安装后的系统配置。

《用户使用指南》应包括软件各项功能的使用流程、操作步骤、相应业务介绍、特殊提示和注意事项等方面的内容，在需要时还应举例说明。

软件交给用户使用后，用户应一个一个地确认每个功能，然后验收。运行维护阶段可能维持多年，并且在运行中可能有多种原因需要对软件进行修改和打补丁。

1.1.3 软件开发过程模型

软件开发过程模型是软件工程思想的具体化，反映了软件生命周期中各阶段之间的衔接和过渡关系以及软件开发的组织方式，是人们在软件开发实践中总结出来的软件开发方法和步骤。软件开发过程模型有瀑布模型、原型模型、螺旋模型、增量模型、喷泉模型、形式化方法、敏捷模型等很多种，这里介绍瀑布模型、原型模型、螺旋模型三种最常见的模型。

1. 瀑布模型

1970 年，温斯顿·罗伊斯提出了著名的瀑布模型(Waterfall Model)，直到 20 世纪 80 年代早期，它一直是唯一被广泛采用的软件开发模型。瀑布模型是将软件生存周期的各项活动规定为按固定顺序而连接的若干阶段工作，形如瀑布流水，最终得到软件产品。

瀑布模型强调系统开发应有完整的周期，将软件生命周期划分为制订计划、需求分析、软件设计、程序编写、软件测试和运行维护六个基本活动，并且规定了它们自上而下、相互衔接的固定次序，如同瀑布流水，逐级下落。

瀑布模型是最早出现的软件开发模型，在软件工程中占有重要的地位，它提供了软件开发的基本框架。其过程是从上一项活动接收该项活动的工作对象作为输入，利用这一输入实施该项活动应完成的内容给出该项活动的工作成果，并作为输出传给下一项活动。同时评审该项活动的实施，若确认，则继续下一项活动；否则返回前面，甚至更前面的活动。但对于经常变化的项目而言，瀑布模型价值不大。采用瀑布模型的软件过程如图 1-1 所示。

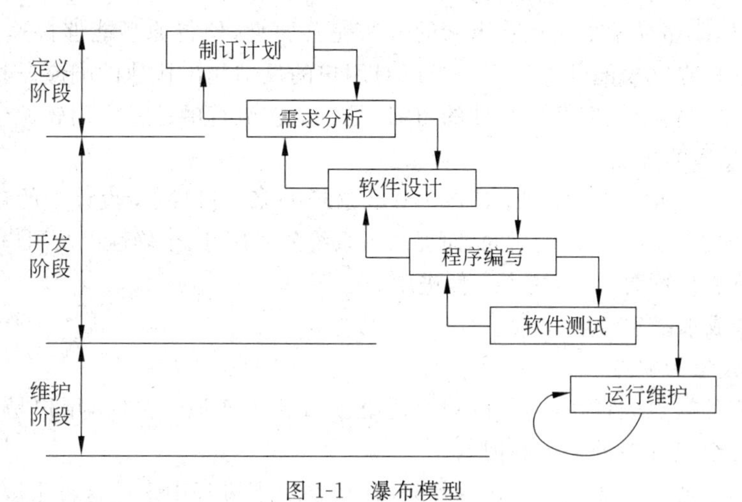

图 1-1 瀑布模型

1）瀑布模型的优点

（1）为项目提供了按阶段划分的检查点。

（2）当前一阶段完成后，只需要去关注后续阶段。

（3）可在迭代模型中应用瀑布模型。

（4）它提供了一个模板，这个模板使得分析、设计、编码、测试和支持的方法可以在该模板下有一个共同的指导。

2）瀑布模型的缺点

（1）各个阶段的划分完全固定，阶段之间产生大量的文档，极大地增加了工作量。

（2）由于开发模型是线性的（瀑布模型又称线性模型），用户只有等到整个过程的末期才能见到开发成果，从而增加了开发风险。

（3）通过过多的强制完成日期和里程碑来跟踪各个项目阶段。

（4）瀑布模型的突出缺点是不适应用户需求的变化。

（5）早期的错误可能要等到开发后期的测试阶段才能发现，进而带来严重的后果。

按照瀑布模型的阶段划分，软件测试可以分为单元测试、集成测试、系统测试。

尽管瀑布模型招致了很多批评，但是它对很多类型的项目而言依然是有效的，如果正确使用，可以节省大量的时间和金钱。对于一个项目而言，是否使用这一模型主要取决于是否能理解客户的需求，以及在项目的进程中这些需求的变化程度。

在瀑布模型中，软件开发的各项活动严格按照线性方式进行，当前活动接受上一项活动的工作结果，实施完成所需的工作内容。当前活动的工作结果需要进行验证，如果验证通过，则该结果作为下一项活动的输入，继续进行下一项活动，否则返回修改。

瀑布模型强调文档的作用，并要求每个阶段都要仔细验证。但是，这种模型的线性过程太理想化，已不再适合现代的软件开发模式，几乎被业界抛弃。

2. 原型模型

原型模型通过向用户提供原型获取用户的反馈，使开发出的软件能够真正反映用户的需求。同时，原型模型采用逐步求精的方法完善原型，使得原型能够快速开发，避免了像瀑布模型一样在冗长的开发过程中难以对用户的反馈作出快速的响应。相对瀑布模型而言，原型模型更符合人们开发软件的习惯，是目前较流行的一种实用软件生存期模型。

1）原型模型的优点

（1）开发人员和用户在原型上达成一致。这样一来，可以减少设计中的错误和开发中的风险，也减少了对用户培训的时间，而提高了系统的实用性、正确性以及用户的满意程度。

（2）缩短了开发周期，加快了工程进度。

（3）降低成本。

2）原型模型的缺点

原型模型的缺点表现在，当告诉用户还必须重新生产该产品时，用户是很难接受的。这往往给工程继续开展带来不利因素。

开发者为了使一个原型快速运行起来，往往在实现过程中采用这种手段，不宜利用原型系统作为最终产品。采用原型模型开发系统，用户和开发者必须达成一致，原型被建造仅仅是用户用来定义需求，之后便部分或全部被抛弃，最终的软件是要充分考虑了质量和可维护性等方面之后才被开发。

3. 螺旋模型

1988 年，巴利·玻姆(Barry Boehm)正式提出了软件系统开发的“螺旋模型”，它将瀑布模型和快速原型模型结合起来，强调了其他模型所忽视的风险分析，特别适合于大型复杂的系统。

1) 采用螺旋模型的软件过程

螺旋模型(Spiral Model)采用一种周期性的方法来进行系统开发。这会导致开发出众多的中间版本。使用它项目经理在早期就能够为客户实证某些概念。该模型是快速原型法，以进化的开发方式为中心，在每个项目阶段使用瀑布模型法。这种模型的每一个周期都包括制订计划、风险分析、实施工程和客户评估四个阶段，由这四个阶段进行迭代。软件开发过程每迭代一次，软件开发又前进一个层次。采用螺旋模型的软件过程如图 1-2 所示。

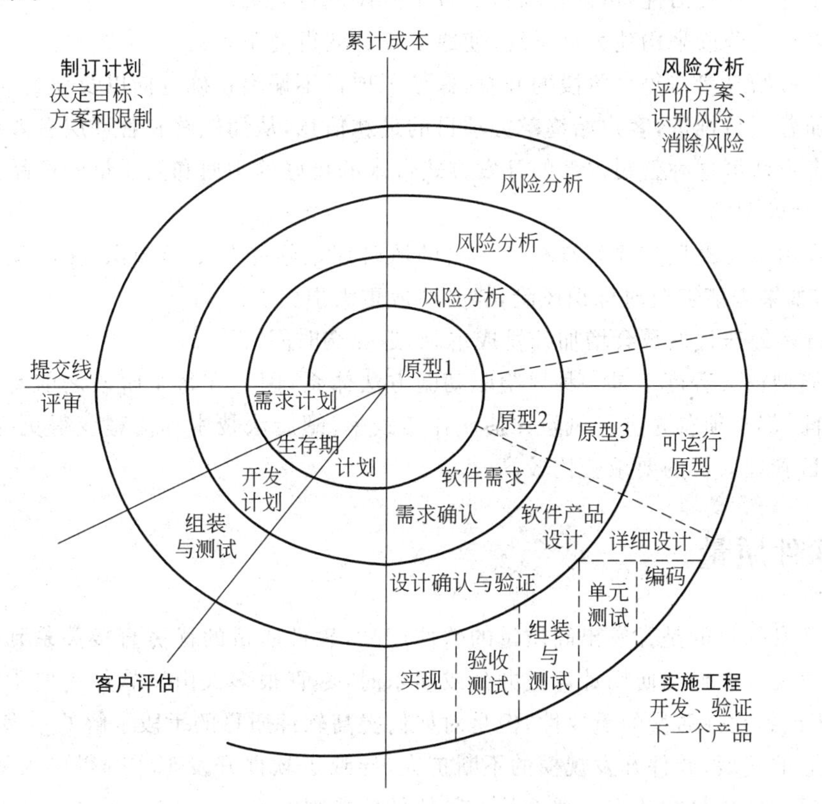

图 1-2 采用螺旋模型的软件过程

螺旋模型沿着螺线进行若干次迭代，图中的四个象限代表了以下活动。

(1) 制订计划：确定软件目标，选定实施方案，弄清项目开发的限制条件；

(2) 风险分析：分析评估所选方案，考虑如何识别和消除风险；

(3) 实施工程：实施软件开发和验证；

(4) 客户评估：评价开发工作，提出修正建议，制订下一步计划。

螺旋模型的基本做法是在瀑布模型的每一个开发阶段前引入非常严格的风险识别、风险分析和风险控制，它把软件项目分解成一个个小项目。每个小项目都标识一个或多个主要风险，直到所有的主要风险因素都被确定。

螺旋模型强调风险分析，使得开发人员和用户对每个演化层出现的风险有所了解，继而做出应有的反应，因此特别适用于庞大、复杂并具有高风险的系统。对于这些系统，风险是软件开发不可忽视且潜在的不利因素，它可能在不同程度上损害软件开发过程，影响软件产品的质量。减小软件风险的目标是在造成危害之前，及时对风险进行识别及分析，决定采取何种对策，进而消除或减少风险的损害。

螺旋模型由风险驱动，强调可选方案和约束条件，从而支持软件的重用，有助于将软件质量作为特殊目标融入产品开发之中。

2）螺旋模型的优点

(1) 设计上的灵活性，可以在项目的各个阶段进行变更。

(2) 以小的分段来构建大型系统，使成本计算变得简单容易。

(3) 客户始终参与每个阶段的开发，保证了项目不偏离正确方向以及项目的可控性。

(4) 随着项目推进，客户始终掌握项目的最新信息，从而能够和管理层有效地交互。

(5) 客户认可这种公司内部的开发方式带来的良好的沟通和高质量的产品。

3）螺旋模型的缺点

(1) 采用螺旋模型需要具有相当丰富的风险评估经验和专门知识，在风险较大的项目开发中，如果未能够及时标识风险，势必造成重大损失。

(2) 过多的迭代次数会增加开发成本，延迟提交时间。

螺旋模型很大程度上是一种风险驱动的方法体系，因为在每个阶段之前及经常发生的循环之前，都必须首先进行风险评估。在实践中，螺旋法技术和流程变得更为简单，但是对于项目管理人员的要求会比较高。

1.2 软件质量

软件开发的目的是开发出高质量的软件产品，软件质量的优劣直接关系到我国计算机产业的发展。人们在使用计算机办公或娱乐时，尽管很多人由于软件需要不断地打补丁，逐步认识到软件质量的重要性，但是对如何提高软件质量的手段了解的不多。随着我国软件产业的发展、软件开发规模的不断扩大，导致了软件开发工作变得更为复杂，因此要求加强对软件质量的认识。那么什么是软件质量呢？

1.2.1 软件质量概述

1. 质量

质量的内容十分丰富，随着社会经济和科学技术的发展，也在不断充实、完善和深化，与此同时，人们对质量概念的认识也经历了一个不断发展和深化的历史过程。首先，质量是一个物理的概念，即量度物体惯性大小的物理量。其次，质量还有其社会学领域的含义，反映其价值或主体感受的量。目前有代表性的质量概念有：

1）在《辞海》中的定义

质量是反映产品或工作的优劣程度的标志。

2）朱兰的质量定义

美国著名的质量管理专家朱兰(J. M. Juran)博士从客户的角度出发，提出了产品质量就是产品的适用性，即产品在使用时能成功地满足用户需要的程度。用户对产品的基本要求就是适用，适用性恰如其分地表达了质量的内涵。

3）克劳斯比、德鲁克和菲根堡姆的质量定义

美国质量管理专家克劳斯比从生产者的角度出发，曾把质量概括为“产品符合规定要求的程度”；美国的质量管理大师德鲁克认为“质量就是满足需要”；全面质量控制的创始人菲根堡姆认为“产品或服务质量是指营销、设计、制造、维修中各种特性的综合体”。

从三个定义可以看出，质量不是一个固定不变的概念，它是动态的、变化的、发展的；它随着时间、地点、使用对象的不同而不同，随着社会的发展、技术的进步而不断更新和丰富。所以，质量是一个综合的概念。它并不要求技术特性越高越好，而是追求性能、成本、数量、交货期、服务等因素的最佳组合。

4）ISO 8402 的质量定义

质量是反映实体满足明确或隐含需要能力的特性总和。

- 在合同环境中，需要是规定的，而在其他环境中，隐含需要则应加以识别和确定。
- 在许多情况下，需要会随时间而改变，这就要求定期修改规范。

从定义可以看出，质量就其本质来说是一种客观事物具有某种能力的属性，由于客观事物具备了某种能力，才可能满足人们的需要，需要由两个层次构成。第一个层次是产品或服务必须满足规定或潜在的需要；第二个层次是在第一层次的前提下，质量是产品特征和特性的总和。因此，质量定义的第二个层次实质上就是产品的符合性。

5）ISO 9000 的质量定义

国际标准化组织(ISO)2005 年颁布的 ISO 9000—2005《质量管理体系基础和术语》中对质量的定义是：一组固有特性满足要求的程度。

2. 软件质量的定义

软件质量的定义根据侧重点的不同有多种，下面是几个比较权威的定义。

IEEE(Institute of Electrical and Electronics Engineers，电气和电子工程师协会)中关于软件质量的定义是：系统、部件或者过程满足规定需求的程度；系统、部件或者过程满足客户或者用户需求或期望的程度。

1979 年，Fisher 和 Light 将软件质量定义为：表征计算机系统卓越程度的所有属性的集合。1982 年，他们将软件质量定义修改为：软件产品满足明确需求一组属性的集合。

ANSI(American National Standards Institute，美国国家标准学会)在 1983 年给软件质量下的定义是：与软件产品满足规定的和隐含的需求能力有关的特征和特性的全体。

1994年，国际标准化组织ISO 8042将软件质量定义为：反映实体满足明确的和隐含的需求的能力和特性的总和。

ISO/IEC 9126将软件质量定义为：它集合了软件产品需达到指定人员和指定要求的总和，指定的要求一般包括对软件的性能、软件的兼容性、软件的主体功能等各个方面的描述和定义说明。软件质量的优劣决定了其软件产品是否满足用户的需求。衡量软件质量好坏的标准通常是交付的软件产品的缺陷数量的多少。对软件产品的质量影响的因素包括人、技术和过程，这些因素同样也决定了生产效率的高低。

GB/T 12504—1990对软件质量定义是：软件质量是指软件产品中能满足给定需求的各种特性的总和。这些特性称为质量特性，包括功能度、可靠性、易用性、时间经济性、可维护性和移植性等。

GB/T 11457—2006对软件质量定义是：

(1) 软件产品中能满足给定需求的性质和特性的总体。

(2) 软件具有所期望的各种属性的组合程度。

(3) 顾客和用户觉得软件满足其综合期望的程度。

(4) 确定软件在使用中将满足顾客期望要求的程度。

反映软件质量特性的主要因素如下。

- 正确性(Correctness)：系统满足规格说明和用户目标的程度，即在预订环境下正确地完成预期功能的程度。
- 可用性(Availability)：系统能够正常运行的时间比例。
- 可靠性(Reliability)：系统在应用或者错误面前，在意外或者错误使用的情况下维持软件系统功能特性的能力。
- 健壮性(Robustness)：在处理或者环境中系统能够承受的压力或者变更能力。
- 安全性(Security)：系统向合法用户提供服务的同时能够阻止非授权用户使用的企图或者拒绝服务的能力。
- 可修改性(Modification)：能够快速地以较高的性能价格比对系统进行变更的能力。
- 可变性(Changeability)：体系结构扩充或者变更成为新体系结构的能力。
- 易用性(Usability)：衡量用户使用软件产品完成指定任务的难易程度。
- 可测试性(Testability)：软件发现故障并隔离定位其故障的能力特性，以及在一定的时间或者成本前提下进行测试设计、测试执行能力。
- 功能性(Functionability)：系统所能完成所期望工作的能力。
- 互操作性(Inter-Operation)：系统与外界或系统与系统之间的相互作用能力。
- 效率(Efficiency)：系统能否有效地使用计算机资源，如时间和空间等。
- 可理解性(Understandability)：通常是指简单性和清晰性，对于同一用户要求，解决的方案可以有多个，其中最简单、最清晰的方案往往被认为是最好的方案。

总之，一个软件系统的质量应该从可维护性、可靠性、可理解性、效率等多个方面全面地进行评价。对于不同的软件系统，各个目标的重要程度是不同的，每个目标要求达到什么程度又受经费、时间等因素的限制，所以在开发具体软件系统的过程中，开发人员应该充分考虑各种不同的方案，在各种矛盾的目标之间做权衡，并在一定的限制条件下使可维护性、可靠性、可理解性和效率等性质最大限度地得到满足。

3. 影响软件质量的因素

软件质量问题主要来源于软件的开发过程，而影响开发过程质量的主要包括软件开发所采用的技术、开发者个人的业务经历水平和开发所使用的工具。常见影响软件质量的因素通常有以下几个方面：

(1) 需求分析问题。首先，开发者与用户交流不充分，对用户的需求了解不清楚，导致软件需求规格说明不完整、不准确；其次，用户需求可能存在变更时，用户需求变更管理不到位，软件开发者没有及时更新软件需求和软件，或者软件更改过程中引入新的缺陷。

(2) 软件设计问题。一些软件开发人员往往不重视软件的概要设计和详细设计，边写代码边做软件设计，或者更有甚者软件开发人员先编写代码后写设计方案，导致开发出来的软件不符合用户需求。

(3) 编写代码问题。主要表现在软件代码编写不规范和不严谨等，导致很多软件缺陷的产生，例如：存储器泄露、数组越界、数据转换溢出、非法计算故障、空指针等低级软件缺陷模式的产生。

(4) 软件测试问题。此类问题主要表现在软件开发者对软件测试的不重视和测试不够充分等，把软件测试当成可有可无的事情。

(5) 规则模式问题。软件开发总要遵循一定的规则，违反这些规则也是不允许的。例如：声明定义问题、版面书写问题、分支控制问题、指针使用问题、运算处理问题等。

(6) 软件文档问题。一些软件公司和开发人员不重视软件文档，产生文档描述的二义性、不同部分的文档描述不清楚不一致、文档版本更新不及时等。

此外，软件产品的质量一方面由软件本身质量的管理决定，另一方面由对软件生命周期内所有过程的管理决定。软件过程管理是软件质量提升的主要手段，它通过对软件各个阶段的控制及不断的改进来提高软件产品的质量。高质量的软件产品是软件开发人员的目标，从软件的规划、产品的预研、产品的开发、产品的测试和产品的验收几个阶段进行严格把关。软件产品的测试也是软件过程中对软件质量影响非常重大的一个环节，该阶段测试工程师需依据用户需求对产品的功能、性能、兼容性、易用性、安全性等进行测试，同时需检查用户需求中所提到的产品功能是否实现，是否有未在开发范围的产品功能产生。软件测试是软件质量的重要保证。

1.2.2 软件质量保证

目前，质量管理越来越受关注，质量意识也不断在创新。单纯的质量检验已经发展到了全面质量管理、能力成熟度模型、零缺陷管理等新的理论、方法和体系。新的质量管理理念使得质量改进过程得到了极大的改善，完善的质量保证体系、严格的质量认证是软件企业提高生产力和竞争力的重要因素。相应地，高度的质量意识正慢慢扎根于软件研发和管理人员的灵魂深处，直至整个组织质量文化的形成，带来的一些有益探索和实践包括敏捷建模、极限编程、软件驱动开发、团队软件过程等。有效的软件质量管理模式和系统的软件质量工程体系正发挥出越来越重要的作用,并贯穿到软件的整个生命周期。

1. 软件质量保证的定义

第一个正式的质量保证和控制部门1916年在贝尔实验室建立,此后迅速普及。IBM公司曾有过相关报告,通过软件质量保证活动,软件质量可以提高3～5倍。

软件质量保证(Software Quality Assurance,SQA)是建立一套有计划、有系统的方法,来向管理层保证拟定出的标准、步骤、实践和方法能够正确地被所有项目所采用。软件质量保证的目的是使软件过程对于管理人员来说是可见的。它通过对软件产品和活动进行评审和审计来验证软件是合乎标准的。软件质量保证组在项目开始时就一起参与建立计划、标准和过程。这些将使软件项目满足机构方针的要求。

IEEE中对软件质量保证的定义是:质量保证是有计划和系统性的活动,它对部件和产品满足确定的技术需求提供足够的信心。

伴随软件安全性问题,软件测试是利用测试工具按照测试方案和流程对产品进行功能和性能测试。或者根据需要编写不同的测试工具来设计和维护测试系统,并对测试方案可能出现的问题进行分析和评估。同时,在执行测试用例后,需要跟踪故障,以确保开发的软件产品满足需求。软件测试是软件质量保证的关键步骤,软件质量越高,软件发布后的维护费用就越低。软件缺陷发现得越早,软件开发费用就越低。软件工程实践表明,深刻理解软件思想的工程师通过一系列软件测试步骤,可以大幅度地提高软件质量。

2. 软件质量保证的目标

实施软件质量保证的目标是以独立审查方式,从第三方的角度监控软件开发任务的执行,就软件项目是否正遵循已制订的计划、标准和规程给开发人员和治理层提供反映产品和过程质量的信息和数据,提高项目透明度,同时辅助软件工程组取得高质量的软件产品。主要包括以下四个方面:

- 通过监控软件开发过程来保证产品质量;
- 保证开发出来的软件和软件开发过程符合相应标准与规程;
- 保证软件产品、软件过程中存在的不符合问题得到处理,必要时将问题反映给高级治理者;
- 确保项目组制订的计划、标准和规程适合项目组需要,同时满足评审和审计需要。

除了以上四点之外,还希望软件质量保证能作为软件工程过程小组(SEPG)在项目组中的延伸,能够收集项目中好的实施方法和发现实施不利的原因,为修改企业内部软件开发整体规范提供依据,为其他项目组的开发过程实施提供先进方法和样例。

3. 对软件质量保证人员的素质要求

(1) 软件质量保证人员要有很强的沟通能力。从实施软件质量保证的目的中可以看出,软件质量保证不在项目中,是独立于软件项目的第三方,但要了解项目的开发过程和进度,捕捉到项目中不符合要求的问题,这就要求软件质量保证人员能够深入项目,和软件开发经理以及项目组中的开发人员保持很好的沟通，这样才能及时获得真实的项目情况。

（2）软件质量保证人员要熟悉软件开发过程。作为软件质量保证人员，既然要确保项目组制订的计划、标准和规程，要符合项目组要求，那么软件质量保证人员首先自己就要了解软件项目开发过程，以及企业内部已经有的开发过程规范。

（3）软件质量保证人员本身要有很强的计划性。软件质量保证人员一方面要监督软件项目组编写计划，另一方面软件质量保证人员自身的工作也要有计划，并且能够按照计划开展工作。

（4）软件质量保证人员要能应对繁杂的工作。作为软件质量保证人员在跟踪项目进程时要对项目组的很多工作产品进行审计，而且会参与项目组中的多种活动。同时一个软件质量保证人员还有可能会面对多个项目组，所以任务相对繁杂细碎，这就要求软件质量保证人员在处理这些事物时要耐心细致。

（5）软件质量保证人员要客观和有责任心。作为第三方对项目过程进行监督，软件质量保证人员要能保持自己的客观性，不能一味讨好项目经理，也不能成为项目组中的宪兵，否则会影响工作的开展。对于项目组中多次协调解决不了的问题，能够向项目的高层经理进言，完成软件质量保证的使命。

以上五点是作为软件质量保证人员应该具备的基本素质，此外，一个好的软件质量保证人员还应该在软件开发过程中作为开发人员或测试人员参与过一个或多个环节，这样他们才能在过程监督中比较准确地抓住重点，同时他们的意见和提出的解决办法也会更贴近项目组，也容易被项目组接受。

4. 软件质量保证的工作内容

软件质量保证的工作内容主要包括：

1）与软件质量保证计划直接相关的工作

软件质量保证在项目早期要根据项目计划制订与其对应的软件质量保证计划，定义出各阶段的检查重点，标识出检查、审计的工作产品对象，以及在每个阶段软件质量保证的输出产品。定义越具体，对于软件质量保证今后的工作的指导性就会越强，同时也便于软件项目经理和软件质量保证组长对其工作的监督。编写完软件质量保证计划后要组织对软件质量保证计划进行评审，并形成评审报告，把通过评审的软件质量保证计划发送给软件项目经理、项目开发人员和所有相关人员。

2）参与项目的阶段性评审和审计

在软件质量保证计划中通常已经根据项目计划定义了与项目阶段相应的阶段检查，包括参加项目在本阶段的评审和对其阶段产品的审计。阶段产品的审计通常是检查其阶段产品是否按计划按规程输出并内容完整，这里的规程包括企业内部统一的规程，也包括项目组内自己定义的规程。但是软件质量保证一般不负责检查阶段产品内容的正确性，内容的正确性通常交由项目中的评审来完成。软件质量保证参与评审是从保证评审过程有效性方面入手，如参与评审的人是否具备一定资格、是否规定的人员都参加了评审、评审中对被评审的对象的每个部分都进行了评审并给出了明确的结论等。

3）对项目日常活动与规程的符合性进行检查

工作内容是软件质量保证的日常工作内容。由于软件质量保证独立于项目组，假如只是参与阶段性的检查和审计很难及时反映项目组的工作过程，因此软件质量保证也要在两个阶段点之间设置若干小的跟踪点，来监督项目的进行情况，以便能及时反映出项目组中存在的问题，并对其进行追踪。假如只在阶段点进行检查和审计，即便发现了问题也难免过于滞后，不符合尽早发现问题、把问题控制在最小的范围之内的整体目标。

4）对配置治理工作的检查和审计

软件质量保证要对项目过程中的配置治理工作是否按照项目最初制订的配置治理计划进行监督，包括配置治理人员是否定期进行该方面的工作、是否所有人得到的都是开发过程产品的有效版本。这里的过程产品包括项目过程中产生的代码和文档。

5）跟踪问题的解决情况

对于评审中发现的问题和项目日常工作中发现的问题，软件质量保证要进行跟踪，直至解决。对于在项目组内可以解决的问题就在项目组内部解决，对于在项目组内部无法解决的问题，可以报告给高层经理。

6）收集新方法，提供过程改进的依据

由于软件质量保证人员有机会直接接触很多项目组，对于项目组在开发治理过程中的优点和缺点都能准确地获得第一手资料，他们有机会了解项目组中治理好的地方是如何做的，采用了什么有效的方法，在软件质量保证小组的活动中与其他软件质量保证人员共享。这样这些好的实施实例就可以被传播到更多的项目组中。对于企业内过程规范定义的不准确或是不方便的地方，软件项目组也可以通过软件质量保证小组反映到软件工程过程小组，便于下一步对规程进行修改和完善。

5. 软件质量保证与软件测试的关系

软件测试是软件质量保证的重要手段。有些研究数据显示，国外软件开发机构一半以上的工作量花在软件测试上，对于一些要求高可靠、高安全的软件，测试费用可能相当于整个软件项目开发所有费用的3～5倍。由此可见，要成功开发出高质量的软件产品，必须重视并加强软件测试工作。

软件测试和软件质量保证是软件质量工程的两个不同层面的工作。软件测试只是软件质量保证工作的一个重要环节。

测试虽然也与开发过程紧密相关，但它所关心的不是过程的活动，相对的是关心结果。测试人员要对过程中的产物（开发文档和源代码）进行静态审核，运行软件，找出问题，报告质量甚至评估，而不是为了验证软件的正确性。当然，测试的目的是为了去证明软件有错，否则就违背了测试人员的本职了。因此，测试虽然对提高软件质量起了关键的作用，但它只是软件质量保证中的一个重要环节。

从公司业务出发，软件质量保证的工作相对靠前，而软件测试相对靠后。这也同样验证了两者的本质区别，即：软件测试和软件质量保证是软件质量工程的两个不同层面的工作。软件测试只是软件质量保证工作的一个重要环节。

软件质量保证从流程方面保证软件的质量，而软件测试从技术方面保证软件的质量。

1.2.3 软件质量模型

从质量的定义中可以看出，软件质量是通过一定的属性集来表示其满足使用要求的程度。计算机研究领域对软件质量的属性进行了很多研究，得到一些模型，常见的软件质量模型有 McCall 质量模型、Boehm 质量模型和 ISO 质量模型。

1. McCall 质量模型

McCall(麦考尔)质量模型是 1979 年由 McCall 等人提出的软件质量模型。McCall 认为，特性是软件质量的反映，软件属性可用做评价准则，定量化地度量软件属性可知软件质量的优劣。它将软件质量的概念建立在 11 个质量特性之上，而这 11 个特性分别是面向软件产品的运行、修正和转移的，如图 1-3 所示。

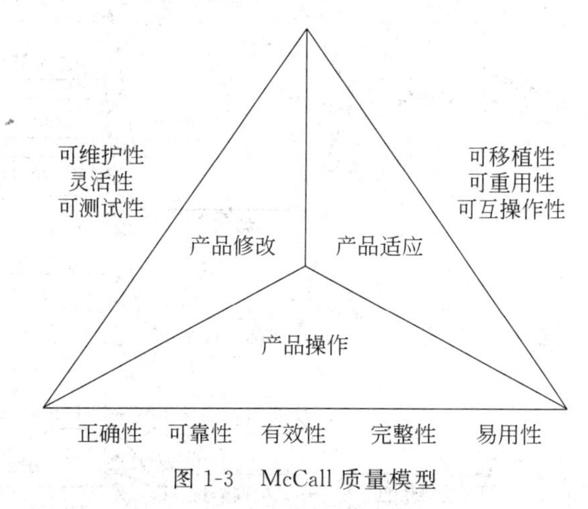

图 1-3 McCall 质量模型

1）产品操作

- 正确性：是指程序满足规约及完成用户目标的程度，主要包括易追溯性、一致性和完备性。
- 可靠性：软件产品是否能够在稳定的状态下满足可用性，包括容错性和易恢复性等。
- 有效性：即效率特性，软件对计算机资源的使用效率，包括时间性和资源性。
- 完整性：是指未被授权人员访问程序和数据的程度，包括存取控制和存取审查。
- 易用性：即可用性，在指定使用条件下，产品被理解、学习、使用和吸引用户的能力，就是使用其的难易程度。

2）产品修改

- 可维护性：在规定条件下确定软件故障并修复故障的能力。
- 灵活性：即适应性，可以适应不同平台的能力。
- 可测试性：是指对软件测试以保证其正常使用和满足其规约的难易程度。

3）产品适应

- 可移植性：从一种环境迁移到另一种环境的能力。

- 可重用性：即易复用性，是指复用一个软件或其部分软件的难易程度。
- 可互操作性：产品与产品之间交互数据的能力。

2. Bohm 质量模型

Bohm(Barry W. Boehm，勃姆)质量模型是 1976 年由 Bohm 在《软件风险管理》(*Software Risk Management*)中第一次提出的分层方案，将软件的质量特性定义成分层模型，如图 1-4 所示。

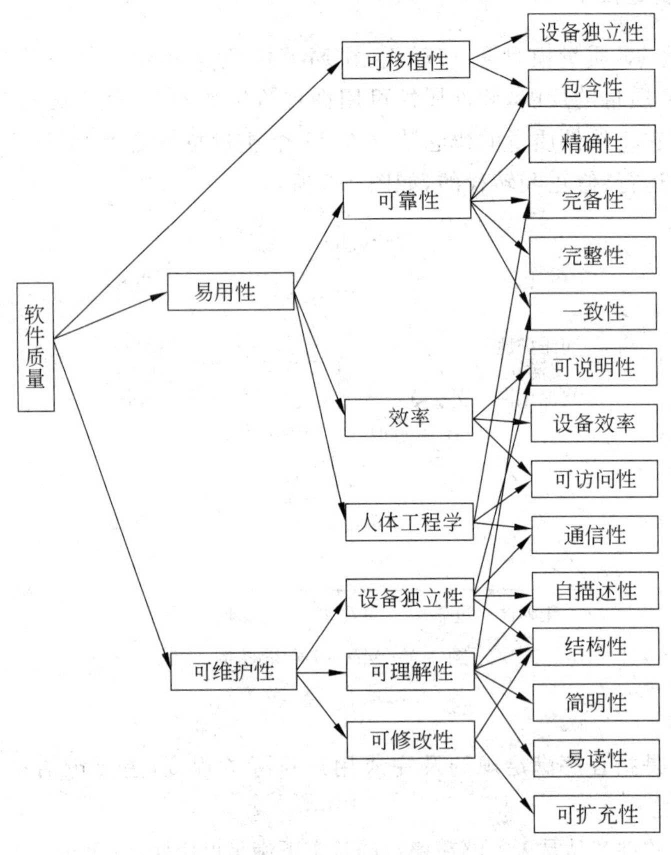

图 1-4 Bohm 质量模型

3. ISO 质量模型

按照 ISO/IEC 9126，软件质量分为六个特性，每个特性包括一系列子特性。分别是功能性、可靠性、可用性、效率性、可维护性和可移植性，并进一步细分为若干子特性，如图 1-5 所示。

1) 功能性

功能性指软件是否满足用户功能要求。

- 适合性：提供了相应的功能。
- 正确性：在预定环境下，软件满足规格说明或用户目标的程度。
- 互操作性：产品与产品之间交互数据的能力。

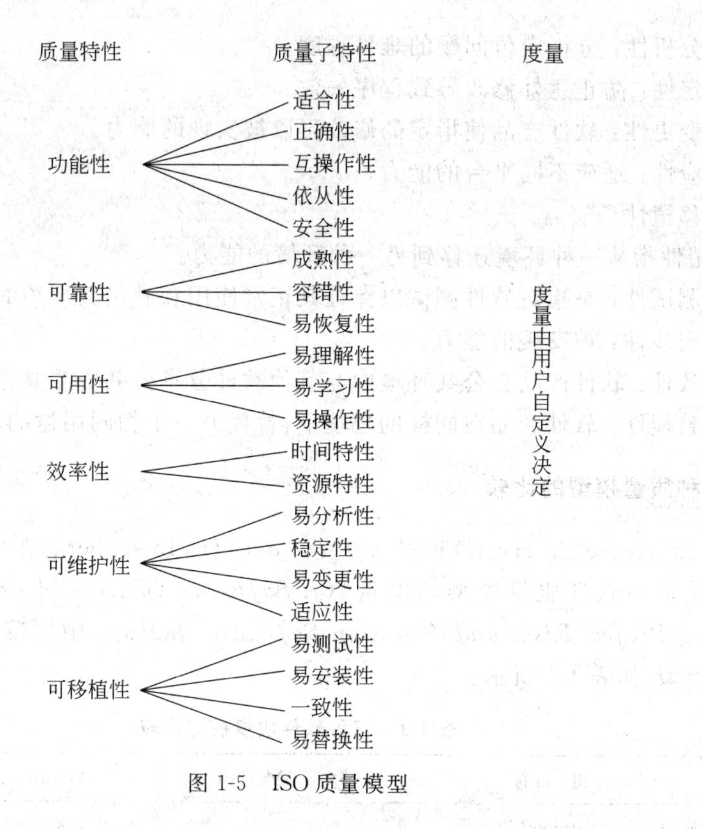

图 1-5 ISO 质量模型

- 依从性：与国际、国家、行业、企业标准规范一致。
- 安全性：允许经过授权的用户和系统能够正常地访问相应的数据和信息，禁止未授权的用户访问。

2）可靠性

可靠性指软件产品是否能够在稳定的状态下满足可用性。

- 成熟性：防止内部错误导致软件失效的能力。
- 容错性：软件出现故障情况下的自我处理能力。
- 易恢复性：失效情况下的恢复能力。

3）可用性

在指定使用条件下，产品被理解、学习、使用和吸引用户的能力。

- 易理解性：软件交互给用户的信息时，要清晰、准确，且要易懂，使用户能够快速理解软件。
- 易学习性：软件使用户能学习其应用的能力。
- 易操作性：软件产品使用户能易于操作和控制它的能力。

4）效率性：软件对计算机资源的使用效率。

- 时间特性：平均事务响应时间，吞吐率，TPS(每秒事务数)。
- 资源特性：CPU，内存，磁盘，I/O，网络带宽，队列，共享内存。

5）可维护性

可维护性指在规定条件下确定软件故障并修复故障的能力。

- 易分析性：分析定位问题的难易程度。
- 稳定性：防止意外修改导致程序失效。
- 易变更性：软件产品使指定的修改可以被实现的能力。
- 适应性：适应不同平台的能力。

6）可移植性

可移植性指从一种环境迁移到另一种环境的能力。

- 易测试性：是指对软件测试以保证其正常使用和满足其规约的难易程度。
- 易安装性：被安装的能力。
- 一致性：软件产品在公共环境中与其他软件分享公共资源共存的软件。
- 易替换性：软件产品在同样的环境下，替代另一个相同用途的软件产品的能力。

4. 三种质量模型的比较

凯悦(Lawrence E. Hyatt)和罗森贝克(Linda H. Rosenberg)在《识别项目风险以及评价软件质量的软件质量模型与度量》(*A Software Quality Model and Metrics for Identifying Project Risks and Assessing Software Quality*)中比较了这三种最常用的软件质量模型，如表 1-1 所示。

表 1-1 三种软件质量模型比较

度量标准/目标	McCall	Boehm	ISO
正确性(Correctness)	×	×	可维护性
可靠性(Reliability)	×	×	×
完整性(Integrity)	×	×	×
可用性(Usability)	×	×	×
效率性(Efficiency)	×	×	×
可维护性(Maintainability)	×	×	×
可测试性(Testability)	×		可维护性
互操作性(Interoperability)	×		
适应性(Flexibility)	×	×	
可重用性(Reusability)	×	×	
可移植性(Portability)	×	×	×
明确性(Clarity)		×	
可变更性(Modifiability)		×	可维护性
文档化(Documentation)		×	
恢复力(Resilience)		×	
易懂性(Understandability)		×	

续表

度量标准/目标	McCall	Boehm	ISO
有效性(Validity)		×	可维护性
功能性(Functionality)			×
普遍性(Generality)		×	
经济性(Economy)		×	

1.3 软件缺陷

人做事情就难免犯错误，更何况很多人参与开发的软件系统。人们通常将软件系统中出现的错误称为软件缺陷。

1.3.1 软件缺陷简介

缺陷的英文是bug。bug这个词相信所有的计算机人员都不陌生。1945年9月9日，下午三点。哈珀中尉正领着他的小组构造一个称为“马克二型”的计算机。这还不是一个完全的电子计算机，它使用了大量的继电器，是一种电子机械装置。第二次世界大战还没有结束。哈珀的小组夜以继日地工作。机房是一间第一次世界大战时建造的老建筑。那是一个炎热的夏天，房间没有空调，所有窗户都敞开散热。

突然，马克二型死机了。技术人员试了很多办法，最后定位到第70号继电器出错。哈珀观察这个出错的继电器，发现一只飞蛾躺在中间，已经被继电器电死。他小心地用镊子将蛾子夹出来，用透明胶布贴到记录本中，并注明“第一个发现虫子的实例”。从此以后，人们将计算机错误戏称为虫子(bug)，而把找寻错误的工作称为debug，就是捉虫子的意思。

IEEE 729—1983对缺陷有一个标准的定义：从产品内部看，缺陷是软件产品开发或维护过程中存在的错误、毛病等各种问题；从产品外部看，缺陷是系统所需要实现的某种功能的失效或违背。在软件开发生命周期的后期，修复检测到的软件错误的成本较高。已发现的缺陷数和残存的缺陷数之间的关系如图1-6所示。从图中可以看出，经过测试后残存的缺陷数与已发现的缺陷数之间基本成正比，这就要求我们尽早地发现缺陷。

所谓软件缺陷，即为计算机软件或程序中存在的某种破坏正常运行能力的问题、错误，或者隐藏的功能缺陷。缺陷的存在会导致软件产品在某种程度上不能满足用户的需要。

1.3.2 软件缺陷产生的原因

软件缺陷产生的原因多种多样，统计软件缺陷在软件开发周期中的分布会发现，软件缺陷在规格说明书中出现最多，其次是设计中，代码中只占很小的比例，软件缺陷构成示意图如图 1-7 所示。

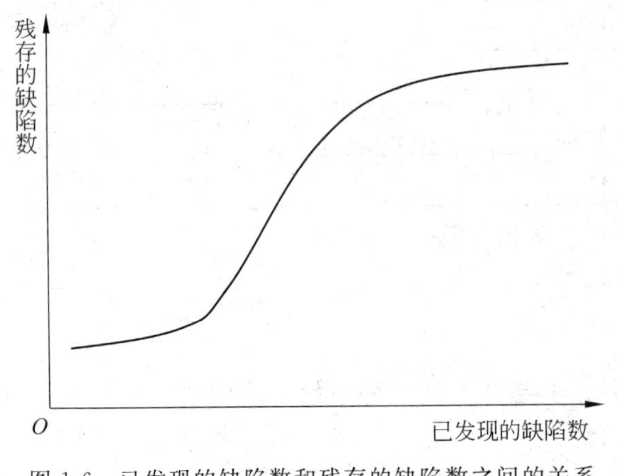

图 1-6　已发现的缺陷数和残存的缺陷数之间的关系

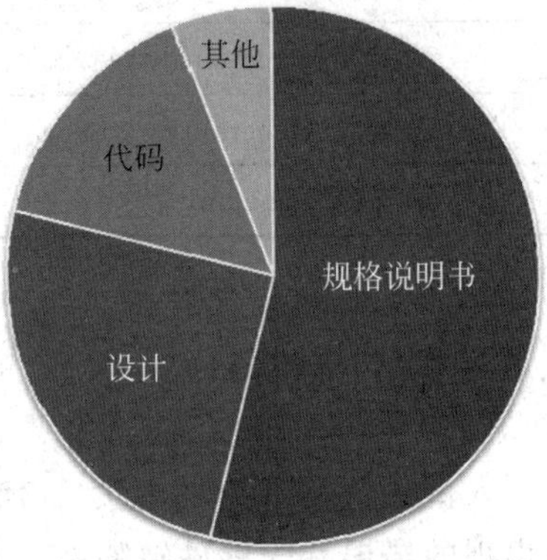

其他
代码
规格说明书
设计

图 1-7　软件缺陷构成示意图

在软件开发的过程中，软件缺陷的产生是不可避免的。从软件本身、团队工作、技术问题和项目管理的问题等角度分析，就可以了解造成软件缺陷的主要因素。

1. 来自软件本身

(1) 需求不清晰，导致设计目标偏离客户的需求，从而引起功能或产品特征上的缺陷。

(2) 系统结构非常复杂，而又无法设计成一个很好的层次结构或组件结构，结果导致意想不到的问题或系统维护、扩充上的困难；即使设计成良好的面向对象的系统，由于对象、类太多，很难完成对各种对象、类相互作用的组合测试，而隐藏着一些参数传递、方法调用、对象状态变化等方面问题。

(3) 对程序逻辑路径或数据范围的边界考虑不够周全，漏掉某些边界条件，造成容量或边界错误。

(4) 对一些实时应用，要进行精心设计和技术处理，保证精确的时间同步，否则容易引起时间上不协调、不一致性带来的问题。

(5) 没有考虑系统崩溃后的自我恢复或数据的异地备份、灾难性恢复等问题，从而存在系统安全性、可靠性的隐患。

(6) 系统运行环境的复杂，用户使用的计算机环境千变万化，包括用户的各种操作方式或各种不同的输入数据，容易引起一些特定用户环境下的问题；在系统实际应用中，数据量很大，从而会引起强度或负载问题。

(7) 由于通信端口多、存取和加密手段的矛盾性等，会造成系统的安全性或适用性等问题。

(8) 新技术的采用，可能涉及技术或系统兼容的问题，事先没有考虑到。

2. 来自团队工作

(1) 系统需求分析时对客户的需求理解不清楚,或者和用户的沟通存在一些困难。

(2) 不同阶段的开发人员相互理解不一致。例如,软件设计人员对需求分析的理解有偏差,编程人员对系统设计规格说明书某些内容重视不够,或存在误解。

(3) 对于设计或编程上的一些假定或依赖性,相关人员没有充分沟通。

(4) 项目组成员技术水平参差不齐,新员工较多,或培训不够等原因也容易引起问题。

3. 来自技术问题

(1) 算法错误:在给定条件下没能给出正确或准确的结果。

(2) 语法错误:对于编译性语言程序,编译器可以发现这类问题;但对于解释性语言程序,只能在测试运行时发现。

(3) 计算和精度问题:计算的结果没有满足所需要的精度。

(4) 系统结构不合理、算法选择不科学,造成系统性能低下。

(5) 接口参数传递不匹配,导致模块集成出现问题。

4. 项目管理的问题

(1) 缺乏质量文化,不重视质量计划,对质量、资源、任务、成本等的平衡性把握不好,容易挤掉需求分析、评审、测试等时间,遗留的缺陷会比较多。

(2) 系统分析时对客户的需求不是十分清楚,或者和用户的沟通存在一些困难。

(3) 开发周期短,需求分析、设计、编程、测试等各项工作不能完全按照定义好的流程来进行,工作不够充分,结果也就不完整、不准确,错误较多;周期短,还给各类开发人员造成太大的压力,引起一些人为的错误。

(4) 开发流程不够完善,存在太多的随机性和缺乏严谨的内审或评审机制,容易产生问题。

(5) 文档不完善,风险估计不足等。

1.3.3 软件缺陷的严重性和优先级

软件缺陷的严重性和优先级是表征软件测试缺陷的两个重要因素,它影响软件缺陷的统计结果和修正缺陷的优先顺序,特别在软件测试的后期,将影响软件是否能够按期发布与否。

对于软件测试初学者,或者没有软件开发经验的测试工程师而言,对于它们的作用和处理方式往往理解的不彻底,实际测试工作中不能正确表示缺陷的严重性和优先级。这将影响软件缺陷报告的质量,不利于尽早处理严重的软件缺陷,可能影响软件缺陷的处理时机。

1. 什么是缺陷的严重性和优先级

严重性就是软件缺陷对软件质量的破坏程度，即此软件缺陷的存在将对软件的功能和性能产生怎样的影响。

在软件测试中，软件缺陷的严重性判断应该从软件最终用户的观点做出判断，即判断缺陷的严重性要为用户考虑，考虑缺陷对用户使用造成的恶劣后果的严重性。

优先级是表示处理和修正软件缺陷的先后顺序的指标，即哪些缺陷需要优先修正，哪些缺陷可以稍后修正。

确定软件缺陷优先级，更多的是站在软件开发工程师的角度考虑问题，因为缺陷的修正顺序是个复杂的过程，有些不是纯粹技术问题，而且开发人员更熟悉软件代码，能够比测试工程师更清楚修正缺陷的难度和风险。

2. 缺陷的严重性和优先级的关系

缺陷的严重性和优先级是含义不同但相互联系密切的两个概念。它们都从不同的侧面描述了软件缺陷对软件质量和最终用户的影响程度和处理方式。

一般地，严重性程度高的软件缺陷具有较高的优先级。严重性高说明缺陷对软件造成的质量危害性大，需要优先处理，而严重性低的缺陷可能只是软件不太尽善尽美，可以稍后处理。

但是，严重性和优先级并不总是一一对应。有时候严重性高的软件缺陷，优先级不一定高，甚至不需要处理，而一些严重性低的缺陷却需要及时处理，具有较高的优先级。

修正软件缺陷不是一件纯技术问题，有时需要综合考虑市场发布和质量风险等问题。例如，如果某个严重的软件缺陷只在非常极端的条件下产生，则没有必要马上解决。另外，如果修正一个软件缺陷，需要重新修改软件的整体架构，可能会产生更多潜在的缺陷，而且软件由于市场的压力必须尽快发布，此时即使缺陷的严重性很高，是否需要修正，需要全盘考虑。

另一方面，如果软件缺陷的严重性很低，例如，界面单词拼写错误，像软件名称或公司名称的拼写错误，则必须尽快修正，因为这关系到软件和公司的市场形象。

3. 处理缺陷的严重性和优先级的常见错误

第一，将比较轻微的缺陷报告成较高级别的缺陷和高优先级，夸大缺陷的严重程度，经常给人的错觉，将影响软件质量的正确评估，也耗费开发人员辨别和处理缺陷的时间。

第二，将很严重的缺陷报告成轻微缺陷和低优先级，这样可能掩盖了很多严重的缺陷。如果在项目发布前，发现还有很多由于不正确分配优先级造成的严重缺陷，将需要投入很多人力和时间进行修正，影响软件的正常发布。或者这些严重的缺陷漏掉，随软件一起发布出去，影响软件的质量和用户的使用信心。

因此，正确处理和区分缺陷的严重性和优先级，是软件测试人员和开发人员，以及全体项目组人员的一件大事。处理严重性和优先级,既是一种经验技术,也是保证软件质量的重要环节,应该引起足够的重视。

4. 如何表示缺陷的严重性和优先级

缺陷的严重性和优先级通常按照级别划分,各个公司和不同项目的具体表示方式有所不同。

为了尽量准确地表示缺陷信息,通常将缺陷的严重性和优先级分成四级。如果分级超过四级,则造成分类和判断尺度的复杂程度,而少于四级,精确性有时不能保证。

具体的表示方法机可以使用数字表示,也可以使用文字表示,还可以数字和文字综合表示。使用数字表示通常按照从高到低或从低到高的顺序,需要软件测试前达成一致。例如,使用数字 1,2,3,4 分别表示轻微、一般、较严重和非常严重的严重性。对于优先级而言,1,2,3,4 可以分别表示低优先级、一般、较高优先级和最高优先级。

5. 如何确定缺陷的严重性和优先级

通常由软件测试人员确定缺陷的严重性,由软件开发人员确定优先级较为适当。但是,实际测试中,通常都是由软件测试人员在缺陷报告中同时确定严重性和优先级。

确定缺陷的严重性和优先级要全面了解和深刻体会缺陷的特征,从用户和开发人员以及市场的因素综合考虑。通常功能性的缺陷较为严重,具有较高的优先级,而软件界面类缺陷的严重性一般较低,优先级也较低。

1) 如何确定缺陷的严重性

对于缺陷的严重性,如果分为四级,则可以参考下面的方法确定:

(1) 非常严重的致命的缺陷,例如,软件的意外退出甚至操作系统崩溃,造成数据丢失、主要功能完全丧失等。

(2) 较严重的缺陷,例如,软件的某个菜单不起作用或者产生错误的结果,主要功能部分丧失,次要功能全部丧失,或致命的错误声明。

(3) 一般缺陷,例如,本地化软件的某些字符没有翻译或者翻译不准确、用户界面差和操作时间长等。

(4) 微小的缺陷,例如,一些小问题如某个控件没有对齐,某个标点符号丢失,有个别错别字、文字排版不整齐等,对功能几乎没有影响,软件产品仍可使用。

2) 如何确定缺陷的优先级

对于软件缺陷的优先级,如果分为四级,则可以参考下面的方法确定:

(1) 最高优先级 P1,例如,软件的主要功能错误造成软件崩溃或者数据丢失的缺陷。

(2) 较高优先级 P2,例如,影响软件功能和性能的一般缺陷。

(3) 一般优先级 P3,例如,本地化软件的某些字符没有翻译或者翻译不准确的缺陷。

(4) 低优先级 P4,例如,对软件的质量影响非常轻微或者出现概率很低的缺陷。

软件缺陷的优先级的描述和处理方法,如表 1-2 所示。

表 1-2 软件缺陷的优先级

软件缺陷的优先级	描 述	处 理
最高优先级 P1	缺陷导致系统不能使用或测试不能继续进行	立即修复
较高优先级 P2	缺陷严重,影响测试	优先考虑
一般优先级 P3	缺陷不太严重,基本不影响测试	等待修复
低优先级 P4	缺陷非常轻微或出现概率很低的缺陷	可暂不修复

6. 注意事项

比较规范的软件测试,使用软件缺陷管理数据库进行缺陷报告和处理,需要在测试项目开始前对全体测试人员和开发人员进行培训,对缺陷严重性和优先级的表示和划分方法统一规定和遵守。

在测试项目进行过程中和项目接收后,充分利用统计功能统计缺陷的严重性,确定软件模块的开发质量,评估软件项目实施进度。统计优先级的分布情况,控制开发进度,使开发按照项目尽快进行,有效处理缺陷,降低风险和成本。

为了保证缺陷报告的严重性和优先级的一致性,质量保证人员需要经常检查测试开发人员对于这两个指标的分配和处理情况,发现问题,及时反馈给项目负责人,及时解决。

对于测试人员而言,通常经验丰富的人员可以正确的表示缺陷的严重性和优先级,为缺陷的及时处理提供准确的信息。对于开发人员来说,开发经验丰富的人员出现严重缺陷的错误较少,但是不要将缺陷的严重性作为衡量其开发水平高低的主要判断指标,因为软件的模块的开发难度不同,各个模块的质量要求也有所差异。

1.3.4 软件缺陷构成

从软件测试观点出发,软件缺陷有以下四大类。

1. 功能缺陷

(1) 规格说明书缺陷:规格说明书可能不完全,有二义性或自身矛盾。另外,在设计过程中可能修改功能,如果不能紧跟这种变化并及时修改规格说明书,则会产生规格说明书错误。

(2) 功能性缺陷:程序实现的功能与用户要求的不一致。这常常是由于规格说明书包含错误的功能、多余的功能或遗漏的功能所致的。在发现和改正这些缺陷的过程中又可能引入新的缺陷。

(3) 测试缺陷:软件测试的设计与实施发生错误。特别是系统级的功能测试,要求复杂的测试环境和数据库支持,还需要对测试进行脚本编写,因此软件测试自身也可能发生错误。另外,如果测试人员对系统缺乏了解,或对规格说明书做了错误的解释,也会发生许多错误。

(4) 测试标准引起的缺陷:对软件测试的标准要选择适当,若测试标准太复杂,则导致测试过程出错的可能就大。

2. 系统缺陷

(1) 外部接口缺陷:外部接口是指如终端、打印机、通信线路等系统与外部环境通信的手段。所有外部接口之间、人与机器之间的通信都使用形式的或非形式的专门协议。如果协议有错,或太复杂,难以理解,致使在使用中出错。此外,还包括对输入、输出格式错误理解,对输入数据不合理的容错等。

(2) 内部接口缺陷:内部接口是指程序内部子系统或模块之间的联系。它所发生的缺陷与外部接口相同,只是与程序内实现的细节有关,如设计协议错、输入/输出格式错、数据保护不可靠、子程序访问错等。

(3) 硬件结构缺陷:与硬件结构有关的软件缺陷在于不能正确地理解硬件如何工作,如忽视或错误地理解分页机构、地址生成、通道容量、I/O 指令、中断处理、设备初始化和启动等而导致的出错。

(4) 操作系统缺陷:与操作系统有关的软件缺陷在于不了解操作系统的工作机制而导致出错。当然,操作系统本身也有缺陷,但是一般用户很难发现这种缺陷。

(5) 软件结构缺陷:由于软件结构不合理而产生的缺陷。这种缺陷通常与系统的负载有关,而且往往在系统满载时才出现。如错误地设置局部参数或全局参数,错误地假定寄存器与存储器单元初始化了,错误地假定被调用子程序常驻内存或非常驻内存等,都将导致软件出错。

(6) 控制与顺序缺陷:如忽视了时间因素而破坏了事件的顺序,等待一个不可能发生的条件,漏掉先决条件,规定错误的优先级或程序状态,漏掉处理步骤,存在不正确的处理步骤或多余的处理步骤等。

(7) 资源管理缺陷:由于不正确地使用资源而产生的缺陷。如使用未经获准的资源,使用后未释放资源,资源死锁,把资源链接到错误的队列中等。

3. 加工缺陷

(1) 算法与操作缺陷:是指在算术运算、函数求值和一般操作过程中发生的缺陷。如数据类型转换错,除法溢出,不正确地使用关系运算符,不正确地使用整数与浮点数做比较等。

(2) 初始化缺陷:如忘记初始化工作区、忘记初始化寄存器和数据区,错误地对循环控制变量赋初值,用不正确的格式、数据或类型进行初始化等。

(3) 控制和次序缺陷:与系统级同名缺陷相比,它是局部缺陷。如遗漏路径,不可达到的代码,不符合语法的循环嵌套,循环返回和终止的条件不正确,漏掉处理步骤或处理步骤有错等。

4. 代码缺陷

代码缺陷包括数据说明错、数据使用错、计算错、比较错、控制流错、界面错、输入/输出错，及其他错误。

1.3.5 软件缺陷的预防和修复

1. 软件缺陷的预防

软件缺陷预防技术，就是把缺陷消灭在萌芽状态，即在缺陷还没产生出来就已经被扼杀了，这也是软件测试者所追求的最高境界。一般的软件测试属于后来弥补型，产生 bug 之后再来修改，但是 bug 发现越晚，修改掉花的代价就越大，所以软件缺陷预防技术就是项目生命周期的早期消灭 bug。一般常用的缺陷预防有几个阶段：需求阶段、设计阶段、编码阶段。

在需求阶段，最重要的事情是需求验证。一般验证的几个大项是：功能是否完整，是否考虑性能，有没有模糊需求，有没有考虑安全性，有没有冗余和错误的需求，需求是不是过于苛刻，需求是不是矛盾等方面。一般常用的方法是列出需求检查表，并进一步执行需求测试矩阵。

在设计阶段，主要通过技术评审测试逻辑设计。常用比较规范的做法是建立过程数据矩阵，把过程影射到实体，把整个程序的数据的生命周期（建立，更新，读取，删除）反映出来。

在编码阶段，预防措施主要有统一编码规范，代码评审，单元测试。统一代码规范一般是开发经理统一要求，代码评审则是开发小组成员互相评审或者开发小组长进行评审，最后也是最重要的则是单元测试，就是一般说的白盒测试。

2. 软件缺陷的修复

软件测试原则是问题发现的越早越好，发现缺陷后要尽快修复缺陷。其原因在于错误并不只是在编程阶段产生，需求和设计阶段同样会产生错误。也许一开始只是一个很小范围内的错误，但随着产品开发工作的进行，小错误会扩散成大错误，为了修改后期的错误所做的工作要大得多，即越到后来往前返工也越多。如果错误不能及早发现，那只可能造成越来越严重的后果。缺陷发现或解决的越迟，成本就越高。

平均而言，如果在需求阶段修正一个错误的代价是 1，那么，在设计阶段就是它的 3～6 倍，在编程阶段是它的 10 倍，在内部测试阶段是它的 20～40 倍，在外部测试阶段是它的 30～70 倍，而到了产品发布出去时，就是 40～1000 倍，修正错误的代价不是随时间线性增长，而几乎是呈指数增长的。软件缺陷的修复代价如图 1-8 所示。

软件缺陷也存在其生命周期，即初始状态、修复状态、验证状态、关闭状态、取消状态和延后状态。软件缺陷生命周期如图 1-9 所示。有一点需要引起高度重视，就是修复缺陷后，一定要进行回归测试，当一个缺陷被修复后，有可能引入一个或多个新的缺陷，引起

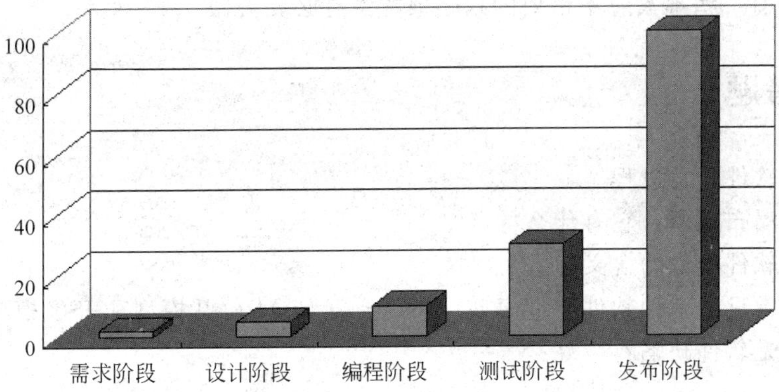

图 1-8 软件缺陷的修复代价

系统不能正常运行，当软件有所变动时，需要进行回归测试保证缺陷被正常关闭。

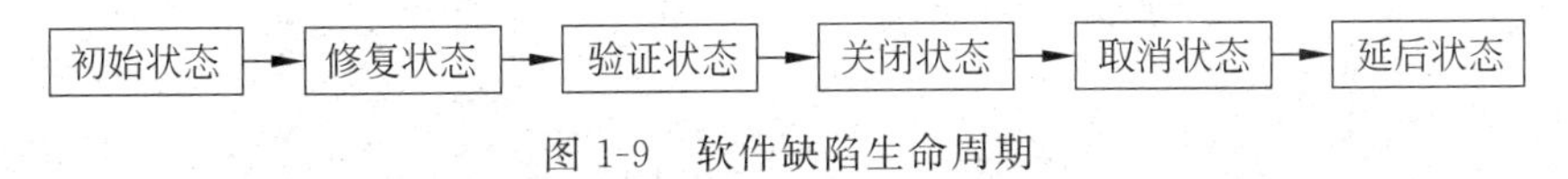

图 1-9 软件缺陷生命周期

初始状态：发现一个缺陷，软件缺陷生命周期开始。

修复状态：程序员修改缺陷。

验证状态：程序员修改完成，等待检验。

关闭状态：确认缺陷被修改，关闭缺陷。

取消状态：确认不是缺陷，缺陷被标注删除。

延后状态：缺陷处于延期修改或延后状态。

3. 处理软件缺陷要遵循的两个原则

处理软件缺陷要遵循的两个原则：二八定律和 ABC 法则。

1) 二八定律

做事情必须分清轻重缓急。最糟糕的是什么事都做，这必将一事无成。80%的有效工作往往是在 20%的时间内完成的，而 20%的工作是在 80%的时间内完成的。因此，为了提高测试质量，必须清晰地认识到哪些缺陷是最重要的，哪些缺陷是最关键的。不要捡了芝麻，却丢了西瓜。所以，只有抓住了重要的关键缺陷，测试效果才能产生最大的效益，这也是第一个原则，即分清轻重缓急，把测试活动用在最有生产力的事情上。

2) ABC 法则

古人云：事有先后，用有缓急。测试工作其实也是如此，分清缺陷的轻重缓急，不但处理缺陷井井有条，完成后的效果也不同凡响。因此，在测试工作中要时时记住一点，手边的缺陷并不一定就具有第一优先处理的重要性。只有正确的判断，才可将测试活动效率增加数倍。

ABC 法则是设定缺陷优先顺序重要工具之一。ABC 工具的关键点在于根据缺陷的重要程度决定优先顺序，按需求目标进行量化规划。把 A 类缺陷作为测试最重要的最有价值的最关键的缺陷，并保证首先把 A 类缺陷先处理。其次是 B 类，然后是 C 类，再然后是其他的，还有一些不紧急不重要的缺陷根本没有必要去做。

1.4 思考题

1. 简述软件开发过程。
2. 简述瀑布模型。它有什么特点？
3. 简述软件质量的含义。
4. 简述常见的三种软件质量模型：Boehm模型、McCall模型和ISO模型。
5. 什么是软件缺陷？

第 2 章　软件质量度量和配置管理

没有软件质量度量就没有软件质量标准，因此，软件质量度量就是衡量软件品质优劣的一种手段。本章第一节主要介绍软件质量度量的含义、指标和目标，以及软件质量度量过程中会出现的一些问题。

软件配置管理是适应软件开发需求的一种有效的技术，本章第二节主要介绍作为软件工程规格之一的软件配置管理（Software Configuration Management，SCM）的含义和相关问题。

2.1　软件质量度量

在 21 世纪的今天，计算机在我们生活的每个领域几乎都扮演了非常重要的角色。在计算机上运行的软件也越来越重要。因此，可预测、可重复、准确地控制软件开发过程和软件产品已经非常重要。软件质量度量就是衡量软件品质优劣的一种手段。

2.1.1　软件质量度量概述

度量普遍存在于我们生活中。例如在商场购物，度量决定着价格和付款；在医院看病，度量帮助医生诊断疾病；在天气预报中，度量是天气预报的基础。相对于早在 1889 年就定义好了度量单位米的长度测量，而温度的度量要复杂得多。Fahrenheit 和 Celsius 分别在 1714 年和 1742 年提出了基于某固定点间隔递增等级的温度度量方法。Celsius 将 0°～100°分为 100 等份。但问题是一直不能唯一确定 50°。而且长度的测量总是一个比例尺度，但是温度可能用间隔（摄氏/华氏温度表）或者比例尺度（开氏温度）来衡量。

1. 度量和软件质量度量的含义

度量（Metric）在此不是度量空间的意思，可以理解为：度量是客观对象到数字对象的同态映射。同态映射包括所有关系和结构映射。

软件质量度量最初工作始于 20 世纪 60 年代末，1980 年，Curtis 发表了一篇软件测量的文章，讨论了度量学和软件间的相关性和一些概念性问题。1981 年和 1984 年，Bollmann 将测量理论运用到了信息系统测量之中。美国、德国和日本等国都在软件质量度量研究领域领先的国家。

英文 Measurement 和 Measure 容易混淆，在软件工程领域，度量 Measurement，ISO/IEC 14598-1 中的定义，按照度量过程中的过程定义，对软件过程或软件产品实施度量，表示实际的动作；度量 Measure，ISO/IEC 14598-1 中的定义，是根据一定的规则赋予软件过程或产品属性的数值或类别。

从英文意思理解，Software Measurement 和 Software Metrics 都可以表示软件度量，我们这里采用软件度量(Software Measurement)，从文献上看，这两个术语是同义词。

软件度量研究主要分为两个阵营：一部分人认为软件是可以度量的，一部分人认为软件无法通过度量进行分析。但毋庸置疑的是，研究主流是关心软件的品质以及软件需要定量化度量。

软件质量度量是度量整个软件过程的，包括辅助估算、质量控制、生产率评估和项目控制等。软件系统相比硬件有其特殊性，首先，软件是知识产品，进度和质量都难以度量，生产效率也难以衡量；其次，软件系统复杂程度也极高和复杂，导致难以对其度量，为生产出高质量的软件这个目的，软件质量度量显得十分重要。

软件需求分析报告是进行软件质量度量的基础。软件质量度量需要考虑两种不同的质量：设计质量和符合质量。设计质量包括是否符合系统的需求、规约和设计等。符合质量主要关注的是实现的问题，如果满足需求和性能目标、实现了设计要求而得到的系统，则符合质量较好；反之，如果缺乏需求符合性则质量不高。为了保证软件产品质量满足用户需求，质量控制应贯穿整个软件开发周期的，通过不断地审查、复审和测试实现。

2. 实现软件质量度量的步骤

实现软件质量度量的步骤如下。

1）制订度量计划

要实现软件质量度量首先要制定组织和项目目标，确定度量定义表的内容，完善组织级的度量数据库，第一步需要产生的文档有《度量定义表》《度量数据库》《度量目标表》等。

2）收集数据

工作人员要确定收集数据的目标、数据类型，设计数据收集形式，然后开始收集数据。

3）分析数据

工作人员要对收集的数据进行分析，并将结果形成《度量分析报告》，将报告递交给项目经理等管理人员。

4）制定改进措施

项目经理通过分析度量分析报告，提出项目改进的措施和要解决的问题。

5）更新数据库

工作人员将项目实际数据上传到度量数据库中，更新数据库的数据。

3. 衡量软件质量的指标

为了保证软件质量，人们用直接的或间接的测量方法测度质量因素，常用的测量指标有正确性指标、可维护性指标和完整性指标。此外，衡量软件质量因素还有健壮性、效率、可用性、风险、可理解性、可维修性、可测试性、可移植性、可再用性、可运行性等。

1）正确性指标

软件的正确性是软件完成所需的功能的程度。对正确性最常用的测量是每千行的缺陷数(KLOC)，缺陷是验证出来的与需求不符的地方。

2）可维护性指标

软件的可维护性是指当软件遇到错误时程序能被修改的容易程度，环境发生变化时程序能够适应的容易程度，用户希望改变需求时程序被增强的容易程度。可维护性无法直接测量，一般采用间接测量的方法。

3）完整性指标

软件的完整性指标主要测量系统在安全方面的抗攻击能力。攻击主要发生在软件的三个部分：程序、数据和文档。

4. 软件生命周期的软件质量度量

软件生命周期划分为制订计划、需求分析、软件设计、程序编写、软件测试和运行维护等阶段。软件质量度量活动始终贯彻其中，如图 2-1 所示。

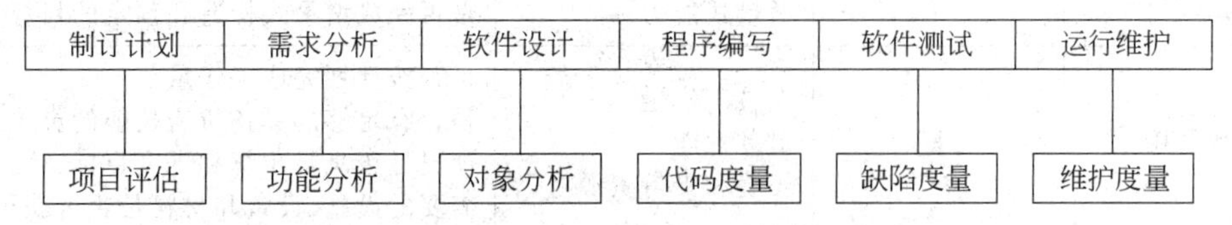

图 2-1 软件生命周期的软件质量度量

制订计划：对应项目评估度量。

需求分析：对应功能分析度量。

软件设计：对应面向对象的分析度量。

程序编写：对应的是代码度量和缺陷密度分析等。

软件测试：对应的是缺陷度量和软件可靠性分析等。

运行维护：对应的是维护度量和用户满意度度量等内容。

5. 软件质量度量模型

软件质量度量模型是软件质量度量的基础性工作。现在已经有多种软件质量度量模型，例如 ISO/IEC 9126 分为质量特性、质量子特性和度量三个层次，如图 2-2 所示。

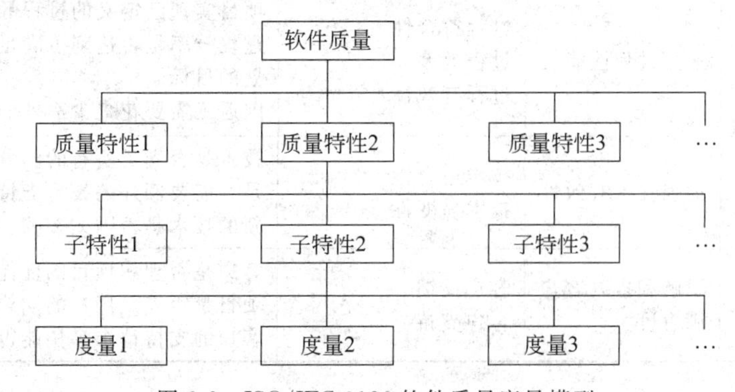

图 2-2 ISO/IEC 9126 软件质量度量模型

按照 ISO/IEC 9126 标准，软件质量分为六个特性，每个特性包括一系列子特性，分别是功能性、可靠性、可用性、效率、可维护性和可移植性。

6. 软件质量度量目标

软件质量度量目标是由信息需求而来，可能的来源涉及诸如估计项目计划参数、实施项目状态的监督、已建立的管理目标、商业计划、正规需求或合同义务、其他项目或组织级实体的经验，以及过程改进计划等内容，如表 2-1 所示。

表 2-1 质量度量目标

信息分类	度量目标	可度量概念	要解决的问题
进度	控制进度	完成的里程碑 关键路径性能 工作单元进展 增量式能力	项目是否符合预定的里程碑 关键任务或交付日期是否延迟 特定的活动和产品进展如何 是否完成增量式构造和预定的目标
资源和费用	控制成本	人员工作量 财务性能 环境和支持资源	是否按计划完成工作量 是否有足够的具备所需技能的员工 项目是否满足预算和进度目标 需要的设施、设备和材料是否可获得
产品规模和稳定性	监控规模	物理规模稳定性 功能规模稳定性	产品的规模、内容、物理特性或接口变更有多少 需求和相关的功能变更有多少
产品质量	控制质量	功能正确性 可维护性 效率 可移植性 可用性 可靠性	产品质量是否达到了交付给用户的水平 已标识的问题是否解决 系统要求多少维护 维护的难度如何 目标系统是否有效地使用系统资源 功能在另一平台上重新部署达到的程度 用户接口是否便于操作 操作员的错误是否在可接受的范围内 给用户的服务是否被常常中断 故障率是在可接受的范围内
过程性能	提高过程性能	过程符合性 过程效率 过程有效性	项目实现已定义的过程的一致性如何 过程效率是否达到了满足当前委托和计划的目标 因返工需要花多少额外的工作量
技术有效性	加强技术有效性	技术适合性 技术易变性	技术是否满足所有的已分配的需求 是否需要额外的技术支持 新的技术是否因太多的变更而造成风险
客户满意度	了解和提高客户满意度	客户反馈 客户支持	客户是否理解项目的性能 项目是否满足用户的期望 客户的支持请求多快能得到处理

2.1.2 软件质量度量过程中常见的问题

软件质量度量过程中会有很多问题出现，下面介绍一些常见的问题以及对策。

1. 目的不明确

软件质量度量的目的不是为了度量而度量，也不是为了得到度量数据而度量，而是实现软件开发目标的一个手段，其真正的目的是为了发现问题、发现差距、改进开发过程、提高产品的质量。

2. 度量过多

软件质量度量的方法很多、需要度量的方面也很多，所以最大的一个问题是过分进行度量，并且频繁地进行度量。尽管技术上可以保证能够捕获绝大部分想要获得的信息，但搜集了很多的度量数据，最终进行决策的还是项目经理或项目主管，而人的精力只能保证注意力集中在有限数量的数据上。度量过多的结果是投入产出比失调，对策是制订合理的度量计划，对软件进行适度的度量。

3. 度量过少

软件质量度量过程中的另一个问题就是度量太少太迟。如果没有足够的度量数据，不能够以真实反映项目、产品的属性，很难做出正确的决定，这样会带来难以预料的后果。度量过少的结果是管理者对度量失去信心，最终导致软件产品可能出现问题，解决的办法是按照度量计划适度增加度量数量。

4. 对度量数据的不当解释

在软件质量度量之后，仅仅满足于数据的收集，而不使用，或者对于公司中不同的人来说，各有各的度量重点，度量定义不严密，口径无法统一，造成对度量数据的曲解，形成错误的度量报告。所以，在制订度量计划时就应该明确定义每个度量数据项，并对产生的度量数据有一致解释和理解。

5. 缺乏明确的度量责任人

在组织和项目中，应当指派专人负责数据采集、分析与报告，明确规定每项活动的负责人，同时每个人都应该明白自己的责任，包括谁是该项目的负责人、如何收集数据、多长时间分析一次数据、谁撰写分析数据报告等。

6. 自动化工具欠缺

实际度量工作中，经常发生使用同样的工具处理不同的度量需求。自动化度量工具的缺乏，导致数据收集的成本增加。自动化工具的使用，可以减少人为的错误，提高质量度量的效率。

7. 对度量工作不重视

公司员工将度量工作当成是做好“正事”之外才做的“额外工作”。如果在设计度量时没有考虑到此因素，它就会变成额外的工作，公司员工会抱怨度量占用了他们过多的时间，无法完成项目进度。对策是应当保证度量与项目生命周期活动紧密结合，而不再需要什么额外的步骤去完成有关的度量。

8. 技术因素影响

软件质量度量过程中的诸多问题，不能不提的还有技术因素的影响。目前，软件技术发展非常快，出现了很多新的技术和开发方法，也有很多好的工具软件，但是，传统的手工开发方式仍然占重要地位，软件开发过程中使用新技术和自动化工具的比例还很小。软件需求和软件技术之间存在差距，这正在成为影响软件质量的因素之一，如图 2-3 所示。

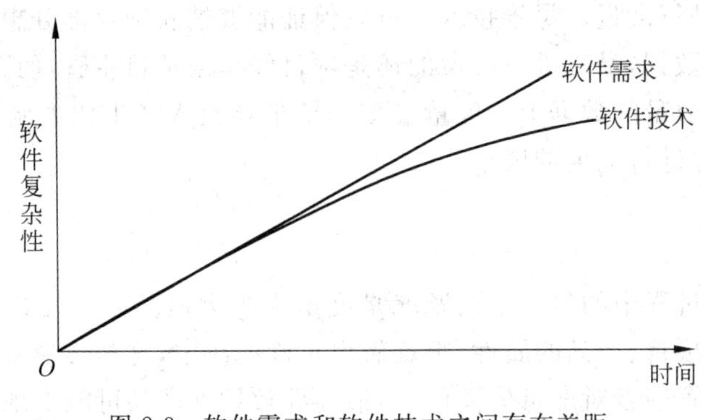

图 2-3　软件需求和软件技术之间存在差距

2.2　软件配置管理

在软件项目管理中经常存在一些问题，例如：客户打来电话说系统出问题了，开发人员去解决问题，问题解决以后，开发人员忘记了变更登记，结果这次的问题把上次改过的问题覆盖了，导致以前出现过的问题反复修改。另外，一些常见的问题主要表现为“找不到相关的文档，记得已经写好了，但是不知道放哪儿了”“相互覆盖代码，开发人员对相同的代码做了不同的修改，新的覆盖旧的”“无法共享成果，项目组内成员无法及时看到项目最新文档，需要反复询问”“文档标识不规范，文档标题重复或类似，没有标注日期及版本或标注不清”“当一个员工离职后，新员工得不到相关的详细资料”等。诸如此类的问题主要原因是缺乏软件配置管理，没有很好地理解项目质量控制含义，对项目所产生的过程文档不重视，缺乏版本管理与跟踪，缺少相关度量审计标准等。

2.2.1　软件配置管理的概述

随着计算机程序越来越复杂和难于管理，软件项目团队越来越大，项目管理出现问题的概率也越来越大，软件配置项管理正是此类问题的有效解决办法。软件配置管理可以实现软件产品的完整性、有效性及可追溯性；确保产品版本有序、高效地存放，方便的查找和利用；对软件成果的有效保护，有效保证各项目文档的安全性、机密性；知识的传递、保护企业的知识产权等。

1. 软件配置管理的来源

配置管理最早在美国的国防工业中被提出，1962年美国空军发表了有关配置管理的标准AFSCM 375-1(CM During the Development & Acquisition Phases)，这是第一个配置管理的标准。

而软件配置管理概念的提出则在20世纪60年代末70年代初。当时加利福尼亚大学圣巴巴拉分校的Leon Presser教授在承担美国海军的航空发动机研制期间，撰写了一篇名为*Change and Configuration Control*的论文，提出控制变更和配置的概念，这篇论文同时也是他在管理该项目(这个过程进行过近1400万次修改)的一个经验总结。

Leon Presser在1975年成立了一家名为SoftTool的公司，开发了配置管理工具Change and Configuration Control(CCC)，这是最早的配置管理工具之一。

软件配置管理在国外已经有几十年的历史，而国内的发展是从21世纪才开始。通过专家、教授的介绍和普及，国内的软件公司已经普遍认可软件配置管理，并且得到迅速发展。

软件配置管理应用于整个软件开发过程，是关于不断演进的软件资产的管理，这主要包括两个方面：一是合理的存放和记录；二是对资产的变化加以流程上的控制。它主要包括以下内容。

1) 配置项

人们把软件过程中产生的全部信息称为软件配置项。它包括以下几项。

- 程序：计算机的源代码和可执行文件。
- 文档：供技术人员和用户使用的计算机文档。
- 数据：包括所有开发中的数据。

这些项包含了所有在软件过程中产生的信息，因此，配置项的识别是软件配置管理活动的基础，也是制定软件配置管理计划的重要内容。

随着软件开发的发展，软件配置项的数量也迅速增加，由于软件开发过程中软件配置项的内容可能随时发生变化，为了开发出高质量的软件产品，必须保证软件配置项的正确性和完整性。

因此，软件配置项是软件质量保证活动中至关重要的内容，并且贯穿整个软件质量保证活动过程。

2) 基线

基线是软件开发过程中需要标识出的里程碑，是所交付的一个或多个配置项。基线的作用是把各阶段的工作细分并且明确化，以便于检验阶段性成果。

软件开发各阶段的基线如图2-4所示。

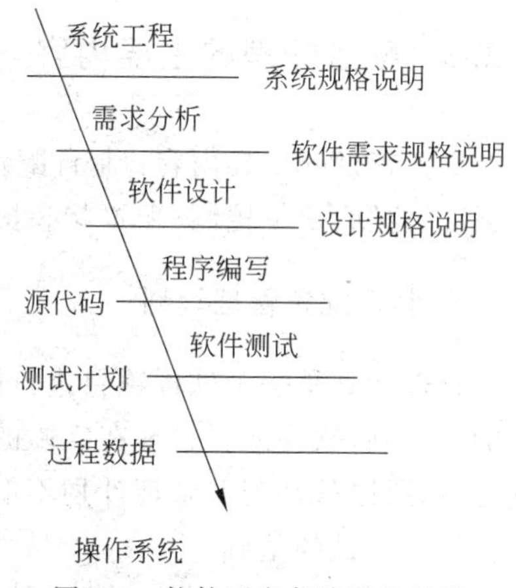

图2-4 软件开发各阶段的基线

3）配置库

项目建立和访问配置库。这个配置库主要用来对保存配置项和一些与软件配置管理相关的记录。包括软件产品及其开发过程中的所有的项目文档，包括工程类与管理类。例如，产品需求说明、产品设计文档、源代码文件、发布包文件、测试报告、用户手册、开发及运行环境、立项报告、项目计划、会议纪要、项目周报、项目阶段报告、项目总结报告等。

4）对配置库的操作

一旦变更请求得到批准，配置管理员从受控库中复制配置项进行修改，这一过程被称为提取，复审、批准及将修改后的配置项置于控制环境下的过程为提交。

2. 软件配置管理的概念

软件配置管理（Software Configuration Management，SCM）是一种标识、组织和控制修改的技术。软件配置管理应用于整个软件开发过程。常用的软件配置管理工具有Concurrent Version System（CVS）、MKS、ClearCase 等。

软件配置管理是采用技术手段和行政手段进行管理和监督的一套规范化方法；对配置项的功能特性和物理特性加以标识，将其文件化，并控制这些特性的变更；报告变更进行的情况、变更实施的状态，以及验证与规定要求的一致性。

软件配置管理作为 CMM 2 级的一个关键域（Key Practice Area，KPA），在整个软件的开发活动中占有很重要的位置。正如 Pressman 所说："软件配置管理是贯穿于整个软件过程中的保护性活动，它被设计来（1）标识变化，（2）控制变化，（3）保证变化被适当的发现，以及（4）向其他可能有兴趣的人员报告变化。"因此，我们必须为软件配置管理活动设计一个能够融合于现有的软件开发流程的管理过程，甚至直接以这个软件配置管理过程为框架，来再造组织的软件开发流程。

软件配置管理能够解决的主要问题首先是多重维护问题，解决多个用户对同一文件进行修改所引起的版本不一致问题；其次是同时修改问题，解决多个用户对同一文件同时进行修改所引起的资源冲突问题；第三是丢失版本或不知版本问题，即要明确保留哪个版本，销毁哪个版本。

2.2.2 配置管理的主要内容

配置管理的主要内容：制订配置管理计划、配置标识、建立软件配置管理环境和配置库、版本控制、变更控制、配置状态报告、配置审计。

1. 制订配置管理计划

管理计划是一个软件项目进行配置管理的前提，管理活动正是在此计划的引导下开展的。否则，软件配置管理在实施的工程中将会出现过程混乱，进而影响到软件项目的顺利开展，所以软件配置管理计划不但能够保证软件配置管理的顺利实施，而且它还是软件配置管理测试的基础。

制订配置管理计划的主要步骤如下。

(1) 建立并维护配置管理的组织方针。

(2) 确定配置管理需使用的资源。

(3) 分配责任。

(4) 培训计划。

(5) 确定配置管理的项目干系人,并确定其介入时机。

(6) 制订识别配置项的准则。

(7) 制订配置项管理表。

(8) 确定配置管理软硬件资源。

(9) 制订基线计划。

(10) 制订配置库备份计划。

(11) 制订变更控制流程。

(12) 制订审批计划。

2. 配置标识

配置标识既是软件管理中的基础,又是软件管理的重要组成部分。在对软件项目进行配置项管理时,其操作权力都会受到严格的管理,其管理过程中不同类型的基线都设置有一定的权限,所以测试人员要根据个人权限管理相应的基线。在软件管理中配置标识主要用于标识系统中被测试样品、工具、文档以及记录报告的类型和名称。

IEEE 中配置标识的定义是:识别产品的结构、产品的构件及其类型,为其分配唯一的标识符,并以某种形式提供对它们的存取。

配置项包括项目计划书、需求文档、设计文档、源代码、可执行代码、测试用例。

基线:指一个配置项在其生存周期的某一特定时间,被正式标明、固定并经正式批准的版本。它可看作是一个相对稳定的逻辑实体,其组成部分不能被任何人随意修改。软件开发各个阶段的基线示意图,如图 2-5 所示。

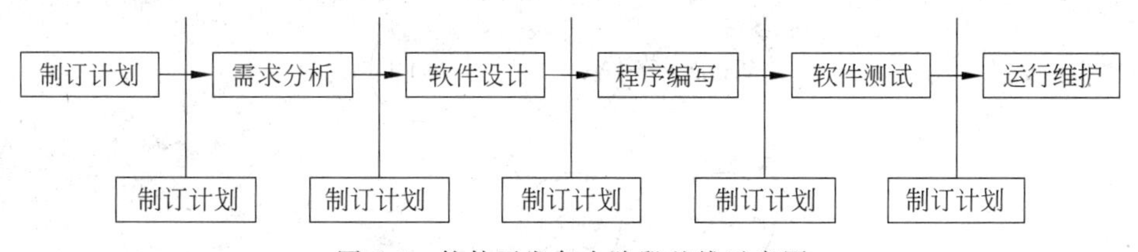

图 2-5 软件开发各个阶段基线示意图

对于配置管理,有以下三种基线:分配基线(需求)、功能基线(设计)和产品基线(测试)。

分配基线(Allocated Baseline):指在软件需求分析阶段结束时,经过正式评审和批准的软件需求规格说明。分配基线是最初批准的分配配置标识。

功能基线(Functional Baseline):指在系统分析与软件定义阶段结束时,在经过正式评审和批准的系统设计规格说明书中对开发系统的规格说明;或是指在经过项目委托单位和项目承办单位双方签字同意的协议书或合同中,所规定的对开发软件系统的规格说明;或是由下级申请并经上级同意或直接由上级下达的项目任务书中所规定的对开发软件系统的规格说明。功能基线是最初批准的功能配置标识。

产品基线(Product Baseline):指在软件组装与系统测试阶段结束时,经过正式评审和批准的有关软件产品的全部配置项的规格说明。产品基线是最初批准的产品配置标识。

3. 建立软件配置管理环境和配置库

软件配置管理环境设置的两个必要条件就是管理工具和管理系统。其中,软件配置管理系统在构建时需要运用到与该软件相关的数据库技术和文件管理技术。在建立软件管理系统时,客户端的功能设置中包含开发库、受控库和产品库,通过这几个数据库的建立来保证软件配置项在不同的阶段存放于不同的库中。

建立配置管理系统配置库,并记录配置项有关的所有信息,存放受控的配置项,如动态库、开发库、程序员库、工作库、受控库、主库、系统库、静态库、软件仓库、软件产品库备份库。建库模式:按配置项类型分类建库、按任务建库。

4. 版本控制

软件配置管理活动的核心内容便是版本控制。在对软件进行管理时,软件配置管理系统中的管理对象在测评过程中所产生的内容和数据都会以文档的形式进行保存,保存时系统会对其进行版本标识。而且在此软件当中新旧两个版本同时存在,这样便于文档的查找。而对于配置管理系统中的基线控制项,需要根据基线的保密程度以及其存在的位置设置相应的访问权限,以保证软件使用的安全性。版本控制变化如图 2-6 所示。

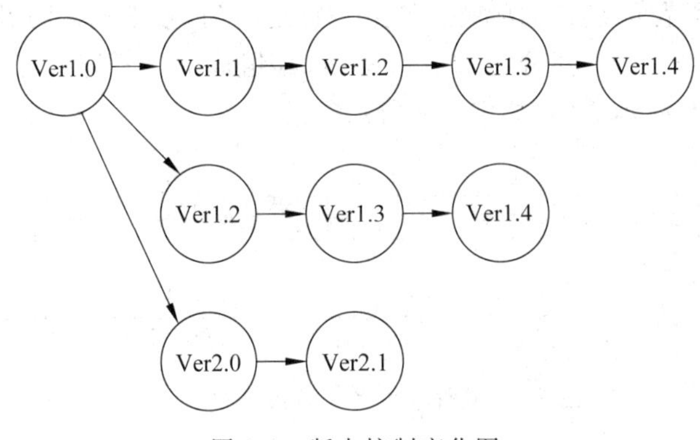

图 2-6　版本控制变化图

总之,版本控制是实现软件配置管理的核心内容,其主要目的就是根据具体的软件管理规则保存配置项目的版本资料,以降低发生版本丢失的概率。版本控制要做到两个确保:一确保所有置于配置库中的元素都应赋予版本标示;二确保版本命名的唯一性。

5. 变更控制

在对软件进行配置管理会发生变更现象,产生此现象的原因包含几个方面:

第一是软件出现问题，此时需要对原有的软件系统进行改进，因此便需要对其进行变更。

第二变更后的软件系统其形成的文档也要随之做出相应的变更管理。

第三申请人变更评估、变更实施：工程师变更、实施人变更；验证与确认变更的发布。

第四基线的变更，基线以内的不用走变更流程，基线外要走变更流程。

在整个软件配置管理过程中，变更控制的主要内容是创建产品基线，并以此为核心，在整个产品生存周期的过程进行变更，最终建立一整套完整的软件控制修改的机制，确保其质量能满足运行的要求。

6. 配置状态报告

使用工具自动生成能够及时、准确地给出配置项的当前状况，加强配置管理工作，回答了四个 W：第一个 W 是 What，发生了什么事；第二个 W 是 Who，谁做的此事；第三个 W 是 When，此事是什么时候发生的；第四个 W 是 Why，为什么做此事。报告所有配置项以及变更请求的状态。

配置状态报告是根据配置项操作数据库的记录来向管理者报告软件开发的进展情况。软件配置管理中有配置状态报告可以反映配置管理中基线的变化情况，通过对此状态报告的观察为测试人员提供可靠的参考依据，并通过对此报告的分析来加强对软件项目的配置管理。配置状态报告主要包括：

（1）配置库结构和说明。

（2）开发基线。

（3）基线位置和状况。

（4）各个基线配置项情况。

（5）开发分支类型分布情况。

（6）关键元素的版本记录。

（7）其他应报告内容。

7. 配置审计

配置审计（又称配置审核）是变更控制的补充手段，来确保某一变更需求已被切实实现。配置项审计包括功能配置审计和物理配置审计。

配置审计内容包括：评估基线的完整性；检查配置记录是否正确反映了配置项的配置情况；审核配置项的结构完整性；对配置项进行技术评审；验证配置项的完备性和正确性；验证是否符合配置管理标准和规程。

配置审核的任务便是验证配置项对配置标识的一致性。配置审核的实施是为了确保项目配置管理的有效性，体现配置管理的最根本要求，不允许出现任何混乱现象。例如：防止出现向用户提交不适合的产品，如交付了用户手册的不正确版本。防止不完善的实现，如开发出不符合初始规格说明或未按变更请求实施变更。找出各配置项间不匹配或不相容的现象。确认配置项已在所要求的质量控制审核之后作为基线入库保存。确认记录和文档保持着可追溯性。

文档按重要性和质量要求分为非正式文档、正式文档；按项目周期分为开发文档和产品文档；管理文档分为：可行性研究报告、项目开发计划、软件需求说明书、数据要求说明书、概要设计说明书、详细设计说明书、数据库设计说明书、用户手册、操作手册、模块开发卷宗、测试计划、测试分析报告、开发进度月报和项目开发总结报告。

2.3 思考题

1. 简述软件质量度量的含义。
2. 简述软件质量度量过程中常见的问题以及对策。
3. 简述软件配置管理的含义。软件配置管理的主要内容。

第3章 软件质量标准

质量标准是质量管理的依据和基础，产品质量的优劣是由一系列的标准来控制和监督产品生产全过程来产生的，因此，质量标准应贯穿企业质量管理的始终，是提高产品质量的基础。本章首先对软件质量标准进行了综合性的介绍，并重点介绍了几种广泛应用的标准，包括CMM、CMMI、ISO 9000标准簇等。

3.1 软件质量标准概述

软件质量标准经过几十年的发展，逐渐形成了多层次、多种多样的标准体系。软件质量标准按照制定的结构和适用的范围不同，分为国际标准、国家标准、行业标准、企业标准和项目规范。

3.1.1 国际标准

国际标准由国际联合机构制定和公布，提供各国参考的标准。国际标准化组织(International Standards Organization，ISO)这一国际机构有着广泛的代表性和权威性，它所公布的标准也有较大的影响。其中，ISO建立了"计算机与信息处理技术委员会"，简称ISO/TC 97，专门负责与计算机有关的标准化工作。这类标准通常冠有ISO字样，如ISO 13502—1992 Information Processing-Program Constructs and Conventions for Their Representation(《信息处理-程序构造及其表示的约定》)，又如ISO 9001—2008 Quality Management Systems Requirements(《质量管理体系要求》)，以及国际标准ISO/IEC 9126 Information Technology-Software Product Evaluation-Quality Characteristics and Guidelines for their Use(《软件产品评估-质量特性及其使用指南纲要》)。

目前，有100多个国家采用ISO 9000系列标准，用以全面提高企业管理水平与国际接轨。ISO 9000标准簇主要强调的是各个行业如何建立完善的全面质量管理体系，而并不是只针对软件行业的标准。

国际标准 ISO/IEC 12119 Information Technology-Software Packages-Quality Requirements and Testing(《信息技术-软件包-质量要求和测试》)。

国际标准ISO/IEC 17025 General Requirements for the Competence of Testing and Calibration Laboratories(《检测和校准实验室能力的通用要求》)。

国际标准ISO/IEC 14598 Software Engineering-Product Evaluation(《软件工程-产品评估》)。

3.1.2 国家标准

国家标准由政府或国家级的机构制定或批准，适用于全国范围的标准。中华人民共和国国家技术监督局公布实施的标准，简称国标（GB）。其现已批准了若干软件工程标准。

与软件工程和软件测试相关的国家标准有：

GB/T 9386—1988 计算机软件测试文件编制规范

GB/T 15532—1995 计算机软件单元测试规范

GB/T 17544—1998 信息技术软件包质量要求和测试

GB 17859—1999 计算机信息系统安全保护等级划分准则

GB/T 18231—2000 信息技术低层安全模型

GB/T 18336.1—2001 信息技术安全性评估准则第 1 部分：简介和一般模型

GB/T 18336.2—2001 信息技术安全性评估准则第 2 部分：安全功能要求

GB/T 18336.3—2001 信息技术安全性评估准则第 1 部分：安全保证要求

GB/T 4943—2001 信息技术设备的安全

GB/T 15278—1994 数据加密物理层互操作性要求

GB/T 18020—1999 信息技术应用级防火墙安全技术要求

GB/T 17900—1999 网络代理服务器的安全技术要求

GB/T 18019—1999 包过滤防火墙安全技术要求

GB/T 18020—1999 应用级防火墙安全技术要求

GB/T 16260.1—2003 软件工程产品质量

GBT 9386—2008 计算机软件测试文档编制规范

GB/T 16260.1—2006 软件工程产品质量第 1 部分质量模型（ISO/IEC 9216：1—2001，IDT）

GB/T 15532—2008 计算机软件测试规范

GB/T 20917—2007 软件工程软件测量过程

GB/T 8567 计算机软件文档规范

GB/T 18336.1—2008 信息技术-安全技术-信息技术安全性评估准则

GB/T 20009—2005 信息安全技术-数据库管理系统安全评估准则

GB/T 20273—2006 信息安全技术-数据库管理系统安全技术要求

GB/T 21671—2008 基于以太网技术的局域网系统验收测评规范

GB 17859—1999 计算机信息系统-安全保护等级划分准则

GB/T 18336.1—2008 信息技术-安全技术-信息技术安全性评估准则

GB/T 20279—2006 信息安全技术-网络和终端设备隔离部件安全技术要求

GB/T 20280—2006 信息安全技术-网络脆弱性扫描产品测试评价方法

GB/T 20282—2006 信息安全技术-信息系统安全工程管理要求

GB/T 20945—2007 信息安全技术-信息系统安全审计产品技术要求和测试评价方法

GB/T 20984—2007 信息安全技术-信息安全风险评估规范

GB/T 22239—2008 信息安全技术-信息系统安全等级保护基本要求

GB/T 16260.1—2006 软件工程 产品质量

ANSI(American National Standards Institute)即美国国家标准协会。这是美国一些民间标准化组织的领导机构,在美国和全球都有权威性。

BS(British Standard):英国国家标准。

JIS(Japanese Industrial Standard):日本工业标准。

DIN(Deutsches Institut für Nor-mung):德国标准协会。

3.1.3 行业标准

行业标准由行业机构、学术团体或国防机构制定,适用于某个业务领域。

IEEE(Institute of Electrical and Electronics Engineers)即美国电气与电子工程师学会。该学会有一个软件标准分技术委员会(SESS),负责软件标准化活动。IEEE 公布的标准常冠有 ANSI 的字头。例如,ANSI/IEEE Str 828—1983《软件配置管理计划标准》。ANSI IEEE 829—1998《软件测试文档编制标准》。

GJB,中华人民共和国国家军用标准。这是由中国国防科学技术工业委员会批准,适合于国防部门和军队使用的标准。例如,GJB 437—1988《军用软件开发规范》。

3.1.4 企业标准

企业标准是由一些大型企业或公司,由于软件工程工作的需要,制定适用于本企业或公司的规范。例如,美国 IBM 公司通用产品部 1984 年制定的《程序设计开发指南》,仅供该公司内部使用。

3.1.5 项目规范

项目规范由某一企业或科研生产项目组织制定,为该项任务专用的软件工程规范。例如:

- 打印机测试规范。
- 扫描仪测试规范。
- 显示器测试规范。
- 硬盘测试规范。
- 投影机测试规范。
- 台式 PC 测试规范。
- 笔记本测试规范。
- 显示卡测试规范。
- 服务器测试规范。

- 交换机测试规范。
- 防火墙测试规范。

软件质量标准是在20世纪70年代首先由美国国防部的军用标准发展而来的，其后很多跨国公司也制定自己的公司标准。

1986年11月，为了满足美国联邦政府评估软件供应商能力的要求，美国卡内基·梅隆大学软件工程研究院(SEI)展开研究，以探索一种保证软件产品质量、缩短开发周期和提高工作效率的软件工程模式与标准规范。

3.2 CMM

随着时代的发展，人们开始意识到，软件的开发不仅仅在于新技术是否出现，更在于软件使用过程的管理。软件企业的开发结构只有在形成一套完整而熟练的过程后，其开发才能够步入正轨。目前，CMM(Capability Maturity Model for Software，软件能力成熟度模型)即软件能力成熟度模型，作为当前世界上最流行、最实用的软件生产过程的评价标准，已被国际软件产业界公认为软件企业进入国际市场的通行证。

3.2.1 CMM 的含义

20世纪30年代，经济学家 Walter Shewart 提出了产品质量的分层控制原理。CMM的研究始于1986年11月。为了满足美国联邦政府评估软件供应商能力的要求，美国卡内基·梅隆大学软件工程研究院(SEI)展开研究，以探索一种保证软件产品质量、缩短开发周期和提高工作效率的软件工程模式与标准规范。

1991年，CMM1.0版正式推出。1993年，根据反馈意见，推出了CMM1.1版。1999年完成了CMM2.0版。其后又修改升级，成为认证标准之一。

CMM是对于软件组织在定义、实施、度量、控制和改善其软件过程的实践中各个发展阶段的描述。CMM的核心是把软件开发看作一个过程，并对软件开发和维护进行全过程监控和研究，使其更科学化和标准化，能够实现企业的目标。

CMM除了包括有效开发软件的作业程序外，还制定了五个循序渐进的质量等级(CMM1～CMM5)，分别为初始级、可重复级、已定义级、已管理级和优化级。其中，CMM5是CMM认证的最高标准，可有效地帮助企业改进和优化管理，大大提高软件企业的开发水平和产品质量。根据SEI的统计，软件企业在引入CMM管理后，劳动生产率平均增长35%，错误率平均减少39%，平均成本回报率为5∶1。

获得CMM对许多软件外包有着不可抵挡的诱惑。所谓“服务外包”，就是指企业把整个工作或工作的一部分交由其他公司去做。之所以这样做，一个重要的原因就是节约生产成本。因为外包的对象一般选择劳动力价格及运营成本相对低廉的国家，比在本国内招募员工的支出要少得多。目前，软件外包的发包市场主要集中在北美、西欧和日本等发达国家，服务接包市场主要是印度、爱尔兰和中国。2013年，印度软件与服务出口额高达760亿美元，居全球之冠。

为增强自身实力，积极参与国际竞争，国内软件企业把资质认证也提上了日程。我国政府明确表示鼓励软件出口型企业通过CMM认证。各地方政府也制定了相应的政策，如上海市就规定对在本市注册并通过CMM3～5认证的企业可以分别获得40万元、60万元和80万元人民币资助。

获得CMM认证就获得了迈向国际市场的通行证。IDG(美国国际数据集团)统计数据显示，目前全球软件外包市场规模已达到1000亿美元。中国拥有软件企业近9000家，虽然2013年我国软件出口总额仅为469亿美元，但随着我们企业自身实力的壮大，中国外包市场必将拥有美好的明天。

CMM包含四个目标：

(1) 通过对实践和技术的定义、评估和成熟预测，以加快导入和推广高成效的软件工程的实践和技术。

(2) 在软件工程和技术转型方面维护一个长期有效的资格认证工作。

(3) 使政府组织和工业组织通过自己的直接努力实现软件工程的有规划的改进。

(4) 促进软件工程持续不断地应用所采纳的优秀标准。

3.2.2 CMM的五个级别

CMM的主要特点是通用性好，它适用于各种规模的软件公司，从大规模的跨国公司到小型软件企业。CMM定义了软件过程成熟度的五个级别，这五个级别呈阶梯状进化的过程，如图3-1所示。级别1实际上是一个起点，任何准备实施CMM体系的企业都位于此起点，并通过这个起点向更高的级别努力，每达到一个新的目标，就表明达到了这个级别的能力成熟度，就可以迈向新的目标。

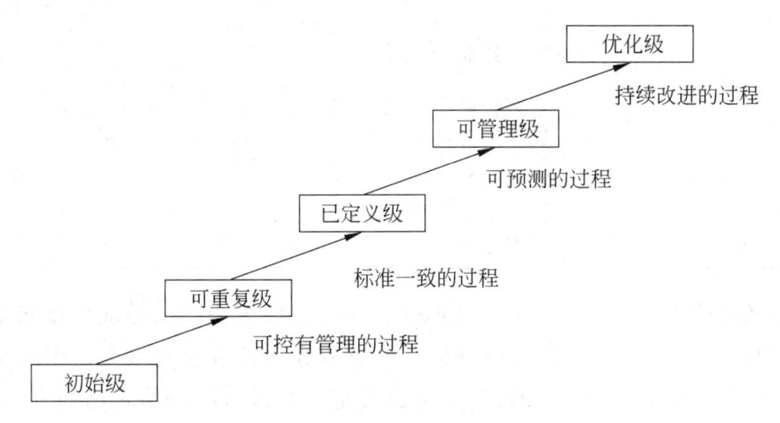

图3-1 CMM的五个级别

CMM1：初始级。描述了不成熟，或者说是未定义过程的组织，没有为软件开发和维护提供一个稳定的环境。项目成功具有偶然性。

CMM2：可重复级。需要解决需求管理，软件项目计划，软件项目跟踪和监控，软件子合同管理，软件质量保证，软件配置管理等过程区域。

CMM3：已定义级。需要解决组织级过程焦点，组织级过程定义，培训大纲，集成软件管理，软件产品工程，组间协调，同行评审等过程区域。

CMM4：已管理级。需要解决定量过程管理，软件质量管理等过程区域。企业为软件产品和软件过程制定了量化的质量目标。

CMM5：优化级。需要解决缺陷预防，技术更新管理，过程更改管理等过程区域。企业以防止错误为目标，在过程实施之前想办法发现过程中的优点和缺点。

为了达到某一个成熟度等级，必须实现该级别上的全部关键过程域。关键过程域（Key Process Area，KPA）是指相互关联的若干个软件实践活动和有关基础设施的一个集合。除了 CMM1 外，其他几个级别的关键过程域如表 3-1 所示。

表 3-1　CMM 的关键过程域

CMM 级别	CMM 关键过程域
CMM1	无
CMM2	需求管理（Requirement Management） 软件项目计划（Software Project Planning） 软件项目跟踪和监控（Software Project Tracking Oversight） 软件子合同管理（Software Subcontract Management） 软件质量保证（Software QualityAssurance） 软件配置管理（Software Configuration Management）
CMM3	组织过程焦点（Organization Process Focus） 组织过程定义（Organization Process Definition） 培训规划（Training Program） 集成软件管理（Integrated Software Management） 软件产品工程（Software Product Engineering） 组间协调（Intergroup Coordination） 同行复查（Peer Reviews）
CMM4	定量管理过程（Quantitative Process Management） 软件质量管理（Software Quality Management）
CMM5	缺陷预防（Defect Prevention） 技术变动管理（Technology Change Management） 过程变动管理（Process Change Management）

多数企业组织的基本目标是达到成熟度 3 级。评估组织当前的成熟度级别的手段之一是软件能力评估（SCE）。SCE 通过评估软件过程和项目实践来确定该组织是否言行一致。组织的过程如实体现了所做的工作，项目实施是对该过程的特定剪裁和解释，应该证明说到做到。

3.2.3　国内软件企业参与实施 CMM

近来，CMM 获得了各界越来越多的关注，摩托罗拉中国过了五级，不少企业如华为、联想、东大阿尔派、天大天财、创智、亚信等一批企业都在进行研究或者实施预评估。国家发布的关于促进IT业发展的18号文件，以及软件企业资格认证等有关文件中，都鼓励企业实施CMM，国内很多省市对于通过CMM的企业给予奖励政策。预计未来几年内，国内将出现软件业实施CMM的高潮。但是，中国相关企业实施CMM的过程中，存在着一些问题。

体系实施是遇到的诸多问题之一，包括领导重视程度不够，开发人员、项目经理有抵触情绪，质保人员和软件工程人员得不到应有的尊重等，归根结底是文化冲突。ISO 9000和CMM体系都是基于法治的体系，而国人普遍习惯于人治的氛围，大到整个国家小到一个企业莫不如此，这种冲突正是很多问题的根源。

以CMM的组织结构为例，它推荐在最高领导之下设立SEPG（软件工程过程组）、SQA（质量保证组）、SEG（软件工程组），这三个组构成是立法、监督和执法的制衡体系，体现的是西方文化的法治观念。而我们在整体企业管理上推行制度化都困难重重，何况是质量管理。冲突体现在，其一是社会的文化环境与少数企业制度化要求的冲突，其二是企业基础管理的不完全制度化和质量管理的制度化特质的冲突。

另外，CMM的实施在短时间内不能看到显著成效，它强调逐步改进。每升一个级别可能会花费1～2年。在这样的情况下，如果企业管理者没有一个坚定的支持态度，很难保证实施不被半途而废。而这样的失败又成了新的打击人们信心的案例，造成恶性循环。

企业对于为此会付出多少辛苦、时间、精力、资源都应该有充分的心理准备。应把推行质量管理当作企业推行全面制度化的一个手段和阶梯。从企业的层面来看，通过实施质量体系，事实上改造了原有企业文化，使制度化的观念深入人心，为企业引入西方先进的管理思想、推行全面的制度化管理奠定了思想和文化基础。

3.3 CMMI

随着CMM 1.0的推出，从CMM衍生出了一些改善模型，如SW-CMM、SE-CMM、IPD-CMM等。不过，在同一个组织中多个过程改进模型的存在可能会引起冲突和混淆。CMMI就是为了解决怎么保持这些模式之间的协调。

3.3.1 CMMI的含义

2000年12月，由卡内基·梅隆大学软件工程研究所SEO率先发布了CMMI（Capability Maturity Model Integration，能力成熟度整合模型），项目致力于帮助企业缓解多个过程改进模型的存在造成的困境。CMMI为改进一个组织的各种过程提供了一个单一的集成化框架，新的集成模型框架消除了各个模型的不一致性，减少了模型间的重复，增加透明度和理解，建立了一个自动的、可扩展的框架，因而能够从总体上改进组织的质量和效率。CMMI主要关注点是成本效益、明确重点、过程集中和灵活性四个方面。

与原有的能力成熟度模型类似，CMMI也包括了在不同领域建立有效过程的必要元素，反映了业界普遍认可的“最佳”实践；专业领域覆盖软件工程、系统工程、集成产品开发和系统采购。在此前提下，CMMI为企业的过程构建和改进提供了指导和框架作用，同时为企业评审自己的过程提供了可参照的行业基准。

CMMI 的主要原则：

(1) 强调高层管理者的支持。过程改进往往也是由高层管理者认识到并提出的，大力度的、一致的支持是过程改进的关键。

(2) 仔细确定改进目标。首先应该对给定时间内的所能完成的改进目标进行正确的估计和定义并制订计划，选择能够达到的目标和能够看到对组织的效益。

(3) 选择最佳实践。应该基于组织现有的软件活动和过程改进，参考其他标准模型，取其精华去其糟粕，得到新的实践活动模型。

(4) 过程改进要与组织的商务目标一致，与发展战略紧密结合。

3.3.2 CMMI 的基本内容

CMMI 内容分为要求、期望和提供信息共三个级别，来衡量模型包括的质量重要性和作用。要求级别，是模型和过程改进的基础。期望级别，在过程改进中起到主要作用，但是某些情况不是必需的，可能不会出现在成功的组织模型中。提供信息级别，构成了模型的主要部分，为过程改进提供了有用的指导，在许多情况下它们对需要和期望的构建做了进一步说明。

CMMI 提供了阶段式表述(Continuous Representation)和连续式表述(Staged Representation)两种表示方法。阶段式表述表示为一系列成熟度等级阶段，强调的是组织的成熟度，从过程域的角度考察整个组织的过程成熟度阶段。连续式表述强调的是单个过程域的能力，从过程域的角度考察基线和度量结果的改善。

两种表示法的差异反映了为每个能力和成熟度等级描述过程而使用的方法，虽然它们描述的机制可能不同，但是两种表示方法通过采用公用的目标和方法作为需要的和期望的模型元素，而达到了相同的改善目的。

1. CMMI 关键过程域

CMMI 同样分为五个成熟度级别，除了第一个级别外，成熟度由一系列的关键过程域描述，CMMI 关键过程域如表 3-2 所示。

表 3-2 CMMI 关键过程域

CMMI 级别	CMMI 关键过程域
CMMI1	无
CMMI2	配置管理(Configuration Management) 过程域产品质量保证(Process and Product Quality Assurance) 度量与分析(Measurement and Analysis) 供应商协议管理(Supplier Agreement Management) 项目监督与控制(Project Monitoring Management) 项目计划(Project Planning) 需求管理(Requirement Management)

续表

CMMI 级别	CMMI 关键过程域
CMMI3	决策分析与解决方案(Decision Analysis and Resolution) 确认(Validation) 验证(Verification) 产品集成(Product Integration) 技术解决方案(Technical Solution) 需求开发(Requirement Development) 风险管理(Risk Management) 集成项目管理(Integrated Project Management) 组织培训(Organizational Training) 组织过程定义(Organizational Process Definition) 组织过程焦点(Organizational Process Focus)
CMMI4	组织过程绩效(Organizational Process Performance) 定量项目管理(Quantitative Project Management)
CMMI5	组织变动推广(Organizational Innovation Deployment) 因果分析和解决方案(Causal Analysis and Resolution)

2. CMMI 等级

CMMI 分为五个成熟度等级,分别是初始级、重复级、定义级、管理级和优化级,表示组织过程改进提高的方向。

CMMI1:初始级。软件过程随意和无序,组织通常不能提供稳定的环境,产品的优劣往往取决于个人的能力。

CMMI2:重复级。需求、过程和服务已经有管理,组织和管理已经形成文件,全过程已经受到监控。

CMMI3:定义级。标准已经建立,在 CMMI2 的基础上整个过程是一致的,且对过程的描述更详细、更严格。

CMMI4:管理级。已经达到 CMM2 和 CMM3 的目标,建立了质量和过程的目标,对于过程以统计和定量技术进行控制,过程控制是可预见性的。

CMMI5:优先级。已经完成 CMM2、CMM3 和 CMM4 的目标,过程变更可以定量理解,过程可以持续改进。

3.3.3 CMM 与 CMMI 的区别

就软件工程而言,CMMI 是 CMM 的最新版本。CMMI 的过程域不再局限于纯粹的软件范畴,比 CMM 多了几个过程域。CMMI 模型最终代替 CMM 模型的趋势不可避免。

此外,CMM 的基于活动的度量方法和瀑布过程的有次序的、基于活动的管理规范有非常密切的联系,更适合瀑布型的开发过程。CMM 保留了基于活动的方法,它的确集成了软件产业内很多现代的最好的实践,因此它很大程度上淡化了和瀑布思想的联系。CMM 和瀑布思想相联系,而 CMMI 和叠代思想联系得更紧密。

在CMMI中在保留了CMM阶段式表述的基础上，出现了连续式表述，这样可以帮助一个组织以及这个组织的客户更加客观和全面地了解它的过程成熟度。两种表现方式从其所涵盖的过程区域上来说并没有不同，不同的是过程区域的组织方式以及对成熟度级别的判断方式。

CMMI比CMM进一步强化了对需求的重视。在CMM中，关于需求只有需求管理这一个关键过程域，也就是说，CMM强调对有质量的需求进行管理，而如何获取需求则没有提出明确的要求。CMMI中还强调风险管理，不像在CMM中把风险的管理分散在项目计划和项目跟踪与监控中进行要求。

3.4 ISO 9000软件质量标准

全世界范围应用最为广泛的标准是国际标准化组织ISO制定的ISO 9000标准簇(简称ISO 9000)，其是衡量各类产品质量的重要依据，目前，已经有100多个国家的企业采用和实施了它的一系列标准。通过推行ISO 9000，可以全面提升组织机构的管理水平，提高产品质量，降低生产水平，提高生产效率。ISO 9000可以为软件企业提供质量体系，提高软件质量度量和控制方法量化和分析，提供软件质量依据。

3.4.1 ISO 9000的主要内容

ISO 9000的核心思想是过程控制和预防为主。首先，通过企业从原材料采购、产品加工、产品销售和售后服务等一系列过程加以控制，实现最佳的产品质量和用户满意度；其次，在企业对产品生产全过程控制的同时，预防和减少不合格产品。

ISO 9000中的软件质量标准很多，其中ISO 9001就是设计、开发、生成、安装和服务的质量标准，是ISO 9000的核心标准。1987年发布第一版，2000年12月发布2000版，2008年10月发布ISO 9001—2008。

ISO 9001质量管理体系规定了组织具有提供顾客要求和适应法规要求的产品的能力，以增进顾客满意度。包括引言、范围、引用标准、术语和定义、质量管理体系、管理职责、资源管理、产品实现、测量分析和改进等内容。

ISO 9003标准的主要内容如下：

- 开发详细的质量计划和程序控制配置管理、产品验证、不规范行为(缺陷)和纠正措施(修复)；
- 准备和接收软件开发计划，包括项目定义、产品目标清单、项目进度、产品说明书，如何组织项目的描述，风险和假设的讨论以及控制策略等；
- 使用客户易理解的且测试时易进行合法性检查的用语来表述说明书；
- 计划、开发、编制和实施软件设计审查程序；
- 开发控制软件设计随产品生命周期而发生变化的程序；
- 开发和编制软件测试计划；
- 开发检测软件是否满足客户要求的方法；

- 实施软件验证和接收测试；
- 维护测试结果的记录；
- 解决软件缺陷的方式；
- 证明产品在发布之前已经就绪；
- 开发控制产品发布过程的程序；
- 明确指出和规定应该收集的质量信息。

ISO/IEC 9126(GB/T 16260)《信息技术软件产品质量》是一种评价软件质量的通用模型，描述软件质量模型分为如下四部分。

(1) ISO/IEC 9126-1：质量模型。

(2) ISO/IEC 9126-2：外部质量度量。

(3) ISO/IEC 9126-3：内部质量度量。

(4) ISO/IEC 9126-4：使用质量度量。

3.4.2 ISO 9000 和 CMM/CMMI 的关系

1. ISO 9000 和 CMM 的关系

ISO 9000 是国际标准，适用性更广泛，而 CMM 是美国军方为评价软件企业的质量管理水平委托 SEI 开发的一个评价模型，CMM 只适用于软件行业。因此，从软件行业看，CMM 更专业、更关注软件开发的全过程管理。ISO 9000 相当于 CMM2 和 CMM3 的部分内容。

ISO 9000 和 CMM 均可为软件企业服务，ISO 9000 主要从用户的角度出发，对影响质量的因素加以控制；而 CMM 更强调软件开发的成熟度，强调过程的不断改善。

2. ISO 9000 和 CMMI 的关系

ISO 9000 和 CMMI 都关注质量和过程管理，ISO 9000 涉及的范围更广泛，而 CMMI 只适用于软件行业企业。

3.5 其他质量标准

软件质量保证有很多，比较有影响的标准还有 IEEE、SPICE、ISO/IEC 15504、ISO/IEC 12207、Tick IT 等。

3.5.1 IEEE 质量标准

IEEE 系列软件工程标准是由软件工程技术委员会(Technical Committee on Software Engineering，TCSE)之下的软件工程标准工作小组(Software Engineering Standards Subcommittee，SESS)创立的。

IEEE 质量标准是由顾客标准、资源标准、流程标准和产品标准组成,每一个标准下又分为需求标准、建议标准和指南。

1. 顾客标准

顾客标准包括软件获得、软件安全、软件需求和软件开发流程。

2. 资源标准

资源标准包括软件质量保证、软件配置管理、软件单元测试、软件测试与确认、软件维护、软件项目管理和软件生命周期流程。

3. 流程标准

流程标准包括可靠性、软件质量度量和软件用户文件。

4. 产品标准

产品标准包括软件测试文件、软件需求规格、软件设计描述、再用链接库的运用和辅助工具的选择。

3.5.2 SPICE

SPICE(Software Process Improvement and Capability Determination),即软件过程改进和能力鉴定。

SPICE 标准起步较晚,具备的优点如下:首先,SPICE 标准注意吸收各种已有模型的优势,取长补短,强调其与各种模型的兼容,同时经过十多年的广泛试验,保证了其很强的实用性;其次,SPICE 标准比 CMMI 模型更加开放,并按照这些模型实行改进和评估,因此比 CMMI 模型更加灵活和实用;最后,SPICE 标准不仅可用于软件过程改进领域,也可扩展运用到其他与信息技术相关的过程领域。

SPICE 标准的第五部分是软件过程评估,它的参考模型结合了软件工程过程生命周期标准 ISO 12207,并包含了 ISO 12207 的 2002 修订版。

由于 SPICE 标准更加开放和集成,因此备受产业用户的欢迎。很多行业制定了自己的行业 SPICE 标准,其中包括汽车业、航天业、医疗仪器业等。这些行业都是对软件质量要求非常高的行业,其中航天 SPICE 标准 S4S 得到欧洲航天局的推崇和支持,其特色部分是风险管理。

3.5.3 ISO/IEC

ISO/IEC(Joint Technical Committee for Information Technology,联合信息技术委员会)是国际标准化组织 ISO 和国际电工委员会 IEC 联合组建的第一个标准化技术委员会,该委员会在 ISO 和 IEC 的共同领导下制定信息技术领域的国际标准。

1. ISO/IEC 15504

ISO/IEC 15504 的前身是 SPICE，定义了实施过程评估要求，是使用过程改进和能力测定的基础。它由九部分构成：

- 概念和介绍指南。
- 过程和过程能力的参考模型。
- 评估过程。
- 评估指南。
- 评估模型和标识指南。
- 审核员资格指南。
- 过程改进指南。
- 确定承包方过程能力的使用指南。
- 术语。

ISO/IEC 15504 与 CMM 有关，二者都是为软件组织的过程能力进行评估。二者也有区别：ISO/IEC 15504 在为软件组织的过程能力进行评估的同时为企业提供可兼容和可重复的软件能力评估方式，并可以确定软件过程评估的范围；CMM 是一种层次模型，反映成熟度的进步阶段，为企业提供了目标。

2. ISO/IEC 12207

ISO/IEC 12207 是软件生命周期的国际标准，描述了软件生命周期的体系结构。生命周期包括三个过程：

1）基本过程

它提供生命周期的主要功能，由获得、供应、开发、操作和维护组成。

2）支持过程

它提供支持和协调活动，由文档、配置管理、质量保证、验证、有效性、评审、审核和解决问题组成。

3）组织过程

它是整体管理和支持过程，由管理、平台、改进和培训组成。

3.6 思考题

1. 什么是 CMM？什么是 CMMI？二者有何区别？
2. 简述 CMM 的五个级别。
3. 简述 CMMI 关键过程域。
4. 简述 ISO 9000 标准，它与 CMM 和 CMMI 有什么关系？
5. 简述其他比较有影响的质量标准。

第4章 软件全面质量管理

伴随着改革开放的步伐，全面质量管理概念也进入中国。国内外的实践表明，它是一种最有效的广泛适用的管理方法。全面质量管理是企业管理现代化、科学化的一项重要内容，随着质量管理的内容和要求标准化以及质量管理理念的普及，越来越多的企业开始采用这种管理方法。

4.1 软件全面质量管理概述

质量是企业生存和发展的第一要素，质量水平的高低，反映了一个企业的综合实力的高低，质量问题是影响企业发展的重要因素，在激烈的市场竞争中，应充分认识质量管理和产品质量对企业发展的作用和影响。全面质量管理有利于提高企业素质，增强企业的市场竞争力，提高企业产品质量，改善产品设计，加速生产流程，鼓舞员工的士气和增强质量意识，改进产品售后服务。

4.1.1 质量管理和全面质量管理

1. 质量管理和全面质量管理的定义

质量管理是指在质量方面指挥和控制组织的协调的活动。质量管理，通常包括制定质量方针和质量目标以及质量策划、质量控制、质量保证和质量改进。

自20世纪50年代以来，随着生产力的迅速发展和科学技术的日新月异，人们对产品的质量从注重产品的一般性能发展为注重产品的耐用性、可靠性、安全性、维修性和经济性等。在生产技术和企业管理中要求运用系统的观点来研究质量问题，在管理理论上也有新的发展，突出重视人的因素，强调依靠企业全体人员的努力来保证质量。

美国人费根堡姆在20世纪60年代初提出了全面质量管理的概念。全面质量管理(Total Quality Management，TQM)即为了能够在最经济的水平上、并考虑到充分满足顾客要求的条件下进行生产和提供服务，并把企业各部门在研制质量、维持质量和提高质量方面的活动构成为一体的一种有效体系。

ISO 8402对全面质量管理的定义：一个组织以质量为中心，以全员参与为基础，目的在于通过让顾客满意和本组织所有成员及社会受益而达到长期成功的管理途径。

全面质管理是一门系统性很强的学科，是一种由顾客的需要和期望驱动的管理哲学。它是以质量为中心，建立在全员参与基础上的一种管理方法，其目的在于获得顾客满意，让组织成员和社会受益。

全面质量管理就是组织企业全体员工和有关部门参加，综合运用现代科学和管理技术成果，控制影响产品质全过程和各因素，合理高效地生产和提供消费者满意的产品的系统管理活动。质量不仅取决于各种工序，还涉及企业各个部门人员。所以，质量的保证要通过全面质量管理来实现。

2. 全面质量管理的特点

全面质量管理具有很多优点，能够为企业带来竞争优势。全面质量管理的特点主要体现在全员性、全过程、全面性等几个方面。

1）全面质量管理的全员性

产品质量是许多生产环节和各项管理工作的综合反映。企业中任何一个环节、任何一个人的工作质量，都会不同程度地直接或间接地影响产品质量。全面质量管理中的全员性表现在，质量管理不是少数专职人员的事，而是全企业各部门、各阶层的全体人员共同参加的活动。同时，全面质量管理并不是“质量管理责任平均分配”，而是为实现全体的目的，大家有系统地共同搞质量管理。质量管理活动必须是使所有部门的人员都参加的系统性活动。同时，要发挥全面质量管理的最大效用，还要加强企业内各职能部门和业务部门之间的横向合作，这种合作已经逐渐延伸到包括企业外的用户和供应商。要实现全面质量管理的全员性，应当做好两个方面的工作。

（1）必须抓好全员的质量教育和培训。教育和培训的目的有两个方面：第一，加强职工的质量意识，牢固树立“质量第一”的思想；第二，提高员工的技术能力和管理能力，增强参与意识。在教育和培训过程中，要分析不同层次员工的需求，有针对性地开展教育和培训。

（2）要实行各部门、各级各类人员的质量责任制，明确任务和职权，各司其职，密切配合，以形成一个高效、协调、严密的质量管理工作的体系。这就要求企业的管理者要勇于授权、敢于放权。

2）全面质量管理的全过程

产品质量首先在设计过程中形成，并通过生产工序制造出来，最后通过销售和服务传递到用户手中。在这里，产品质量产生、形成和实现的全过程，已从原来的制造和检验过程向前延伸到市场调研、设计、采购、生产准备等过程，向后延伸到包装、发运、使用、用后处理、售前售后服务等环节，向上延伸到经营管理，向下延伸到辅助生产过程，从而形成一个从市场调查、设计、生产、销售直至售后服务的寿命循环周期全过程。此外，为了实现全过程的质量管理，就必须建立企业的质量管理体系，将企业的所有员工和各个部门的质量管理活动有机地组织起来，将产品质量的产生、形成和实现全过程的各种影响因素和环节都纳入到质量管理的范畴，才能在日益激烈的市场竞争中及时地满足用户的需求，不断提高企业的竞争实力。全面质量管理的全过程必须体现两个理念。

（1）预防为主、不断改进的理念。

好的产品质量是设计和生产制造出来的，而不是靠事后的检验决定的。事后的检验面对的是已经既成事实的产品质量。全面质量管理要求把管理工作的重点从“事后把关”提前到“事前预防”上来；从管结果转变为管因素，做到预防为主、防患于未然。

(2) 顾客至上的理念。

顾客分为内部顾客和外部顾客。外部顾客可以是最终的顾客,也可以是产品的经销商或再加工者;内部顾客是企业的各个部门和全体人员。实行全过程的质量管理要求企业所有各个工作环节都必须树立为顾客服务的思想。内部顾客满意是外部顾客满意的基础。

3) 全面质量管理的全面性

全面质量管理的全面性又分为两个方面,即管理对象的全面性和经济效益的全面性。

(1) 管理对象的全面性。

全面质量管理的对象是质量。这里的质量,不仅包括产品质量,还包括工作质量。只有将工作质量提高,才能最终提高产品和服务质量。此外,管理对象的全面性还包括对影响产品和服务质量因素的全面控制。影响产品质量的因素很多,包括人员、设备、材料、工艺、检测和环境等多个方面,只有对这些因素进行全面控制,才能提高产品质量和工作质量。

(2) 经济效益的全面性。

一个企业首先是经济实体,在市场经济条件下,其主要目的是获取经济效益。但全面质量管理中经济效益的全面性除保证制造企业能取得最大经济效益外,还从社会的角度和产品寿命全过程的角度考虑经济效益问题,以社会的经济效益最大为目的,使供应链上的生产者、储运公司、销售公司、用户和产品报废处理者均能取得最大效益。

4.1.2 软件全面质量管理的含义

全面质量管理由于适应科技、经济、社会的发展趋势,得到了迅速发展,在实践运用中取得了丰硕成果。全面质量管理强调系统、集成、统一和全员性、全过程、全面性的观点。其核心思想是,企业的一切活动都围绕着质量来进行,同时强调最佳经济和客户满意的约束条件。

软件全面质量管理是在使企业利润最大化的基础上,并充分满足用户明确或隐含要求的条件下,进行软件的规划、分析、设计、实施和维护活动,把研发团队的质量控制和质量设计活动构成为一体的一种有效管理体系。

软件全面质量管理主要有三个目标:一个终极目标(扩大市场占有率)和两个辅助目标(提高客户满意度、降低软件开发成本)。无论企业采取什么样的竞争战略,其根本的目的就是为了扩大市场占有率,从而获得企业的超额利润。同样,软件公司也是如此。就软件企业的软件质量管理而言,根据本文提出的软件全面质量管理理念,可以从提高客户满意度、忠诚度和降低软件开发成本两个维度来达成企业的终极目标。两个辅助目标的实现应贯穿于软件质量管理的全过程。

软件全面质量管理的主要任务是使软件开发过程规范化、程序化和标准化。首先将复杂的问题分解为若干可以实现和可以管理的子问题,然后对每个子问题在软件开发生命周期的各个阶段中采用相应的技术和手段开展软件开发活动和质量保证活动,最后整合整个软件产品并保证其质量。

4.2 软件全面质量管理的步骤和评审

本节主要讨论的软件全面质量管理的分为事前质量管理、事中质量管理和事后质量管理。软件全面质量管理中的评审工作对软件项目计划书进行评审、对需求分析说明书进行评审、对概要设计说明书进行评审、对总体设计进行评审和测试评审五部分组成。

4.2.1 软件全面质量管理的步骤

1. 事前质量管理

事前质量管理是指对系统规划和分析阶段的质量管理。此阶段的质量管理分两个方面：

首先，要透彻理解用户需求。用户需求既包含明确需求和隐含需求，隐含需求需要需求分析人员努力挖掘。透彻理解用户需求的关键是清晰明了的沟通。只有在有效沟通的前提下，才能开发出让客户满意的高品质的信息系统产品。

其次，要确定软件的关键质量属性，并明确度量质量属性的方法。关键质量属性的确定需要用户、需求分析人员、技术人员等多方的有效沟通。在决定了哪些属性对于客户和管理层是重要的之后，接下来需要定义这些属性的度量方式。

2. 事中质量管理

事中质量管理是指对系统设计和系统实施阶段的质量管理。设计、开发过程中有效的质量管理，可以引人注目地降低信息系统开发中期的成本以及后期的维护成本。产品质量是开发过程质量的直接结果。开发过程中的缺陷与客户报告的缺陷之间的直接关系具有高度的正相关性，因而软件维护成本是受开发过程的质量直接控制的。

事中质量管理要求树立一个理念，在设计、开发过程中有效地防止工作成果产生缺陷，将高质量内建于设计、开发过程之中。此阶段的质量管理过程中，可以通过两条途径来提高信息系统的质量：

(1) 软件过程改进。其主要措施是不断提高技术水平和不断提高规范化水平。

(2) 工作成果刚刚产生马上进行质量检验。其主要措施是进行技术评审、软件测试和过程检查。

3. 事后质量管理

事后质量管理是指对系统运行与维护阶段的质量管理。此阶段质量管理的重点是对信息系统产品的质量检查、验收及评定。交付使用的管理信息系统需要在使用中不断完善，不断提高产品质量和服务质量。事后质量管理是一项高成本的管理活动。据统计，在系统整个生命周期中，2/3 以上的经费用在维护上。事后质量管理的重要手段是质量验收。系统质量验收需要根据质量计划中的范围划分指标要求和合同中的质量条款,遵循相关的质量检验评定标准,对系统的质量进行质量认可评定和办理验收手续。

4.2.2 软件全面质量管理中的评审

软件质量保证是以保证软件质量为目标,致力于对确保产品达到质量要求而提供信任的工作。软件质量保证过程不仅要对项目的最终结果负责,而且还要对整个项目过程承担质量责任。软件全面质量管理中的评审工作如下。

(1) 对软件项目计划书进行评审。主要评审软件项目计划在调配人力、物力和资源方面是否合理,设计开发计划是否切实可行。

(2) 对需求分析说明书进行评审。主要评审需求分析说明书是否符合合同要求,是否符合国家高速公路监控系统要求,评审需求、输出、数据定义的完整性,以及各项需求指标有无矛盾,是否具有一致性。

(3) 对概要设计说明书进行评审。主要评审概要设计的完整性,审查是否覆盖了软件需求规格说明书中描述的所有软件需求,概要设计说明中定义软件的主要外设和它们之间的接口是否清晰,概要设计说明是否一致,是否为详细设计提供了依据。

(4) 对总体设计进行评审。评审总体设计中规定的各子系统通信报文协议是否符合网络协议标准,能否确保数据的实施性和准确性,评审详细设计与概要设计是否一致,详细设计能否很好地编码实现,详细设计是否符合概要设计的要求和目标。

(5) 测试评审。评审测试计划完整性,测试用例各功能描述是否齐全。

在各阶段评审过程中,针对发现的问题及时纠正,防止和识别工作中的偏差和错误,确保了项目质量与计划保持一致,从而很好地完成了质量保证任务。

4.3 软件全面质量管理中的团队和质量控制

软件开发已经是一个团队工程项目,任何在软件全面质量管理中进行的团队管理,以及软件全面质量管理中的质量管控是本节主要讨论的内容。

4.3.1 软件全面质量管理中的团队

实证研究已经表明,高效的团队与高质量的产品是有正相关关系的。人是一个团队的核心,一切的工作都是需要由人来完成的,所以要想在软件质量上有新的突破,就必须对软件开发团队中的人进行管理和建设。

1. 积极创造良好的学习环境

企业高层及项目经理可以从两个方面来创造良好的学习环境:一是建立鼓励员工学习的机制;二是建立保证员工学习的系统。应该记住:所有的培训和学习都能创造价值。

2. 积极开展质量教育工作

软件全面质量管理强调用人的质量保证工作质量，用工作质量来保证软件质量。可见，人的素质是有效进行软件质量管理的根本保证。通过质量教育，增强软件项目参与者的质量意识，提高其思想觉悟和文化、科学、技术水平，才有可能高效、优质地完成项目。

3. 明确团队成员的责任

团队中必须形成两种责任：个人责任和团队责任。团队必须为实现它的目标负责，而每一个成员也必须为他所承担的工作负责。团队必须成功，所有的团队成员也必须为团队的成功做出具体的贡献，并且做彼此相当的真实工作。只有在团队成员清楚地明白各自责任的前提下，才能使软件开发顺利进行，做到有责可依，违责必究，为提高软件质量提供保证。

4. 积极做好团队标准化工作

制定一套有效的软件开发团队标准化准则，能够有效地提高软件质量。软件全面质量管理是全过程的管理。这个质量的形成过程，就是标准的制定、实施、验证、修订的过程。只有认真制定和贯彻管理标准和质量标准，才能有效地保证软件质量标准的执行，从而推动软件质量管理的开展和最终提供优质的软件产品。

5. 积极完善团队绩效管理

如果没有完善的团队绩效管理制度，团队成员将没有足够的动力在系统开发过程中不断创新和变革，努力解决系统中存在的质量问题。在某些情况下，团队成员还可能出现怠工现象，故意制造问题，拖延系统开发周期，使团队不能按计划完成任务，这进一步增加企业的开发成本。

4.3.2 软件全面质量管理中的质量控制

一个软件项目的质量控制应该贯穿于项目实施的全过程，范围涉及质量形成的各个环节，其目的是确保项目质量能满足质量要求。随着技术进步和开发工具的不断升级，技术方案的不断更新和新技术的产生都给项目开发带来了或多或少的困扰。因此，坚持定期或不定期对员工进行培训，不仅涉及新技术的应用、新开发工具的使用，也包括一些与人沟通的培训及一些职业规划方面的内容等，从而提高了整个项目团队的能力和水平，最终达到提高软件产品质量的目的。

在软件质量监测过程中，针对计划监测人员按照作业流程及时进行检查，以确定项目成果或阶段成果是否符合相关的质量标准，并且分析原因，并进行适宜的处置，保证不合格的产品得到识别和有效的控制。纠正措施或预防措施制定后，对质量计划进行相应的调整，保证项目的顺利实施。

在软件开发过程中，测试工作作为软件质量控制的重要组成部分，要贯穿在整个项目实施的全过程。编制测试计划,对各子系统编制测试用例进行需求测试。需求测试贯穿了整个软件开发周期,通过需求测试来指导软件测试的各个阶段。在软件开发过程中,进行单元测试;各种外部设备到位,对自研设备进行功能测试,主要采用黑盒测试;对软件系统进行测试,主要进行配置测试、自底向上的集成测试;对软件硬件系统联调,对各子系统进行系统测试、兼容性测试。测试进行的详细而且严谨,及时解决出现的问题,确保各项系统指标已经达到设计要求,系统满足用户的要求。

4.4 思考题

1. 简述软件全面质量管理的含义。
2. 简述实施软件全面质量管理的步骤。
3. 简述软件全面质量管理中的评审工作。
4. 简述软件全面质量管理的团队。
5. 简述软件全面质量管理中的质量控制。

第5章 软件评审

在软件生存期的某一阶段中出现的缺陷,如果得不到及时的纠正,就会传播到开发的后续阶段中去,并在后续阶段中引出更多的缺陷,纠正的成本会显著增加。实践证明,提交给测试阶段的产品中包含的缺陷越多,经过同样时间的测试之后,产品中仍然潜伏的缺陷也越多。所以必须将发现缺陷的工作提前,在开发时期的每个阶段,都要进行严格的软件评审,尽量不让缺陷带到下一阶段。本章分别论述了软件评审的含义和软件评审的原则,软件评审的阶段,以及如何避免进入评审误区,软件评审中的角色和职能。

5.1 软件评审概述

为什么需要软件评审? 总体来说,在开发过程中,评审可以获得以下收益。

- 提高项目的生产率。这是由于早期发现了错误,因而减少了返工时间,还可能减少测试时间。
- 改善软件的质量。
- 在评审过程中,使开发团队的其他成员更熟悉产品和开发过程。
- 通过评审,标志着软件开发的一个阶段的完成。

软件评审能生产出更容易维护的软件。主要原因是:对于被评审的软件,评审者必须是非常熟悉的;同时,在评审过程中,一定会产生并利用很多证明文档,于是评审就迫使开发者产生出许多有用的文档,而这些文档如果不是因为评审,在整个项目期间可能都不会生产。此外,评审过程也将增加对所开发软件的理解。

经验表明,在制定技术规范期间产生的问题如果在集成测试或产品使用时被发现,与在设计或编码期间被发现相比较,返工的成本前者要比后者高10～100倍。软件评审是对软件元素或者项目状态的一种评估手段,以确定其是否与计划的结果保持一致,并使其得到改进。

1994年IEEE对软件评审下的定义是:软件评审是一种对软件元素所做的正式的评审活动。其目的是检验软件开发和软件测试各个阶段的工作是否齐全、规范,各阶段产品是否达到了规定的技术要求和质量要求,以决定是否可以转入下一阶段的工作。

M. E. Fagan在软件评审方面有突出的贡献,他在总结大量的实践后得到的结论是,用人们熟悉的运行程序的测试方法只能发现1/5的故障,而认真的评审可以发现4/5的故障。

Karl E. Wiegers(卡尔·威格)对软件评审的阐述:不管你有没有发现它们,缺陷总存在,问题只是你最终发现它们时,需要多少纠正成本,评审的投入把质量成本从昂贵的、后期返工转变为早期的缺陷发现。

5.2 软件评审的主要内容

软件评审并不是在软件开发完毕后进行评审，而是在软件开发的各个阶段都要进行评审。因为在软件开发的各个阶段都可能产生错误，如果这些错误不能被及时发现并纠正，会不断地扩大，最后可能导致开发失败。

软件评审的主要内容包括：软件评审目标、软件评审的过程、软件评审的原则和软件评审的特点。

5.2.1 软件评审的目标

软件评审的目标主要有：

(1) 发现任何形式表现的软件功能、逻辑或实现方面的错误。

(2) 通过评审验证软件的需求。

(3) 保证软件按预先定义的标准表示。

(4) 已获得的软件是以统一的方式开发的。

(5) 使项目更容易管理。

5.2.2 软件评审的过程

软件评审的过程如下。

(1) 召开评审会议：一般应有3～5人参加，会前每个参加者做好准备，评审会每次一般不超过2小时。

(2) 会议结束时必须做出以下决策之一：接受该产品，不需做修改；由于错误严重，拒绝接受；暂时接受该产品。

(3) 评审报告与记录：所提出的问题都要进行记录，在评审会结束前产生一个评审问题表，另外必须完成评审简要报告。

5.2.3 软件评审的原则

软件评审是相当重要的工作，也是目前国内开发最不重视的工作。软件评审的原则包括：

(1) 评审产品，而不是评审设计者(不能使设计者有任何压力)。

(2) 会场要有良好的气氛。

(3) 建立议事日程并维持它(会议不能脱离主题)。

(4) 限制争论与反驳(评审会不是为了解决问题，而是为了发现问题)。

(5) 指明问题范围，而不是解决提到的问题。

(6) 展示记录(最好有黑板，将问题随时写在黑板上)。

(7) 限制会议人数和坚持会前准备工作。

(8) 对每个被评审的产品列出评审清单(帮助评审人员思考)。

(9) 对每个正式技术评审分配资源和时间进度表。

(10) 对全部评审人员进行必要的培训。

(11) 及早地对自己的评审做评审(对评审准则的评审)。

5.2.4 软件评审的特点

软件评审的特点:

(1) 发现隐藏的软件缺陷。

(2) 参加评审的人员应以软件项目开发组以外的同行人员为主,如果项目组人员参加也是起帮助理解评审对象的作用。

(3) 被评审的对象通常指的是软件开发中的各种技术产品,如需求规格说明、用户手册、测试计划等。

(4) 评审有多种形式,主要有正式评审和非正式评审。其中,非正式评审也可以用相关人员分散阅读,以书面意见的方式进行,但必须有评审人员的签名,以体现评审的责任。

5.3 软件评审的阶段

软件评审的阶段包括:需求评审、概要设计评审、详细设计评审、数据库设计评审和测试评审等。

5.3.1 需求评审

1. 需求评审概述

软件需求是软件开发的最重要的一个步骤,需求的质量很大程度上决定了项目质量或产品质量。需求风险也常常是软件开发过程中最大的一个风险,降低需求风险的一个重要手段就是需求评审,但是需求评审是所有的评审活动中最难的一个,也是最容易被忽视的一个评审。

需求评审中经常存在以下问题:

- 需求报告很长,短时间内评审者根本不能把需求报告读懂,想清楚;
- 没有做好前期准备工作,需求评审的效率很低;
- 需求评审的节奏无法控制;
- 找不到合格的评审员,与会的评审员无法提出深入的问题。

2. 几种失败的需求评审

案例一:某软件公司内部举行产品的需求评审会,主要是公司内部的领域专家参加,在评审会开始后不久，某领域专家就对需求报告中的某个具体问题提出了自己的不同意见，于是，与会人员纷纷就该问题发表自己的意见，大家争执不下，结果致使会议出现了混乱状况，主持人无法控制局面，会议大大超出了计划评审时间。

案例二：某软件公司为某公司A做业务流程管理系统的需求评审会，当项目组人员在会议上宣读多达上百页的需求报告时，用户明确提出听不懂，致使会议不得不改日进行。

案例三：某软件公司在用户处开完物资管理系统的需求评审会后，与会人员离开会议室时，纷纷摇头，认为本次会议没有多少实际效果，完全是在走过场。

3. 如何做好需求评审

1）分层次评审

用户的需求是可以分层次的，一般而言可以分成如下层次。

（1）目标性需求：定义了整个系统需要达到的目标。

（2）功能性需求：定义了整个系统必须完成的任务。

（3）操作性需求：定义了完成每个任务的具体的人机交互。

目标性需求是企业的高层管理人员所关注的，功能性需求是企业的中层管理人员所关注的，操作性需求是企业的具体操作人员所关注的。对不同层次的需求，其描述形式是有区别的，参与评审的人员也是不同的。如果让具体的操作人员去评审目标性需求，可能会很容易地导致捡了芝麻，丢了西瓜的现象，如果让高层的管理人员也去评审那些操作性需求，无疑是一种资源的浪费或者就会出现案例三的情形。

2）正式评审与非正式评审结合

正式评审是指通过开评审会的形式，组织多个专家，将需求涉及的人员集合在一起，并定义好参与评审人员的角色和职责，对需求进行正规的会议评审。而非正式评审并没有这种严格的组织形式，一般也不需要将人员集中在一起评审，而是通过电子邮件、文件汇签甚至是网络聊天等多种形式对需求进行评审。两种形式各有利弊，但往往非正式的评审比正式的评审效率更高，更容易发现问题。因此在评审时，应该更灵活地利用这两种方式。

3）分阶段评审

应该在需求形成的过程中进行分阶段的评审，而不是在需求最终形成后再进行评审。分阶段评审可以将原本需要进行的大规模评审拆分成各个小规模的评审，降低了需求返工的风险，提高了评审的质量。例如，可以在形成目标性需求后进行一次评审，在形成系统的初次概要需求后进行一次评审，当对概要需求细分成几个部分时，对各个部分进行评审，最终再对整体的需求进行评审。

4）精心挑选评审员

需求评审可能涉及的人员包括需方的高层管理人员、中层管理人员、具体操作人员、IT主管、采购主管；供方的市场人员、需求分析人员、设计人员、测试人员、质量保证人员、实施人员、项目经理以及第三方的领域专家等。由于这些人员中所处的立场不同，对同一个问题的看法是不相同的，有些观点是和系统的目标有关系的，有些则关系不大，不同的观点可能形成互补的关系。为了保证评审的质量和效率，需要精心挑选评审员。首先要保证使不同类型的人员都要参与进来，否则很可能会漏掉很重要的需求。其次在不同类型的人员中要选择那些真正和系统相关的，对系统有足够了解的人员参与进来，否则很可能使评审的效率降低或者最终不切实际地修改了系统的范围。

5）对评审员进行培训

在很多情况下，评审员是领域专家而不是进行评审活动的专家，他们没有掌握进行评审的方法、技巧、过程等，因此需要对评审员进行培训，同样对于主持评审的管理者也需要进行培训，以便于参与评审的人员能够紧紧围绕评审的目标来进行，能够控制评审活动的节奏，提高评审效率，避免发生案例一和案例二中出现的现象。对评审员的培训也可以分为简单培训与详细培训两种。简单培训可能需要十几分钟或者几十分钟，需要将在评审过程中的需要把握的基本原则，需要注意的常见问题说清楚。详细培训则可能需要对评审的方法、技巧、过程进行正式的培训，需要花费较长的时间。详细培训是一个独立的活动。需要注意的是，被评审人员也要被培训。

6）充分利用需求检查单

需求检查单是很好的评审工具。需求检查单可以分成两类：需求形式的检查单和需求内容的检查单。需求形式的检查主要是针对需求文档的格式是否符合质量标准来提出的；需求内容的检查是由评审员负责的，主要是检查需求内容是否达到了系统目标、是否有遗漏、是否有错误等，这是需求评审的重点。检查单可以帮助评审员系统全面地发现需求中的问题，检查单也是随着工程财富的积累逐渐丰富和优化的。

7）建立标准的评审流程

对正规的需求评审，需要建立正规的需求评审流程，按照流程中定义的活动进行规范的评审过程。例如在评审流程定义中可能规定评审的进入条件，评审需要提交的资料，每次评审会议的人员职责分配，评审的具体步骤，评审通过的条件等。

8）做好评审后的跟踪工作

在需求评审后，需要根据评审人员提出的问题进行评价，以确定哪些问题是必须纠正的，哪些可以不纠正，并给出充分的客观的理由与证据。当确定需要纠正的问题后，要形成书面的需求变更的申请，进入需求变更的管理流程，并确保变更的执行，在变更完成后，要进行复审。切忌评审完毕后，没有对问题进行跟踪，而无法保证评审结果的落实，使前期的评审努力付之东流。

9）充分准备评审

评审质量的好坏很大程度上取决于在评审会议前的准备活动。常出现的问题是，需求文档在评审会议前并没有提前下发给参与评审会议的人员，没有留出更多更充分的时间让参与评审的人员阅读需求文档。更有甚者，没有执行需求评审的进入条件，在评审文档中存在大量的低级的错误或者没有在评审前进行沟通，文档中存在方向性的错误，从而导致评审的效率很低，质量很差。对评审的准备工作，也应当定义一个检查单，在评审之前对照检查单落实每项准备工作。

5.3.2 概要设计评审

在软件概要设计结束后必须进行概要设计评审，以评价软件设计说明书中所描述的软件概要设计在总体结构、外部接口、主要部件功能分配、全局数据结构以及各主要部件之间的接口等方面的合适性。

一般应考察以下几个方面：

(1) 概要设计说明书是否与软件需求说明书的要求一致；

(2) 概要设计说明书是否正确、完整、一致；

(3) 系统的模块划分是否合理；

(4) 接口定义是否明确；

(5) 文档是否符合有关标准规定。

5.3.3 详细设计评审

在软件详细设计阶段结束后必须进行详细设计评审，以评价软件验证与确认计划中所规定的验证与确认方法的合适性与完整性。

一般应考察以下几个方面：

(1) 详细设计说明书是否与概要设计说明书的要求一致；

(2) 模块内部逻辑结构是否合理，模块之间的接口是否清晰；

(3) 数据库设计说明书是否完全，是否正确反映详细设计说明书的要求；

(4) 测试是否全面、合理；

(5) 文档是否符合有关标准规定。

5.3.4 数据库设计评审

在数据库设计阶段结束后必须进行数据库设计评审，以评价数据库的结构设计及运用设计的合适性。一般应考察以下几个方面：

(1) 概念结构设计；

(2) 逻辑结构设计；

(3) 物理结构设计；

(4) 数据字典设计；

(5) 安全保密设计。

5.3.5 测试评审

测试评审主要对测试的各个环节进行评审，包括：

(1) 软件测试需求规格说明的评审；

(2) 软件测试计划的评审;

(3) 软件测试说明的评审;

(4) 软件测试报告的评审;

(5) 软件测试记录的评审。

5.4 避免进入评审误区

误区一:评审参与者不了解评审过程。

如果评审参与者不了解整个的评审过程,就会有一种自然的抗拒情绪,因为大家看不到做这件事情的效果,感觉到很迷茫,这样会严重影响大家参与评审的积极性。

误区二:评审人员评论开发人员,而不是产品。

评审的主要目的是发现产品中的问题,而不是根据产品来评价开发人员的水平。但是往往会出现把产品质量和开发人员水平联系起来的事情,于是评审变成了批斗大会,极大地打击了开发人员的自尊心,以至严重地影响了评审的效果。

误区三:评审没有被安排进入项目计划。

参与评审需要投入大量的时间和精力,应该被安排进入项目计划中。但是现实的情况往往是评审变成了义务劳动,参与评审的人员必须加班加点才能完成评审任务。如此一来,出现评审人员对评审对象不了解的情况也就不足为奇了。

误区四:评审会议变成了问题解决方案讨论会。

评审会议主要的目的是发现问题,而不是解决问题,问题的解决是评审会议之后需要做的事情。但是,由于开发人员对技术的追求,评审会议往往变成了问题研讨会,大量地占用了评审会议的时间,导致大量评审内容被忽略,留下无数的隐患。

误区五:评审人员事先对评审材料没有足够的了解。

任何一份评审材料都是他人智慧和心血的结晶,需要花足够的时间去了解、熟悉和思考。只有这样,才能在评审会议上发现有价值的深层次问题。在很多的评审中,评审人员因为各种原因,在评审会议之前对评审材料没有足够的了解,于是出现了评审会议变成了技术报告的怪现象。

误区六:评审人员关注于非实质性问题。

经常会出现这样的问题:在评审中,评审人员过多关注于一些非实质性的问题,例如文档的格式、措辞,而不是产品的设计。出现这样的情况,可能的原因有:没有选择合适的人参加评审;评审人员对评审对象没有足够的了解,无法发现深层次的问题。

误区七:忽视细节。

在组织评审的过程中,很多人不太注意细节。例如会议时间的设定,会议的通知,会议场所的选择,会场环境的布置,会议设施的提供,会议上气氛的调节和控制等,而实际上这样的细节会大大影响评审会议的效果。例如,很难想象,大家在一个空气混浊、噪声很大的会议室里面能够全身心地投入工作。

其他误区还有:

- 人身攻击。在评审过程中,所有的参与人都应该将矛盾集中于评审内容本身,而不能针对特定的参与人。
- 无休止的争论。通常对于某些问题,评审组很难达成一致意见,这时,可以把问题记录下来,而如何认定则留给作者自己决定。
- 偏离会议中心。在实际会议中,会议常常会发生偏离,如转到政治话题的讨论。
- 鼓励所有人发言。鼓励不善言辞的参与者就评审内容发表自己的看法,例如按照座位顺序轮流发表意见。

5.5 软件评审中的角色和职能

在正式评审中,每个参加者分别担当不同的角色,完成各自的职责。一个评审小组由3～5人组成,主要成员有评审组长、宣读员、记录员、评审员等。

1. 评审组长

评审组长在整个评审会议中起领导作用,负责组织、主持和控制软件评审活动。他的主要任务是:
- 决定软件评审人员,并明确各自的角色和职能。
- 安排正式的软件评审会议。
- 安排软件评审的内容。
- 确保所有提出的缺陷都被记录在案。
- 跟踪问题的解决情况。
- 与项目负责人沟通评审结果。

2. 宣读员

宣读员的主要任务是在软件评审会议上引导评审小组阅读被审资料。

3. 记录员

记录员的主要任务是将评审会上发现的问题记录在“软件评审问题记录表”上。

4. 评审员

评审员的主要职责是:
- 熟悉评审内容,为评审做好准备。
- 在评审会议上应该关注问题而不是针对个人。
- 主要的问题和次要的问题可以被分别讨论。
- 在会议前或者会议后可以就存在的问题提出建设性的意见和建议。
- 明确自己的角色和责任。
- 做好接受错误的准备。

5.6 思考题

1. 为什么需要软件评审？或者说评审可以获得哪些收益？
2. 软件评审工作中存在哪些误区？
3. 简述软件评审的阶段。
4. 正式评审与非正式评审有何区别？
5. 简述概要设计评审和详细设计评审。
6. 请简单描述软件评审中的角色和职能。

第二篇

软 件 测 试

第 6 章　软件测试基础

随着软件开发过程和开发技术的不断改进，软件测试理论和方法也在不断完善，测试工具也在蓬勃发展。本章首先介绍了软件测试的必要性，其后介绍了多种软件测试方法，从不同角度，对软件测试进行了分类：从是否需要执行被测软件的角度可分为静态测试和动态测试；从软件测试用例设计方法的角度可分为黑盒测试、白盒测试和灰盒测试。最后介绍完整的软件测试过程，包括单元测试、集成测试、确认测试、系统测试、验收测试等几个环节测试过程。

软件测试是软件质量保证的关键步骤，软件质量越高，软件发布后的维护费用就越低；软件缺陷发现得越早，软件开发费用就越低。本章从实践角度对软件研发各阶段进行详细介绍的同时，系统地讲述了软件测试的各种方法和技术，以从多层面探讨软件测试的本质和内涵，并应用于各个软件测试阶段，来满足不同的应用系统测试需求。本章还介绍了怎样成为一名合格的软件测试工程师，从软件测试工作的专业优势、专业技能、行业知识、个人素养、软件测试工程师就业前景等各个方面进行了分析。

6.1　软件测试的必要性

一些软件缺陷事件带来了巨大的经济损失，有的错误导致了很多人员伤亡。以下这些案例都是非常著名的案例。

1. 7·23 高铁事故

2011 年 7 月 23 日 20 时 27 分，北京至福州的 D301 次列车行驶至温州市双屿路段时，与杭州开往福州的 D3115 次列车追尾，D301 次列车 4 节车厢从高架桥上掉落，造成 210 人受伤 35 人死亡，其中遇难者中有 10 名女性，还有外国籍人士 2 人，如图 6-1 所示。

7·23 动车事故发生 5 天后，新任上海铁路局局长安路生终于宣布了事故发生的原因，是由于信号设备在设计上存在严重缺陷，遭雷击发生故障后，导致本应显示为红灯的区间信号机错误显示为绿灯。他同时分析称，是雷击造成温州南站信号设备故障，导致后车 D301 接收到了错误的信号。而事故初始的原因是由于前车 D3115 因接触网线路遭受雷击，导致断电故障而停车。雷电，再次被推到了导致数十条生命陨落的前端。

铁道部副部长陆东福接受央视采访时称，软件系统设计的重大缺陷导致信号系统失灵，将本该显示的红灯变为绿灯。

2. Ariane 5 火箭

Ariane 5 火箭案例：1996 年 6 月 4 日，Ariane 5 火箭在升空 40 秒后偏离飞行轨道，

图 6-1 7.23 动车事故

解体并爆炸。火箭上载有价值 5 亿美元的通信卫星，火箭升空和爆炸的画面如图 6-2 和图 6-3 所示。这是一个著名的案例，几乎所有的软件工程书上都会提到这个“一行代码错误带来了 6 亿美元的直接损失”的案例。让我们来看看这是一行什么样的代码。

图 6-2 Ariane 5 火箭升空

图 6-3 Ariane 5 火箭爆炸

其 Ada 语言代码如下。

```
begin
    double d_bh; short s_bh;
    sense_horizontal_velocity(&d_bh);
    s_bh=d_bh; //OPERAND ERROR
end;
```

调查报告的部分原文如下：

During execution of a data conversion from 64-bit floating point to 16-bit signed integer value. The floating point number which was converted had a value greater than what could be represented by a 16-bit signed integer. This resulted in an Operand Error.

飞行过程中，水平速度产生了一个很大的值，该值存储在一个浮点型的变量中，在向一个短整型变量赋值的过程中，产生了溢出，该溢出导致程序异常，而该异常并没有被捕获和进行保护处理。

3. 辐射治疗仪案例

Therac 25 事件是在软件工程界被大量引用的案例。Therac 25 是 Atomic Energy of Canada Limited 所生产的一种辐射治疗的机器。由于其软件设计时的瑕疵，超过剂量设定导致在 1985 年 6 月～1987 年 1 月产生多起医疗事故，5 名患者死亡，多名患者严重辐射灼伤。这些事故是操作失误和软件缺陷共同造成的。Therac 25 有两种电子束设置：低能量模式，可以直接照射病人；高能量模式，需要屏蔽一个 X 射线过滤镜。

问题在于，用户界面和射线控制器之间的设计存在竞争关系。一旦操作者选择了一种模式，机器就开始自我配置。如果操作使用者在 8s 内撤销了前面的操作并选择其他不同的模式，系统的其他部分并不会接收到新的设置，因为该机器需要 8s 才能使磁针摇摆到位。因此，某些操作熟练、动作敏捷的操作者会不经意地增加病人的药量，而这些药量造成了病人的死亡。

事故产生的情况是：

(1) 操作人员首先错误选择了高能量模式(此时，机器将开始配置，而且机器配置是高级别任务，在配置完成的 8s 内将不接受新命令)；

(2) 操作人员撤销前面的高能量模式选择，并选择另一种模式－低能量模式；

(3) 操作人员熟练到在 8s 内完成其他输入操作，并启动放射；

(4) 机器将仍按高能量方式照射病人，而不是操作人员重新输入的低能量模式。

事故原因确定后，所有的 Therac 25 停止使用，召回，重新修改设计，安装硬件保护装置。此后管理层、工程界、学术界进行了长时间的讨论，对事故的教训进行了探讨。其中美国著名的安全性工程专家 Leveson 对事故的总结和认识最具系统性和代表性。下述部分引用了她得出的一些主要结论。

“3、软件工程不容忽视。Therac 25 中包括了软件编码错误，这个问题在其他与计算机相关的一般事故中是少见的。一般计算机错误主要涉及需求、环境条件和系统状态等。

虽然实施软件工程不能完全消除软件中的错误，但是可以极大地减少错误。许多公司在他们的系统中使用软件，但是并不像软件工程师那样严肃对待，下述软件工程的基本原则在 Therac 25 中受到明显的破坏：

- 编制软件文档不应是一种事后行为；
- 应保持设计简单性；
- 如何得到软件缺陷，应该从软件设计开始时就制订出方案；
- 软件应该在模块级进行广泛的测试和分析，仅进行系统测试是不正确的。”

用户界面在 Therac 25 事件中受到了某种程度的关注，实际上它在这次事件中只有部分影响，虽然软件的界面和这个软件的其他部分一样，存在改进的余地。软件工程师需要接受更多的界面设计培训，从人机工程的角度需要更多的数据输入。必须着重指出在用户友好界面和安全性方面存在着潜在冲突。用户界面设计的一个目的是尽可能方便操作者使用，但是在 Therac 25 软件中，操作的简单性是以牺牲系统安全性为代价的。最后不仅在初始设计中必须考虑软件和软件界面的安全性，而且需要记录决策理由，使得以后的变更有依据可查。

4. 许霆 ATM 案例

许霆(1983 年出生)，南下的打工小伙，2006 年 4 月 21 日(周五)晚在广州商业银行的一个 ATM 机取款，原本卡上只有 176.97 元，想取 100 元，但多敲了一个“0”，其结果是 ATM 机真的吐了 1000 元出来，而且他查询后发现账上只扣了一元钱。随后，他连续取款 171 笔，合计 17.5 万元。银行于 4 月 24 日(周一)进行设备例行检查时发现情况，30 日报案。2008 年 3 月 31 日广州市中级人民法院二审判定“许霆犯盗窃罪，判处有期徒刑五年，并处罚金二万元”(一审判的是无期，引起巨大的社会舆论)。2010 年 7 月 31 日，许霆因表现良好获假释。

法院二审判决书对案件原因进行了如下分析：

2006 年 4 月 21 日 17 时许，运营商广州广达运通公司对涉案的自动柜员机进行系统升级。该自动柜员机在系统升级后出现异常，1000 元以下(不含 1000 元)取款交易正常，1000 元以上的取款交易，每取款 1000 元按 1 元形成交易报文向银行主机报送，即持卡人输入取款 1000 元的指令，自动柜员机出钞 1000 元，但持卡人账户实际扣款 1 元。

许霆在 170 余次取款中间，还把情况告诉了他的一位郭姓工友，该位先生以农行卡同样在该柜员机上分多次取款 19 000 元(按以上情况推测，广州商行以“本代他”的形式通知农行扣款 19 元)。这是一个典型的软件缺陷：软件不经测试直接上线运行。

5. 千年虫问题

20 世纪 70 年代一个叫 Dave 的程序员，负责本公司的工资系统。他使用的计算机存储空间很小，迫使他尽量节省每一个字节。Dave 自豪地将自己的程序压缩得比其他人小。他使用的其中一个方法是把 4 位数日期缩减为 2 位，例如 1973 年为 73。因为工资系统极度依赖数据处理，Dave 节省了可观的存储空间。Dave 并没有想到这是个很大的问题，他认为只有在 2000 年时程序计算 00 或 01 这样的年份时才会出现错误。他知道那时会出问题，但是在25年之内程序肯定会更改或升级，而且眼前的任务比未来更加重要。这一天毕竟是要来的。1995年，Dave的程序仍然在使用，而Dave退休了，谁也不会想到进入程序检查2000年的兼容性问题，更不用说去修改了。

例如：银行在计算利息时，是用现在的日期如“2000年1月1日”减去客户当时的存款日期如“1980年1月1日”，如果年利息为3%，那么银行应付给客户20年利息。如果年份存储问题没有得到纠正，其存款年数就变为−80年，客户反而应付给银行利息。

开发者认为在20多年内程序肯定会更新或升级，而且眼前的任务比计划遥不可及的未来更加重要。为此，全世界付出了十分巨大的代价来更换或升级类似程序以解决千年虫问题，特别是金融、保险、军事、科学、商务等领域，花费大量的人力、物力对现有的各种各样程序进行检查、修改和更新。估计全球各地更换或升级类似的前者程序以解决潜在的千年虫问题的费用已经达数千亿美元。

6. 美国火星登陆事故

1999年12月3日，美国宇航局火星极地登陆飞船在试图登陆火星表面时突然坠毁失踪。故障评测委员会调查分析了这一故障，认定出现该故障的原因可能是由于某一数据位被更改，并认为该问题在内部测试时应该能够解决。那么这次事故是如何发生的呢？

计划的着陆方式是这样的：当探测器向火星表面降落时，它将打开降落伞减缓探测器的下降速度。降落伞打开几秒钟后，探测器的三条腿将迅速撑开，并锁定位置，准备着陆。当探测器离地面1800米时，它将丢弃降落伞，点燃着陆推进器，缓缓地降落到地面。

实际上，美国航天局简化了确定何时关闭着陆推进器的装置。为了替代其他太空船上使用的贵重雷达，他们在探测器的脚部装了一个廉价的触点开关，在计算机中设置一个数据位来控制触点开关关闭燃料。很简单，探测器的发动机需要一直点火工作，直到脚“着地”为止。

在测试中发现，许多情况下，当探测器的脚迅速撑开准备着陆时，机械震动也会触发着陆触点开关，设置致命的错误数据位。设想探测器开始着陆时，计算机极有可能关闭着陆推进器，这样火星极地登陆者号探测器飞船下坠1800米之后冲向地面，撞成碎片。结果是灾难性的，但背后的原因却很简单。登陆探测器经过了多个小组测试。其中一个小组测试飞船的脚折叠过程，另一个小组测试此后的着陆过程。前一个小组不去注意着地数据是否置位——这不是他们负责的范围；后一个小组总是在开始复位之前复位计算机，清除数据位。双方独立工作都做得很好，但合在一起就不是这样了。

7. 英特尔奔腾芯片缺陷

在PC的“计算器”中输入以下算式：

$$(4\ 195\ 835/3\ 145\ 727) \times 3\ 145\ 727-4\ 195\ 835=?$$

如果结果等于0，则说明计算机没有问题。如果结果不等于0，则说明计算机出现了问题。恰恰带有浮点除法软件缺陷的老式英特尔奔腾处理器出现了结果不等于0的现象。这种情况很少出现，仅在精度要求很高的数学、科学和工程计算中才会出现。这件事情引人关注的并不是这个软件缺陷，而是英特尔公司解决问题的方式：软件测试工程师在芯片发布之前进行内部测试时已经发现了这个问题。英特尔公司的管理层认为这没有严重到要保证修正，甚至公开的程度；当软件缺陷被发现时，英特尔公司通过新闻发布和公开声明试图弱化这个问题的已知严重性；受到压力时，英特尔公司承诺更换有问题的芯片，但要求用户必须证明自己受到缺陷的影响。

结果可想而知，互联网新闻组里充斥着愤怒的客户要求英特尔公司解决问题的呼声。新闻报道把英特尔公司描绘成不关心客户和缺乏诚信者。最后，英特尔公司为自己处理软件缺陷的行为道歉并拿出4.5亿多美元来支付更换问题芯片的费用。

8. 迪士尼的游戏软件缺陷

1994年秋天，迪士尼公司发布了第一个面向儿童的多媒体光盘游戏《狮子王动画故事书》(*The Lion King Animated Storybook*)。尽管已经有许多其他公司在儿童游戏市场上运作多年，但是这次是迪士尼公司首次进军这个市场，所以进行了大量促销宣传。结果，销售额非常可观，该游戏成为孩子们那年节假日的必买游戏。然而后来却飞来横祸。12月26日，圣诞节的后一天，迪士尼公司的客户支持电话开始响个不停。很快，电话支持技术员们就淹没在来自于愤怒的家长并伴随着玩不成游戏的孩子们哭叫的电话之中。报纸和电视新闻进行了大量的报道。

后来证实，迪士尼公司未能对市面上投入使用的许多不同类型的PC机型进行广泛的测试。软件在极少数系统中工作正常，例如在迪士尼公司程序员用来开发游戏的系统中，但在大多数公众使用的系统中却不能运行。

软件缺陷的案例不胜枚举，各种缺陷带来的后果也不尽相同，有的可能影响不大或只是使用起来不方便，有的可能是巨大的灾难性的后果。因此，尽早发现缺陷是软件生命周期中重要的环节。

6.2 软件测试概述

对于软件测试的定义，不同的学者、不同的学会、不同的组织机构的观点不尽相同，下面是三种软件测试的定义。

1. IEEE给软件测试下的定义

1983年，IEEE(国际电子电气工程师协会)提出的软件工程标准术语中给软件测试下的定义是：使用人工或自动手段来运行或测定某个系统的过程，其目的在于检验它是否满足规定的需求或是弄清预期结果与实际结果之间的差别。

测试的目的就是希望能以最少的人力和时间发现潜在的各种错误和缺陷。应根据开发各阶段的需求、设计等文档或程序的内部结构精心设计测试用例，并利用这些实例来运行程序，以便发现错误。

2. G. J. Myers 给软件测试下的定义

G. J. Myers 在其经典论著《软件测试的艺术》中对软件测试提出如下观点：

- 软件测试是为了发现错误而执行程序的过程；
- 测试是为了证明程序有错，而不是证明程序无错；
- 一个好的测试用例在于他能发现至今未发现的错误；
- 一个成功的测试是发现了至今未发现的错误的测试。

需要强调的一点是，软件测试不只是软件测试人员的工作，也是软件开发人员和软件使用者的工作。

3. 从软件质量保证的角度给软件测试下的定义

从软件质量保证的角度看，软件测试是一种重要的软件质量保证活动，其动机是通过一些经济、有效的方法，捕捉软件中的错误，从而达到保证软件内在质量的目的。

6.2.1 软件测试模型

下面是几种典型的软件测试模型，有 V 模型、W 模型和 X 模型，这些模型从不同程度反映了软件开发与测试的关系。

1. 软件测试的 V 模型

在软件测试方面，V 模型是最广为人知的模型。V 模型已存在了很长时间，和瀑布开发模型有着一些共同的特性，由此也和瀑布模型一样地受到了批评和质疑。V 模型如图 6-4 所示。

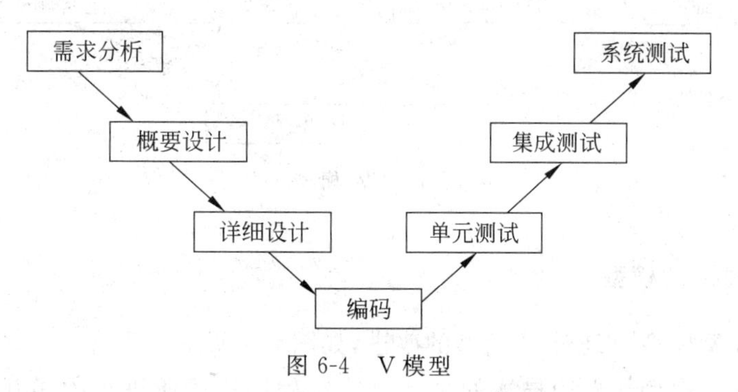

图 6-4 V 模型

V 模型中的过程从左到右，描述了基本的开发过程和测试行为。V 模型的价值在于它非常明确地标明了测试过程中存在的不同级别，并且清楚地描述了这些测试阶段和开发过程期间各阶段的对应关系。单元测试的目的是根据详细设计说明书验证单元模块是否符合要求，发现代码编写过程中存在的问题。集成测试的目的是根据概要设计说明书验证各个模块是否已经集成到一起，各个模块之间的接口是否存在问题。系统测试的目的是根据需求说明书验证软件是否符合用户的需求，系统是否能够正常工作。

软件测试的 V 模型是软件开发瀑布模型的变种，主要反映软件测试活动与分析和设计的关系。

软件测试 V 模型的局限性是把测试作为编码之后的最后一个活动，需求分析等前期产生的错误直到后期的验收测试才能发现缺陷。

2. 软件测试的 W 模型

软件测试的 V 模型的局限性在于没有明确地说明早期的测试，无法体现“尽早地和不断地进行软件测试”的原则。在 V 模型中增加软件各开发阶段应同步进行的测试过程，演化为软件测试的 W 模型。W 模型如图 6-5 所示，该图形象地说明了软件测试与开发的同步性。

软件测试的 W 模型也有局限性。W 模型和 V 模型都把软件的开发视为需求、设计、编码等一系列串行的活动，无法支持迭代、自发性以及变更调整；仍把开发活动看成是从需求开始到编码结束的串行活动，只有上一阶段完成后，才可以开始下一阶段的活动，不能支持迭代、自发性以及变更调整。

软件测试的 W 模型由 Evolutif 公司提出，相对于 V 模型，W 模型更科学。W 模型是 V 模型的发展，强调的是测试伴随着整个软件开发周期，而且测试的对象不仅仅是程序，需求、功能和设计同样要测试。测试与开发是同步进行的，从而有利于尽早地发现问题。

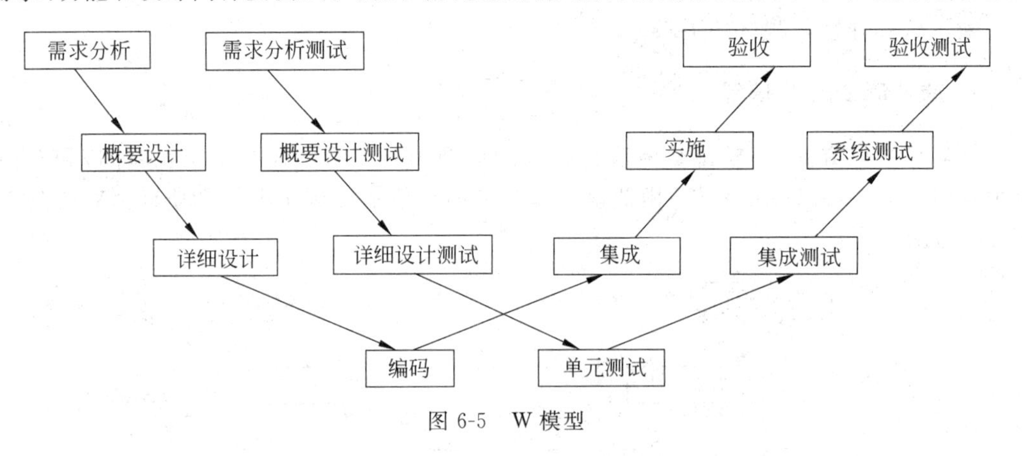

图 6-5　W 模型

3. 软件测试的 X 模型

软件测试的 X 模型也是对 V 模型的改进，如图 6-6 所示。

软件测试的 X 模型的左边描述的是针对单独程序片段所进行的相互分离的编码和测试，此后将进行频繁的交接，通过集成最终成为可执行的程序，然后再对这些可执行程序进行测试。已通过集成测试的成品可以进行封装并提交给用户，也可以作为更大规模和范围内集成的一部分。多根并行的曲线表示变更可以在各个部分发生。由图 6-6 中可见，X 模型还定位了探索性测试，这是不进行事先计划的特殊类型的测试，这一方式往往能帮助有经验的测试人员在测试计划之外发现更多的软件错误。但是这样可能对测试造成人力、物力和财力的浪费，对测试员的熟练程度要求比较高。

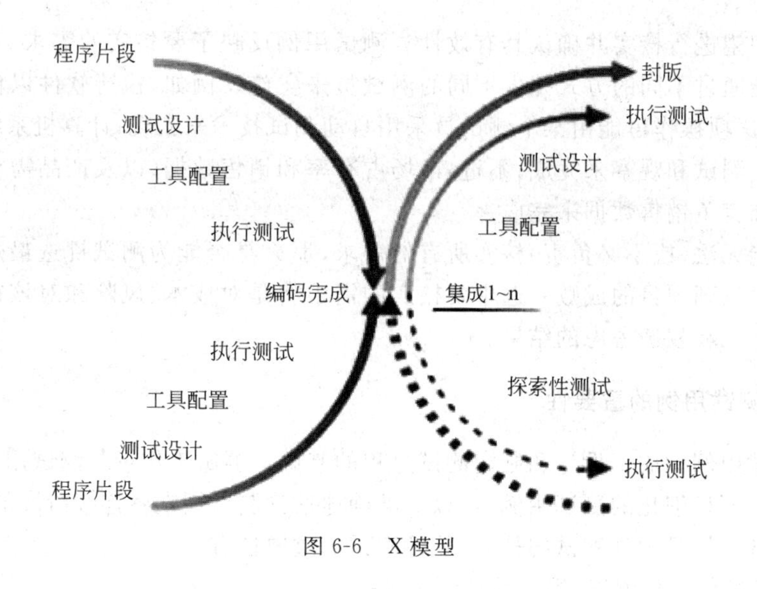

图 6-6 X模型

6.2.2 软件测试用例

测试用例的设计方法不是单独存在的，具体到每个测试项目里都会用到多种方法，每种类型的软件有各自的特点，每种测试用例设计的方法也有各自的特点，在实际测试中，往往综合使用各种方法才能有效提高测试效率和测试覆盖度，这就需要认真掌握这些方法的原理，积累更多的测试经验，以有效提高测试水平。

根据程序的重要性和一旦发生故障将造成的损失来确定测试等级和测试重点。认真选择测试策略，以便能尽可能少地使用测试用例，发现尽可能多的程序错误。因为一次完整的软件测试过后，如果程序中遗留的错误过多并且严重，则表明该次测试是不足的，而测试不足则意味着让用户承担隐藏错误带来的危险，但测试过度又会带来资源的浪费。因此，测试需要找到一个平衡点。

1. 软件测试用例的含义

软件测试用例(Software Testing Case)指对一项特定的软件产品进行测试任务的描述，体现测试方案、方法、技术和策略。内容包括测试目标、测试环境、输入数据、测试步骤、预期结果、测试脚本等，并形成文档。

软件测试用例是为某个特殊目标而编制的一组测试输入、执行条件以及预期结果，以便测试某个程序路径或核实是否满足某个特定需求。不同类别的软件，测试用例是不同的。不同于诸如系统、工具、控制、游戏软件，管理软件的用户需求更加不统一，变化更大、更快。测试用例是将软件测试的行为活动做一个科学化的组织归纳，目的是能够将软件测试的行为转化成可管理的模式；同时测试用例也是将测试具体量化的方法之一，不同类别的软件，测试用例是不同的。

要使最终用户对软件感到满意，最有力的举措就是对最终用户的期望加以明确阐述，以便对这些期望进行核实并确认其有效性。测试用例反映了要核实的需求。然而，核实这些需求可能通过不同的方式并由不同的测试员来实施。例如，执行软件以便验证它的功能和性能，这项操作可能由某个测试员采用自动测试技术来实现；计算机系统的关机步骤可通过手工测试和观察来完成；不过，市场占有率和销售数据（以及产品需求），只能通过评测产品和竞争销售数据来完成。

既然可能无法（或不必负责）核实所有的需求，那么是否能为测试挑选最适合或最关键的需求则关系到项目的成败。选中要核实的需求将是对成本、风险和对该需求进行核实的必要性这三者权衡考虑的结果。

2. 软件测试用例的重要性

软件测试用例构成了设计和制定测试过程的基础。测试工作量与测试用例的数量成比例。根据全面且细化的测试用例，可以更准确地估计测试周期各连续阶段的时间安排。

软件测试用例是软件测试的核心，软件测试的重要性有：

（1）可以避免盲目测试，提高软件测试效率。

（2）测试目的明确、重点突出。

（3）测试用例可以重复使用，可以减少人力、资源投入。

影响软件测试的因素很多，例如软件本身的复杂程度、开发人员（包括分析、设计、编程和测试的人员）的素质、测试方法和技术的运用等。有些因素是客观存在的，无法避免；有些因素则是波动的、不稳定的，例如开发队伍是流动的，有经验的走了，新人不断补充进来；一个具体的人工作也受情绪的影响，等等。如何保障软件测试质量的稳定？有了测试用例，无论是谁来测试，参照测试用例实施，都能保障测试的质量，可以把人为因素的影响减少到最小。即便最初的测试用例考虑不周全，随着测试的进行和软件版本的更新，也将日趋完善。

3. 软件测试用例的设计方法

由于穷举测试是不可能的，故测试人员应从数量极大的可用测试用例中精心挑选数量有限的具有代表性或特殊性的测试用例，以高效地显示程序或软件中的错误。

设计测试用例的基本准则是：

测试用例的代表性；测试用例的非重复性；测试结果的可判定性；测试结果的可再现性。

1）白盒技术

白盒测试是结构测试，所以被测对象基本上是源程序，以程序的内部逻辑为基础设计测试用例。

对于程序内部的逻辑覆盖程度，当程序中有循环时，覆盖每条路径是不可能的，要设计覆盖程度较高的或覆盖最有代表性的路径的测试用例。下面分别介绍几种常用的覆盖技术。

• 语句覆盖。

语句覆盖是指设计足够的测试用例，使被测试程序中每个语句至少被执行一次。为了提高发现错误的可能性，在测试时应该执行到程序中的每一个语句。

• 判定覆盖。

判定覆盖指设计足够的测试用例，使得被测程序中每个判定表达式至少获得一次"真"值和"假"值，从而使程序的每一个分支至少都通过一次，因此判定覆盖也称分支覆盖。

• 条件覆盖。

条件覆盖是指设计足够的测试用例，使得判定表达式中每个条件的各种可能的值至少出现一次。

• 判定/条件覆盖。

该覆盖标准指设计足够的测试用例，使得判定表达式的每个条件的所有可能取值至少出现一次，并使每个判定表达式所有可能的结果也至少出现一次。

• 条件组合覆盖。

条件组合覆盖是比较强的覆盖标准，它是指设计足够的测试用例，使得每个判定表达式中条件的各种可能的值的组合都至少出现一次。

• 路径覆盖。

路径覆盖是指设计足够的测试用例，覆盖被测程序中所有可能的路径。

2）黑盒技术

• 等价类划分。

划分等价类，确定有效等价类和无效等价类，确定测试用例，为每一个等价类编号。

• 边界值分析。

使用边界值分析方法设计测试用例时一般与等价类划分结合起来。但它不是从一个等价类中任选一个例子作为代表，而是将测试边界情况作为重点目标，选取正好等于、刚刚大于或刚刚小于边界值的测试数据。

4. 软件测试用例设计的误区

1）软件测试用例设计是一劳永逸的事情

这句话可能没有一个人会赞同，但在实际情况中，却经常能发现这种想法的影子，导致的后果是测试用例和缺陷报告成了废纸一堆。另外，认为设计测试用例是一次性投入，片面追求测试用例设计一步到位，导致设计的测试用例与需求和设计不同步的情况在实际开发过程中屡屡出现。

几乎所有软件项目的开发过程都处于不断变化过程中。设计软件测试用例与软件开发设计并行进行，必须根据软件设计的变化，对软件测试用例进行内容的调整和数量的增减，增加一些针对软件新增功能的测试用例，删除一些不再适用的测试用例，修改那些模块代码更新了的测试用例。

2）让新手设计测试用例即可

实际工作中经常让测试新手设计测试用例，新手往往感到无从下手。实际上，测试新手设计的测试用例往往存在设计出的测试用例对软件功能和特性的覆盖度不高、功能设计的颗粒度不合理、可复用性差等诸多缺陷。

软件测试用例设计是软件测试的中高级技能，不是每个人(尤其是测试新手)都可以编写的，测试用例编写者不仅要掌握软件测试的技术和流程，而且要对被测软件的需求、功能规格说明以及程序结构等有比较透彻的理解。

建议安排经验丰富的测试人员进行软件测试用例设计，测试新手可以从执行测试用例开始，随着测试技术水平的提高和对被测软件的熟悉，学习测试经验丰富的测试人员的用例设计经验，尝试编写测试用例。

6.2.3 软件测试技术方法

软件测试技术方法很多，但最常用的测试方法主要是静态测试、动态测试、白盒测试、黑盒测试和灰盒测试等。

1. 静态测试

静态测试(Static Testing)即软件测试时不运行的部分，例如产品说明书的审查，对此进行检查和审阅。静态测试是指不运行被测程序本身，仅通过分析或检查源程序的文法、结构、过程、接口等来检查程序的正确性。静态测试通过程序静态特性的分析，找出欠缺和可疑之处，例如不匹配的参数、不适当的循环嵌套和分支嵌套、不允许的递归、未使用过的变量、空指针的引用和可疑的计算等。静态测试结果可用于进一步的查错，并为测试用例选取提供指导。

静态测试有桌前检查、代码审查和走查等方法。静态测试常用工具有 LogiScope、TestWork 等。

2. 动态测试

动态测试(Dynamic Testing)指的是实际运行被测程序，输入相应的测试数据，检查实际输出结果和预期结果是否相符的过程。所以判断一个测试属于动态测试还是静态测试，唯一的标准就是看是否运行程序。

动态测试是通过观察代码运行时的动作，来提供执行跟踪、时间分析，以及测试覆盖度方面的信息。动态测试通过真正运行程序发现错误。通过有效的测试用例，对应的输入输出关系来分析被测程序的运行情况。

3. 白盒测试

白盒测试(White Box Testing)又称结构测试或者逻辑驱动测试。白盒测试是把测试对象看作一个打开的盒子。利用白盒测试法进行动态测试时，需要测试软件产品的内部结构和处理过程，不需测试软件产品的功能。

白盒测试法的覆盖标准有逻辑覆盖、循环覆盖和基本路径测试。其中逻辑覆盖包括语句覆盖、判定覆盖、条件覆盖、判定/条件覆盖、条件组合覆盖和路径覆盖。

白盒测试是知道产品内部的工作过程，可通过测试来检测产品内部动作是否按照规格说明书的规定正常进行，按照程序内部的结构测试程序，检验程序中的每条通路是否都有能按预定要求正确工作,而不顾它的功能。白盒测试的主要方法有逻辑驱动、基路测试等,主要用于软件验证。

白盒测试往往需要大量的人力、物力,对测试人员的要求也比较高,因此,经常需要借助测试工具完成。白盒测试常用工具有 Jtest、C++ Test、Logiscope 等。

4. 黑盒测试

黑盒测试(Black Box Testing)又称功能测试或者数据驱动测试。黑盒测试是根据软件的规格对软件进行的测试,这类测试不考虑软件内部的运作原理,因此软件对用户来说就像一个黑盒子。

软件测试人员以用户的角度,通过各种输入和观察软件的各种输出结果来发现软件存在的缺陷,而不关心程序具体如何实现的一种软件测试方法。

黑盒测试可以从用户的角度检查软件系统的功能、界面等情况。黑盒测试常用工具有 WinRunner、LoadRunner、AutoRunner 等。

5. 灰盒测试

单纯从名称上来看,灰盒测试(Gray Box Testing)是介于黑盒测试与白盒测试之间的一种测试方式。

灰盒测试是基于程序运行时的外部表现同时又结合程序内部逻辑结构来设计用例,执行程序并采集程序路径执行信息和外部用户接口结果的测试技术。

6.2.4 软件测试的复杂性与经济性

人们对软件工程开发的常规认识中,认为开发程序是一个复杂而困难的过程,需要花费大量的人力、物力和时间,而测试一个程序则比较容易,不需要花费太多的精力。这其实是人们对软件工程开发过程理解上的一个误区。在实际的软件开发过程中,作为现代软件开发工业一个非常重要的组成部分,软件测试正扮演着越来越重要的角色。随着软件规模的不断扩大,如何在有限的条件下对被开发软件进行有效的测试正成为软件工程中一个非常关键的课题。

1. 软件测试的复杂性

设计测试用例是一项细致并且需要具备高度技巧的工作,稍有不慎就会顾此失彼,发生不应有的疏漏。图 6-7 所示说明了发现软件缺陷数量和测试量之间的关系。

从图 6-7 中可以看出随着测试量的增加,测试成本将呈几何数级上升,而软件缺陷降低到某一数值之后将没有明显的变化,最优测量值就是这两条曲线的交点。

2. 软件测试的经济性

软件测试的经济性有两方面体现:一是体现在测试工作在整个项目开发过程中的重要地位,二是体现在应该按照什么样的原则进行测试,以实现测试成本与测试效果的

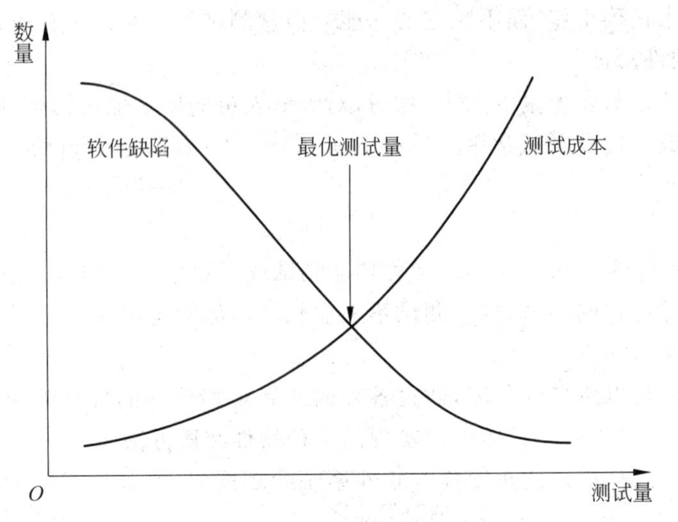

图 6-7　软件缺陷数量和测试量之间的关系

统一。

测试是软件生存期中费用消耗最大的环节。测试费用除了测试的直接消耗外，还包括其他的相关费用。影响测试费用的主要因素有：

（1）目标用户情况。

（2）潜在缺陷造成的影响。

（3）开发企业的业务能力。

6.3　软件测试过程

软件测试过程包括单元测试、集成测试、确认测试、系统测试、验收测试等环节，如图 6-8 所示。

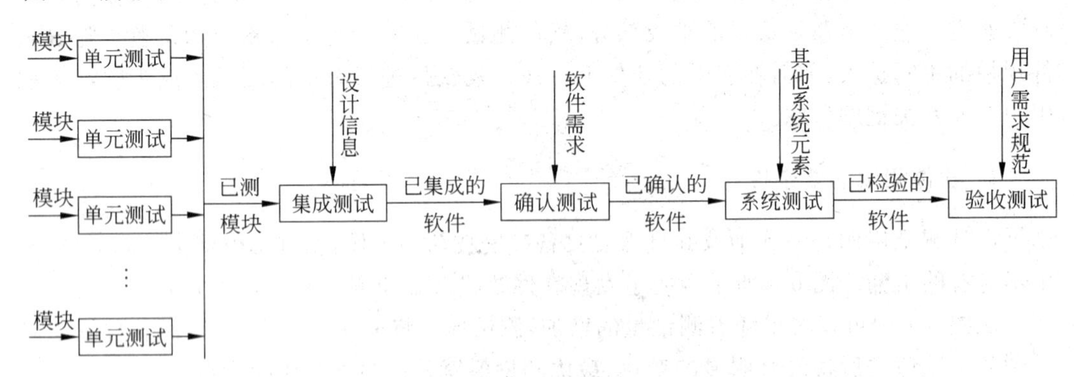

图 6-8　软件测试过程

6.3.1 单元测试

单元测试(Unit Testing)又称模块测试,是在软件开发过程中要进行的最低级别的测试活动,或者说是针对软件设计的最小单位程序模块进行的测试工作。其目的在于发现每个程序模块内部可能存在的差错。

单元测试是开发者编写的一小段代码,用于检验被测代码的一个很小的、很明确的功能是否正确。通常而言,一个单元测试是用于判断某个特定条件(或者场景)下某个特定函数的行为。

单元测试是由程序员自己来完成,最终受益的也是程序员自己。可以这么说,程序员有责任编写功能代码,同时也就有责任为自己的代码编写单元测试。执行单元测试,就是为了证明这段代码的行为和期望的一致。

对于程序员来说,如果养成了对自己写的代码进行单元测试的习惯,不但可以写出高质量的代码,而且还能提高编程水平。单元测试主要采用白盒测试方法。

6.3.2 集成测试

集成就是把多个单元组合起来形成更大的单元。集成测试(Integration Testing)又称组装测试或联合测试。在单元测试的基础上,将所有模块按照设计要求组装成为子系统或系统,进行集成测试。通过实践发现,一些模块虽然能够单独地工作,但并不能保证连接起来也能正常地工作。程序在某些局部反映不出来的问题,在全局上很可能暴露出来,影响功能的实现。

集成测试又称组装测试、联合测试,是单元测试的逻辑扩展。它的最简单的形式是:两个已经测试过的单元组合成一个组件,并且测试它们之间的接口。从这一层意义上讲,组件是指多个单元的集成聚合。在现实方案中,许多单元组合成组件,而这些组件又聚合成程序的更大部分。方法是测试片段的组合,并最终扩展进程,将模块与其他组的模块一起测试,最后将构成进程的所有模块一起测试。此外,如果程序由多个进程组成,应该成对测试它们,而不是同时测试所有进程。

集成测试分为非渐增式集成和渐增式集成。非渐增式集成先分别测试每个模块,再把所有模块按设计要求放在一起结合成所要的程序。渐增式集成把下一个要测试的模块同已经测试好的模块结合起来进行测试,然后再把下一个待测试的模块结合起来进行测试,同时完成单元测试和集成测试。渐增式集成测试具体又分为自底向上集成测试、自顶向下集成测试和三明治集成测试。其他集成测试方法还有核心集成测试、分层集成测试、基于使用的集成测试等。集成测试可以采用黑盒测试方法,也可以采用白盒测试方法,或者采用将二者结合的灰盒测试方法实现。

6.3.3 确认测试

经过集成测试以后，各个模块已经按照设计要求组装成一个完整的软件系统，各个模块间存在的问题基本解决。为了验证软件的有效性，要对它的功能和性能等方面做进一步的评价，就需要确认测试。

确认测试（Validation Testing）又称有效性测试或合格性测试（Qualification Testing），其目的是对软件产品进行评估以确定其是否满足软件需求。确认测试一般通过一系列黑盒测试来实现软件确认。在测试时一般不由软件开发人员执行，而应由软件企业中独立的测试部门或第三方测试机构来完成。

确认测试结束后要给出一个完整的评价，包括：如果通过测试其功能和性能等方面都已满足需求规格说明的要求，给出软件合格的评价；如果通过测试其功能和性能等方面都不能完全满足需求规格说明的要求，产生一个缺陷清单，与开发部门协商出一个解决办法。确认测试常采用黑盒测试方法。

6.3.4 系统测试

系统测试(System Testing)是针对整个产品系统进行的测试，其目的是验证系统是否满足了需求规格的定义，找出与需求规格不相符合或与之矛盾的地方。系统测试的对象不仅仅包括需要测试的产品系统的软件，还要包含软件所依赖的硬件、外设等。系统测试实际上是针对系统中各个组成部分进行的综合性检验，很接近人们的日常测试实践。

系统测试的目标是确保系统测试的活动按计划进行；验证软件产品是否与系统需求用例不相符合；建立完善的系统测试缺陷记录跟踪库；确保软件系统测试活动及其结果及时通知有关人员。

一般可以把系统测试的过程划分为五个阶段：计划阶段、用例分析和设计阶段、实施阶段、执行阶段、分析评估阶段。

1. 计划阶段

系统测试计划的好与坏影响着后续测试工作的进行，系统测试计划的制定对系统测试的顺利实施起着至关重要的作用。系统测试计划一般由测试经理依据系统需求规约和系统需求分析规约并结合项目计划来制定，有时也需要项目的管理者和测试技术人员参与。

2. 用例分析和设计阶段

在参考系统测试计划、系统需求规约及需求分析规约的基础上，对系统进行测试分析。本阶段工作主要由测试技术人员来完成。

3. 实施阶段

这个阶段的主要工作是搭建测试环境、准备测试工具、测试开发及脚本的录制，可能还会涉及必要的相关培训，如工具的培训等。另外，本阶段需要确定系统测试的软件版本基线。

4. 执行阶段

本阶段主要是完成测试用例的执行、记录、跟踪等工作。

5. 分析评估阶段

当系统测试执行结束后，要召集相关人员，如测试设计人员、系统设计人员等对测试结果进行评估形成一份系统测试分析报告，测试结果数据来源于手工记录或自动化工具的记录，以确定系统测试是否通过。

系统测试的方法很多，例如性能测试、压力测试、容量测试、安全性测试、可靠性测试、健壮性测试、兼容性测试、可用性测试、安装性测试、容错性测试、配置测试、冒烟测试、GUI测试、文档测试、网站测试、恢复性测试、协议测试等。系统测试可以采用黑盒测试方法完成。

6.3.5 验收测试

验收测试(Verification Testing)即通过测试发现错误，报告异常情况，提出批评意见，然后再对测试进行改错和完善、并修正。验收测试目的：向用户表明所开发的软件系统能够像用户所预定的那样工作。

验收测试的主要任务：明确规定验收测试通过的标准；确定验收测试方法；确定验收测试的组织和可利用的资源；确定测试结果的分析方法；制订验收测试计划并进行评审；设计验收测试的测试用例；审查验收测试的准备工作；执行验收测试；分析测试结果，决定是否通过验收。软件测试活动是技术测试的最后一个阶段，也称交付测试。验收测试可以采用黑盒测试方法完成。

6.4 软件测试的原则与误区

软件测试是一项复杂的系统工程，在测试过程中一定要遵守相关原则，同时避免陷入一些误区。

6.4.1 软件测试的原则

1. 尽早地和不断地进行软件测试

从软件测试发展的数十年经验可以看出，软件测试应该尽早进行，最好在需求阶段就开始介入，因为最严重的错误不外乎是系统不能满足用户的需求。IBM的研究结果表明，缺陷存在放大趋势。图6-9显示了软件缺陷放大模型的大致状况，即需求阶段遗漏的一个缺陷，可能会产生n1个概要设计缺陷，并且进行到详细设计阶段和代码阶段缺陷会不断放大。

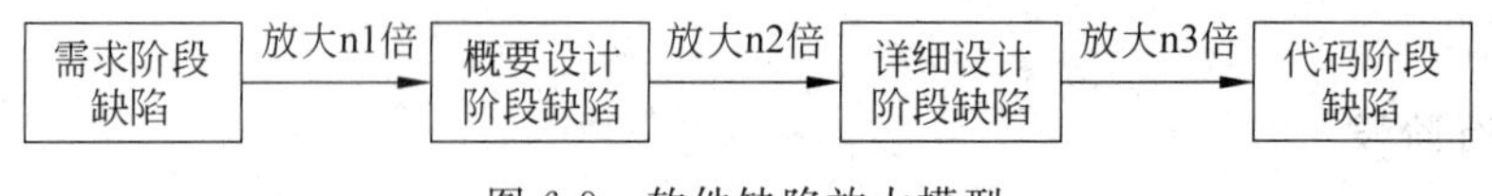

图6-9 软件缺陷放大模型

所以，问题发现越早，解决问题的代价就越小，这是软件开发过程中的黄金法则。

2. 程序员应该避免检查自己的程序

程序员应该在程序完成后避免检查自己的程序，软件测试应该由第三方来负责，以尽量避免一些人为因素的干扰。主要原因是：

- 程序员轻易不会承认自己写的程序有错误。
- 程序员的测试思路有局限性，在做测试时很容易受到编程思路的影响。
- 多数程序员没有严格、正规的职业训练，缺乏专业测试人员的意识。
- 程序员没有养成错误跟踪和回归测试的习惯。

3. 不可能完全的测试

一些人有一种错误的认识：对一个程序进行完全测试就是意味着在测试结束之后，再也不会发现其他的软件错误了。实际情况是不可能的，这只可能是一种美好的期望而已。其主要原因有以下几点：

- 不可能测试程序对所有可能输入的响应。
- 不可能测试到程序每一条可能的执行路径。
- 无法找出所有的设计错误。
- 不能采用逻辑来证明程序的正确性。

4. 应该充分注意测试中的群集现象

有经验的软件测试工程师经常发现，错误有集中出现的现象，即软件缺陷有“扎堆”现象。常见形式有：

- 对话框的某个控件功能不起作用，可能其他控件的功能也不起作用。
- 某个文本框不能正确显示，则其他文本框也可能有显示问题。
- 联机帮助某段文字的翻译包含了很多错误，与其相邻的上下段的文字可能也包含很多语言质量问题。
- 安装文件某个对话框的“上一步”或“下一步”按钮被截断，则这两个按钮在其他对话框中也可能被截断。
- 在一段程序中发现了某些不良的编写程序的习惯，这个程序员的其他程序可能也有类似问题，或者整个团队都有类似问题。

5. 合理安排测试计划

合理的测试计划有助于测试工作顺利有序地进行，因此要求在对软件进行测试之前所做的测试计划中，应该结合了多种针对性强的测试方法、列出所有可使用资源，建立一个正确的测试目标。

要本着严谨、准确的原则，周到细致地做好测试前期的准备工作，避免测试的随意性，尤其是要尽量科学合理地安排测试时间。测试时间安排尽量宽松，不要希望在极短的时间内完成一个高水平的测试。

6. 由小到大增量测试

软件测试时要遵守由小到大增量测试的原则，也就是遵循循序渐进的原则。软件测试过程要经过单元测试、集成测试、确认测试、系统测试、验收测试等环节。先要进行单元测试，才能过渡到集成测试，集成测试通过以后才可以进行确认测试，通过了确认测试才可以进行系统测试，最后进行验收测试。

遵循由小到大增量测试，可以更好地发现和定位缺陷，随着测试粒度的增大，测试的时间、资源和范围逐步扩大，软件开发和测试的投入也逐渐增加。

7. 测试时既要考虑合法情况也要考虑非法情况

设计测试用例时应考虑到合法的输入和不合法的输入，以及各种边界条件。特殊情况下要制造极端状态和意外状态，如网络异常中断、电源断电等。

8. 对缺陷结果要进行一个确认过程

一般由 A 测试出来的错误，一定要由 B 来确认。严重的错误可以召开评审会议进行讨论和分析，对测试结果要进行严格的确认，是否真的存在这个问题以及严重程度等。

9. 妥善保存测试文档为维护提供方便

在软件测试过程中要妥善保存测试计划、测试用例、出错统计和最终分析报告等文档，为系统维护提供方便。

总之，软件测试是一个复杂的系统工程，需要做详细周密的计划才能完成。软件测试人员经常说的一句话：不充分的测试是愚蠢的，过度的测试也是一种罪孽非常有道理。

6.4.2 软件测试的误区

软件开发中出现缺陷的机会越来越多，市场对软件质量重要性的认识逐渐增强。所以，软件测试在软件项目实施过程中的重要性日益突出。但是，现实情况是，与软件编程比较，软件测试的地位和作用还没有真正受到重视，很多人还存在对软件测试的认识误区，这进一步影响了软件测试活动的开展和软件测试质量的真正提高。

1. 忽视需求阶段的参与

软件测试工作同时兼顾了"证明软件的实现和需求是一致的"和"验证软件在某些情况下可能会产生问题"两个方面。因此,测试人员对需求的理解就从另一个角度影响了整个测试工作的可靠性和效率。

测试人员和开发人员同时、同等地从上游获得需求,并持有自己的理解,可以排除部分功能实现和需求错位的问题。

某些公司的需求文档本来就不很完善,从市场调研人员到项目经理、开发经理、再到具体的程序员,每一层之间的传递都有可能存在需求理解上的偏差。让测试人员参与需求阶段的工作,可以在一定程度上起到双保险。

2. 软件开发完成后进行软件测试

软件开发生命周期包括需求分析、概要设计、详细设计、软件编码、软件测试和软件发布等阶段。据此有些人认为软件测试只是软件编码后的一个过程。这是不了解软件测试周期的错误认识。

软件测试是一系列过程活动,包括软件测试需求分析、测试计划设计、测试用例设计、执行测试。因此,软件测试贯穿于软件项目的整个生命过程。在软件项目的每一个阶段都要进行不同目的和内容的测试活动,以保证各个阶段的正确性。软件测试的对象不仅仅是软件代码,还包括软件需求文档和设计文档。软件开发与软件测试应该是交互进行的,例如,单元编码需要单元测试,模块组合阶段需要集成测试。如果等到软件编码结束后才进行测试,那么测试的覆盖面将很不全面,测试的效果也将大打折扣。更严重的是,如果此时发现了软件需求阶段或概要设计阶段的错误,要修复该类错误,将会耗费大量的时间和人力,其代价是巨大的。

3. 期望短期通过增加软件测试投入,迅速达到零缺陷率

即使有充裕的资金,也不是说软件测试投入得越多越好。增加测试人力和时间上的投入,的确有助于找出更多的缺陷。但二者不是一种线性关系,随着测试投入的不断放大,产品质量上升是逐渐收敛的。一个项目投入 10 个测试人员,发现了 70%的缺陷,并不表明投入 20 个人就能找出几乎所有的缺陷,也许这个数字只会是 85%。

所以,应根据具体情况,如策略方针、市场定位以及产品类别等因素,来决定开发和测试人员的比率和测试投入才是合理的。

4. 规范化软件测试使项目成本增加

增加软件测试人员和预留项目测试时间,表面上看是增加了人员成本或延长了项目周期,为此会投入更多的项目资金。然而越早发现软件中存在的问题,开发费用就越低。美国质量保证研究所对软件测试的研究结果表明:在编码后修改软件缺陷的成本是编码前的 10 倍,在产品交付后修改软件缺陷的成本是交付前的 10 倍。软件质量越高,软件发布后的维护费用越低。

5. 期望用测试工具代替人工测试

现在很多企业首先是从节约成本的角度考虑去引入测试自动化工具的。自动化测试工具的确能用于完成部分重复、枯燥的手工作业,但不要指望其能代替人工测试。一般来讲,产品化的软件更适于功能测试的自动化,由标准模块组装的系统更好,因为其功能稳定,界面变化不大。

不要因为自动化测试工具前面有"自动化"三个字就认为其主要目的是来代替手工劳动的。

6. 软件测试是技术要求不高的岗位

目前,就用人最多的黑盒功能测试岗位来说,测试人员对计算机技术的要求也许可以不是很高。但是,测试人员除了逻辑思维、沟通能力等自身素质外,还具有行业知识,例如丰富的财务或 ERP 实施经验,以及丰富的计算机专业能力,如计算机语言和软件项目经验。

好的测试人员不仅要有程序设计基础,更要有严谨的态度和严密的思维,利用自己丰富的行业经验,判断需求到系统功能的实现是否合理。软件测试需要站在一定高度对软件框架,设计方法,项目管理等做出合理的建议。所有这些都说明软件测试是一个对技术要求很高的行业。一名有经验的程序员未必能做好一名合格的软件测试工程师,而一名优秀的软件测试工程师一定可以成为一名好的程序员。

7. 软件发布后如果发现质量问题,那是软件测试人员的错

这种认识对软件测试人员的积极性是一种打击。软件中的错误可能来自软件项目中的各个过程,软件测试只能确认软件存在错误,不能保证软件没有错误,因为从根本上讲,软件测试不可能发现全部的错误。从软件开发的角度看,软件的高质量不是软件测试人员测出来的,是靠软件生命周期的各个过程中设计出来的。出现软件错误,不能简单地归结为某一个人的责任,有些错误的产生可能不是技术原因,可能来自于混乱的项目管理。应该分析软件项目的各个过程,从过程改进方面寻找产生错误的原因和改进的措施。

8. 软件测试是测试人员的事情,与程序员无关

一个好的软件项目需要软件测试人员、程序员和系统分析师等保持密切的联系,需要更多的交流和协调,以便提高测试效率。另外,对于单元测试,主要应该由程序员完成,必要时测试人员可以帮助设计测试样例。对于测试中发现的软件错误,很多需要程序员通过修改编码才能修复。程序员可以通过有目的地分析软件错误的类型、数量,找出产生错误的位置和原因,以便在今后的编程中避免出现同样的错误,积累编程经验,提高编程能力。

9. 项目进度吃紧时可以少做些测试,等到时间富裕时再多做测试

这种现象是不重视软件测试的表现,也是软件项目过程管理混乱的表现,必然会降低软件测试的质量。一个软件项目的顺利实现需要有合理的项目进度计划，其中包括合理的测试计划。对项目实施过程中的任何问题，都要有风险分析和相应的对策，不要因为开发进度的延期而简单的缩短测试时间、人力和资源。因为缩短测试时间带来的测试不完整，相对项目质量的下降引起的潜在风险，往往造成更大的浪费。克服这种现象的最好办法是加强软件过程的计划和控制，包括软件测试计划、测试设计、测试执行、测试度量和测试控制。

6.5 软件测试的发展

软件测试作为信息产业的重要分支在我国发展十分迅速，并且业内对软件测试的发展也有着乐观和积极的态度。可以这样说，软件测试职业前景非常美好。

6.5.1 软件测试的发展历程

自计算机诞生以来，程序的编写与测试就同时出现了。只不过当时的测试只是现在所说的调程序，只是为了证明程序可以正常进行而已。测试是没有计划和方法的，测试用例的设计和选取也都是根据测试人员的经验随机进行的。软件测试的发展经历了产生、成熟和发展三个阶段。

1. 软件测试的产生阶段

20 世纪 50～60 年代，各种高级语言相继诞生，测试的重点也逐步转入到使用高级语言编写的软件系统中来，但程序的复杂性远远超过了以前。尽管如此，由于受到硬件的制约，在计算机系统中，软件仍然处于次要位置。这个时期，世界著名的科学家图灵给软件测试一个最初的定义：测试是程序正确性的一种极端实验形式。到了 20 世纪 60 年代，关于软件行业的研究表明软件行业总在经历着危机，有些人认为当前软件行业的危机已经减缓。但软件趋于复杂，使得软件缺陷几乎是不可避免的。

2. 软件测试的逐步成熟阶段

20 世纪 70 年代以后，计算机处理速度的提高，存储器容量的快速增加，软件在整个计算机系统中的地位变得越来越重要。随着软件开发技术的成熟和完善，软件的规模也越来越大，复杂度也大大增加。因此，软件的可靠性面临着前所未有的危机，给软件测试工作带来了更大的挑战，很多测试理论和测试方法应运而生，逐渐形成了一套完整的体系，软件测试技术和行业进入到逐步成熟阶段。

3. 软件测试的高速发展阶段

进入 20 世纪 90 年代后，计算机技术日趋成熟，软件应用范围逐步扩大，软件规模和复杂性急剧增加，与此同时，计算机出现故障引起系统失效的可能性也逐渐增加。由于计算机硬件技术的进步，元器件可靠性的提高，硬件设计和验证技术的成熟，硬件故障相对显得次要了,软件故障正逐渐成为导致计算机系统失效和停机的主要因素。福布斯的一篇文章就曾指出,每年在软件产品几百万行代码中找到并纠正错误,业界需要花费600亿美元。

在整个软件产业化发展的大趋势下,人们对软件质量、成本和进度的要求也越来越高。传统软件的测试大多是基于代码运行的,只是在软件生命周期的后期才开始进行,而在整个软件开发过程中,软件测试已经不再只是基于程序代码进行的活动,而是一个基于整个软件生命周期的质量控制活动,贯穿于软件开发的各个阶段。

6.5.2 我国软件测试的发展历程

随着我国软件产业的蓬勃发展,企业对于软件测试越来越重视。软件测试正逐步形成一个新兴的产业,并处于快速成长阶段。相信经过一段时间的发展,国内的软件测试行业会缩小与国外发达国家的差距,从而带动整个软件产业的健康发展。

我国软件测试产业的发展经历了两个阶段。

1. 起步阶段

相对于国外软件测试的悠久发展历史,我国的软件测试的起步较晚。直到20世纪90年代才成立了国家级的中国软件评测中心,测试服务才逐步展开。由于起步时间上的差距,我国目前不论是在软件测试理论研究,还是在软件测试的实践上,和国外发达国家都有不小的差距。技术研究贫乏,测试实践与服务也未形成足够规模,从业人员数量少,层次也不够高。

2000年以前,国内软件公司有专门设立软件测试岗位的少之又少,大部分情况是代码设计人员编码完成后,进行调试,对基本功能自行进行确认。据悉,即使是目前排名第一的软件公司华为也是在1997年才有正式的测试岗位。

2. 发展阶段

进入新世纪后,互联网信息产业的迅速崛起,不仅改变着人们的工作方式,也影响着日常生活中与同学、朋友之间的交流方式。随着国内软件外包公司的快速发展,市场把对软件测试的需求推向了一个高潮。同时,属国内高科技领域的软件行业一方面受国家政策的倾斜,另一方面因社会发展之需,本土软件公司的发展势头异常迅猛。众所周知,有软件的地方,就需要有软件测试,因为软件测试仍是至今为止最好的提高软件质量的手段。此阶段,在互联网上搜索“软件测试员”或“软件测试工程师”,便有成千上万的相关信息出来。全国大大小小与软件相关的公司都开始设立软件测试岗位,并招聘相关人才。也正因为有这些社会需求,全国各地的测试培训、测试服务机构犹如雨后春笋般不断地涌现,如领测软件测试、北大青鸟、达内、51testing等。

就当前形势来看,软件测试工程师在国内非常紧缺。据统计,欧美软件项目中,软件测试的工作量和费用已占到项目总工作量的53%~87%。国外成熟软件企业,如微软,软件开发人员与测试人员的比例约为1:2,而国内软件企业,平均8个软件开发工程师才对应1个软件测试工程师，比例严重失衡。前几年国内的大小企业对测试人员的作用没有得到重视，现在很多企业都重金招纳软件测试人员，年薪一般可达5万元～6万元，而经验丰富的软件测试工程师的年薪可超过10万元，在未来几年内，测试人员的需求量还会增加，随着经济的发展，各类应用软件的开发，软件测试行业将会具有非常重要的地位。

随着软件外包行业的逐渐兴起和人们对软件质量保障意识的加强，中国软件企业已开始认识到，软件测试的广度和深度决定了中国软件企业的前途命运。例如：占中国软件外包总量近85%的对日软件外包企业，业务内容基本都针对测试环节。软件外包中对测试环节的强化，直接导致了软件外包企业对测试人才的大量需求。

国家信息产业部发布的最新报告显示，我国目前软件人才缺口高达40万。即使按照软件开发工程师与测试工程师1∶1的岗位比例计算，我国对于软件测试工程师的需求便有数十万之众，而目前，我国软件开发工程师与测试工程师岗位比例为6∶1，远远低于国际水平。预计在未来10年内，我国IT企业对软件测试人才的需求还将继续增大。

软件测试的发展势在必行。从有关资料获悉，金融和电信行业购买的硬件设备都是顶级的，可惜软件应用这一块跟不上，导致了硬件功能得不到充分的发挥。硬件设备低下的运行效率，造成了资源与资金的隐性浪费，实际上是国内软件在拖硬件的后腿。国内的软件开发普遍存在"重开发，轻测试"的现象，常常是在项目开发完成之后，才发现软件有严重的缺陷问题，不得不全部推倒从头再来。推倒重来则意味着前期人、财、物的投入全部浪费了，既大大增加了软件的开发成本，又会因为超出了客户的委托时间，付出的代价就更高了。

实践经验证明，软件测试是软件开发过程中的一个重要步骤，或者说测试应该贯穿在软件开发过程的每一个阶段。软件测试所起到的作用就是能够确保在软件开发的过程中，随时发现问题，方便开发人员及时修改。

如何提高我国的软件测试行业的发展水平呢？下面从三个方面加以阐述。

第一方面，要解决软件测试专业人才的问题。国内企业要提高软件测试的重视程度，并且壮大软件测试队伍，提高测试人员的素质。国内很多软件企业对软件测试的重要性了解不够，重开发轻测试的现象较为严重，很多公司测试工程师太少，没有专门的测试部门，开发人员同时做测试工作的现象较为普遍，尤其在中小型软件企业中这种现象特别突出。要改变这种现状，需要一个漫长的过程，不过随着中国市场的透明度的提高，产品质量问题将成为软件企业能否继续发展壮大的关键所在，也会促使越来越多的企业管理者意识到产品测试的重要性，也会将越来越多的精力投入到测试工作中。

第二方面，要善于学习与吸收国外的先进经验。中国人具有很强的学习能力，但在软件测试这一块，有太多的东西要学，要学习国外的先进技术及经验。国外有完善的测试机制，有丰富的软件测试经验，有强大的测试工具，有优秀的测试管理水平，这些都应好好地学习，确立与国外先进水平相同的技术指标和质量标准，解决测试手段落后、测试方法单一和测试工具欠缺的问题，在行业内部形成一个严密有效的纠错系统，使国内的测试工作流程、技术水平接近国外先进水平，这样才能提高国内软件开发与测试的整体管理水平，增加软件产品的竞争力。

第三方面，大力发展专业的测试公司，重视利用第三方的测试力量进行测试。如果让企业从头去建立测试部门，并完善测试质量体系，需要较多的资金投入，增加企业的运营成本，而且技术支持和技术培训也得从头做起，往往很困难。而将研发出来的软件产品交给实力强劲的第三方专业测试机构，不仅仅能大大地提高软件产品的质量问题，而且还节约了产品测试成本。第三方专业测试机构将越来越多，规模也将越来越大。目前国内很多地方都有了软件产品检测中心，此类机构是依靠技术与服务来征服客户的，注重测试方法与质量，国外在这一方面发展得很好，相信国内的发展也很快。随着软件测试行业的发展、提高和完善，也会像软件开发行业一样出现分工上的细化、测试人员等级的划分，如初级测试员、测试工程师、高级测试工程师、测试设计师、测试经理等，同时也会出现各种各样的国家认证、企业认证、国际认证等。

6.5.3 软件测试外包

软件测试外包是指软件企业将软件项目中的全部或部分测试工作，交给提供软件外包测试服务的公司，由他们为软件进行专门的测试。这样做的好处有两个：一方面软件企业可以更好地专注核心竞争力业务，同时降低软件项目成本；另一方面，由第三方专业的测试公司进行测试，无论在技术上还是管理上，对提高软件测试的有效性都具有重要意义。

软件测试外包行业前景非常好，发展空间很大。IDG 的数据显示，最近几年，中国的软件外包产业年均增长率为 36.5%，正处于快速发展的阶段，根据智研咨询发布的《2017—2022 年中国软件外包市场运行态势及投资战略研究报告》，2015 年中国软件测试外包规模达到 26.5 亿美元。韩日、欧美国家的软件企业纷纷关注中国市场，而作为软件外包强国的印度，在其国内处于前几位的软件外包服务商也准备来“分一杯羹”。从市场来看，选择将部分软件测试工作进行外包的公司主要是微软、IBM 等国际软件旗舰企业，他们利用第三方专业软件测试公司，在产品发布前对软件进行一系列的集成测试和系统测试，既保证了测试工作的全面性，又节省了人力、物力的开销。最重要的是，测试结果往往好于这些软件企业最初的预期，效果非常令人满意。软件企业和提供软件外包测试服务的公司进行合作，只要达成双赢，两方皆大欢喜，这样的合作就会越来越多，项目也会越做越大。

6.6 软件测试工作

随着软件产业的发展，与软件测试相关的工作正逐渐成为软件企业生存与发展的核心。几乎每个大中型 IT 企业的软件产品在发布前都需要大量的质量控制、测试和文档工作，而这些工作必须依靠拥有娴熟技术的专业软件人才来完成。软件测试工程师就是这样的一个企业重头角色。

现状是：一方面企业对高质量的测试工程师需求量越来越大，另一方面国内原来对测试工程师的职业重视程度不够，许多人不了解测试工程师具体是从事什么工作。国内在短期将出现测试工程师严重短缺的现象。根据对近期网络招聘 IT 人才情况的了解，许多正在招聘软件测试工程师的企业很少能够在招聘会上顺利招聘到相应人才。

软件测试工程师(Software Testing Engineer),简单地说是软件开发过程中的质量检测者和保障者,负责软件质量的把关工作。软件测试工程师的主要工作职责是:理解产品的功能要求,并对其进行测试,检查软件有没有缺陷,决定软件是否具有稳定性,写出相应的测试规范和测试用例。总之,软件测试工程师在一家软件企业中担当的是质量管理角色,及时纠错及时更正,确保产品的正常运作。

6.6.1 软件测试工程师

按级别和职位的不同,软件测试工程师可分为初级软件测试工程师、中级软件测试工程师和高级软件测试工程师三类。

初级软件测试工程师:通常都是按照软件测试方案和流程对产品进行功能测验,检查产品是否有缺陷,基本以黑盒功能测试为主。此类测试无法稳定提供软件测试的深度与广度,难以真正保证软件质量。

中级软件测试工程师:测试工程师对于测试技术掌握较为全面,但是缺乏足够的经验积累和深度钻研。测试工程师执行的测试不会完全停留在表面,会有意识地进行深入测试,如检查相应的数据库等。参与编写软件测试方案、测试文档,与项目组一起制定软件测试阶段的工作计划,能够在项目运行中合理利用测试工具完成测试任务。

高级软件测试工程师:熟练掌握软件测试与开发技术,且对所测试软件对口行业非常了解,能够对可能出现的问题进行分析评估。测试专家经验丰富,经历过各类测试实战。测试专家能够根据自己的经验,进行更有针对性的测试,能够对发现的问题进行定位。缺陷的发现率与定位能力强于测试工程师。

我国的测试正处于发展过程中,发展时间较短。我国大量的软件测试从业人员仍停留在较低的初级测试员与测试工程师的层次中,高级软件测试工程师已属稀缺,软件测试专家更是凤毛麟角。

据了解,软件测试人员必须具有创新性和综合分析能力,必须具备判断准确、追求完美、执着认真、善于合作的品质,以及具有丰富的编程经验与查检故障的能力。

软件测试工程师简单的说是软件开发过程中的质量检测者和保障者,负责软件质量的把关工作。软件测试的工作职责如下。

(1) 使用各种测试技术和方法来测试和发现软件中存在的软件缺陷。测试技术主要分为黑盒测试和白盒测试两大类。其中黑盒测试技术主要有等价类划分法、边界值法、因果图法、状态图法、测试大纲法以及各类典型的软件故障模型等;白盒测试的主要技术有语句覆盖、分支覆盖、判定覆盖和路径覆盖等。

(2) 测试工作需要贯穿整个软件开发生命周期。完整的软件测试工作包括单元测试、集成测试、确认测试、系统测试和验收测试工作。单元测试工作主要在编码阶段完成,由开发人员和软件测试工程师共同完成,其主要依据是详细测试。集成测试的主要工作测试软件模块之间的接口是否正确实现,基本依据是软件体系结构设计。确认测试和系统测试是在软件开发完成后，验证软件的功能与需求的一致性、验证软件在相应的硬件条件下的系统功能是否满足用户需求。验收测试是测试工作的最后一个阶段，决定是否通过验收，能够如用户所预期的那样工作。

(3) 测试人员将发现的缺陷编写成正式的缺陷报告，提交给开发人员进行缺陷的确认和修复。缺陷报告编写最主要的要求是保证缺陷的重现。要求测试人员具有很好的文字表达能力和语言组织能力。

(4) 测试人员需要分析软件质量。在测试完成后，测试人员需要根据测试结果来分析软件质量，包括缺陷率、缺陷分布、缺陷修复趋势等。给出软件各种质量特性包括有功能性、可靠性、易用性、安全性、时间与资源特性等的具体度量。最后给出一个软件是否可以发布或提交用户使用的结论。

(5) 测试过程中，为了更好地组织与实施测试工作，测试负责人需要制订测试计划，包括测试资源、测试进度、测试策略、测试方法、测试工具、测试风险等。为了提高工作效率或提高测试水平，测试工作引进自动化测试工具是必不可少的，测试人员需要学会使用自动化测试工具，编写测试脚本，进行性能测试等。

(6) 测试项目负责人在测试工作中，还需要根据实际情况不断改进测试过程，提高测试水平，进行测试队伍的建设等。

在具体工作过程中，测试工程师的工作是利用测试工具按照测试方案和流程对产品进行功能和性能测试，甚至根据需要编写不同的测试用例，设计和维护测试系统，对测试方案可能出现的问题进行分析和评估。对软件测试工程师而言，必须具有高度的工作责任心和自信心。任何严格的测试必须是一种实事求是的测试，因为它关系到一个产品的质量问题，而测试工程师则是产品出货前的把关人，所以，没有专业的技术水准是无法胜任这项工作的。同时，由于测试工作一般由多个测试工程师共同完成，并且测试部门一般要与其他部门的人员进行较多的沟通，因此要求测试工程师不但要有较强的技术能力而且要有较强的沟通能力。

6.6.2 软件测试工作特点

1. 软件测试工作的专业优势

1) 就业竞争小

人才供不应求让软件测试人员的就业竞争压力明显小于同类其他职业，有利于从业者的身心健康。另外，由于软件测试在我国起步较晚，独立设置测试部门、对测试人员有强烈需求的多为独具慧眼的大中型 IT 企业。软件测试人才不需要在小企业积累经验就能获得知名企业的入门通行证，工作起点高于同类其他职业。

2) 行业整体薪资水平较高

刚入行的软件测试人员，起步的月薪就在 3000～5000 元，远高于同龄人 2000 元的薪资水平，随着工作经验的丰富以及能力的提升，这份薪水将一路看涨，甚至超出很多相同服务年限的软件开发人员的薪资水平。

3）就业质量高

与其他IT职位相比，软件测试人员最大的优势就是发展方向太多了。由于工作的特殊性，测试人员不但需要对软件的质量进行检测，而且对于软件项目的立项、管理、售前、售后等领域都要涉及。在此过程中，测试人员不仅提升了专业的软件测试技能，还能接触到各行各业，从而为自己的多元化发展奠定了基础。

4）无性别歧视

软件开发、销售、维护等领域普遍男性较多。而软件测试行业由于工作的特殊性，软件测试人员更要具有认真、耐心、细致、敏感等个性元素，而这在一定程度上与女性的个性气质相吻合。据了解，很多IT企业中软件测试人员的比例更趋向男女平衡，甚至出现女性员工成主流的情况。可以说软件测试行业无性别歧视。

5）有利于多元化发展

与其他IT职位相比，软件测试人员最大的优势是发展方向多元化。由于工作的特殊性，测试人员不但需要对软件的质量进行检测，而且对于软件项目的立项、管理、售前、售后等领域都要涉及。

2. 专业技能

计算机领域的专业技能是测试工程师应该必备的一项素质，是做好测试工作的前提条件。尽管没有任何IT背景的人也可以从事测试工作，但是一名要想获得更大发展空间或者持久竞争力的测试工程师，计算机专业技能是必不可少的。专业技能包含几个方面：测试专业技能、软件编程技能、网络、操作系统、数据库等。

软件编程技能实际应该是测试人员的必备技能之一。在微软，很多测试人员都拥有多年的开发经验。因此，测试人员要想得到较好的职业发展，必须能够编写程序。只有能编写程序、具备软件编程技能，才可以胜任诸如单元测试、集成测试、性能测试等难度较大的测试工作。依据资深测试工程师的经验，测试工程师至少应该掌握Java、C#、C++之类的一门语言以及相应的开发工具。

3. 行业知识

行业主要指测试人员所在企业涉及的行业领域，例如很多IT企业从事石油、电信、银行、电子政务、电子商务等行业领域的产品开发。行业知识即业务知识，是测试人员做好测试工作的又一个前提条件，只有深入地了解了产品的业务流程，才可以判断出开发人员实现的产品功能是否正确。行业知识与工作经验有一定关系。

一个优秀的软件测试工程师除了具备专业技能和行业知识外，还必须具备交流技巧、组织技能、实践技能等素质。

4. 个人素养

作为一名优秀的软件测试工程师首先要对软件测试工作有兴趣，还要具有专心、细心和耐心，以及追求完美的素质。

1）首先要对软件测试工作有兴趣

测试工作很多时候都显得有些枯燥，因此热爱测试工作，才更容易做好测试工作。因此，除了具有前面的专业技能和行业知识外，测试人员应该具有一些基本的个人素养，即专心、细心和耐心。

2）要具有专心、细心和耐心

专心主要指测试人员在执行测试任务的时候要专心，不可一心二用。经验表明，高度集中精神不但能够提高效率，还能发现更多的软件缺陷，业绩最棒的往往是团队中做事精力最集中的那些成员。

细心主要指执行测试工作时候要细心，认真执行测试，不忽略一些细节。某些缺陷如果不细心很难发现，例如一些界面的样式、文字等。

耐心指很多测试工作有时候显得非常枯燥，需要很大的耐心才可以做好。

3）追求完美

一名优秀的软件测试工程师要有追求软件产品完美的意识，即使知道无法发现所有的缺陷，也应该竭尽全力不断尝试新的软件测试方法，发现尽可能多的软件缺陷。

5. 软件测试工程师就业前景

目前，大学计算机专业普遍开设软件测试课程，很多培训机构也开设了软件测试人才的专业培养课程，其培训的学员更是成为众多IT企业争抢的目标。软件测试工程师的工作岗位情况如图6-10所示。

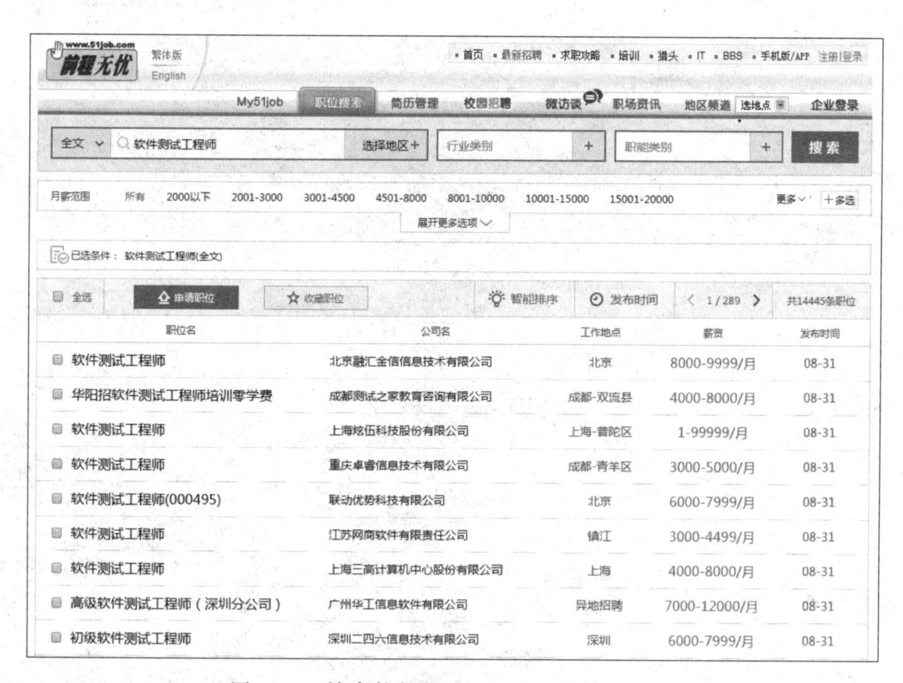

图6-10　搜索软件测试工程师工作岗位情况

软件测试工程师成为IT业的最稀缺人才。据前程无忧网数据显示，目前国内软件测试人才缺口高达20万,已成为我国软件产业发展的瓶颈之一。软件测试人才需求量的加大,是由于近年来我国软件行业的产业升级所决定的。由于我国的软件行业目前突破了作坊时代,由以前软件开发的单打独斗升级为工业化、流水线式的生产模式,作为工业化的产品,软件测试也就成为软件开发企业必不可少的质量监控部门,而目前我国的软件测试人才的培养数量较产业升级相对滞后,这就形成了软件测试人才的供给远小于需求的现状。

6.7 思考题

1. 简述软件开发过程。
2. IEEE给软件测试下的定义是什么?它的目的是什么?
3. 简述软件测试过程的V模型和W模型。
4. 简述软件测试过程及每部分的含义。
5. 软件测试的原则是什么?软件测试存在哪些误区?
6. 简述我国软件测试产业的现状。其经历了几个发展阶段?

第7章 白盒测试

白盒测试是软件测试实践中最为有效和实用的方法之一。白盒测试是基于程序的测试，检测产品的内部结构是否合理以及内部操作是否按规定执行。

7.1 白盒测试概述

白盒测试是按照程序内部的结构测试程序，通过测试来检测软件产品内部是否按照设计规格说明书的规定正常进行，检验程序中的每条通路是否都能按预定要求正确工作。这一方法是把测试对象看作一个打开的盒子，测试人员依据程序内部逻辑结构相关信息，设计或选择测试用例，对程序所有逻辑路径进行测试，确定实际的状态是否与预期的状态一致。

7.1.1 白盒测试的含义

白盒测试又称结构测试或者逻辑驱动测试。白盒测试是一种测试用例设计方法，"盒子"指的是被测试的软件，"白盒"指的是盒子是可视的，测试者清楚盒子内部的东西以及里面是如何运作的。白盒测试法全面了解程序内部逻辑结构、对所有逻辑路径进行测试。在使用这种方法时，测试者必须检查程序的内部结构，从检查程序的逻辑着手，得出测试数据。

通过检查软件内部的逻辑结构，对软件中的逻辑路径进行覆盖测试；在程序的不同地方设立检查点，检查程序的状态，以确定实际运行状态与预期状态是否一致。它允许测试人员根据程序内部逻辑结构及有关信息来设计和选择测试用例，对程序的逻辑结构进行测试，提高代码质量。白盒测试示意图如图 7-1 所示。

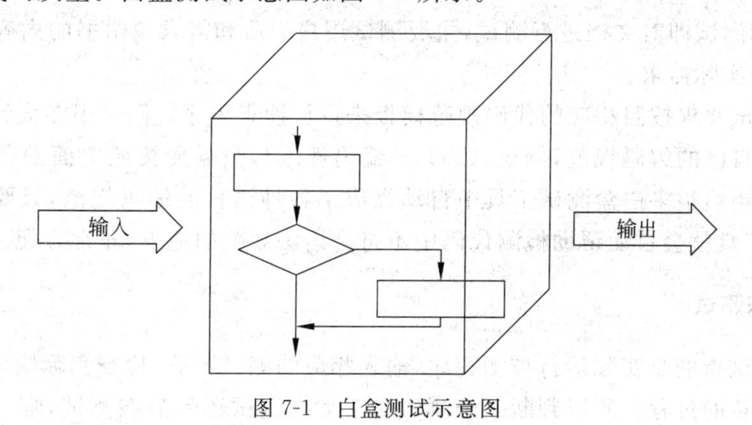

图 7-1 白盒测试示意图

白盒测试的实施步骤：

- 测试计划阶段：根据需求说明书，制定测试进度。

- 测试设计阶段：依据程序设计说明书，按照一定规范化的方法进行软件结构划分和设计测试用例。
- 测试执行阶段：输入测试用例，得到测试结果。
- 测试总结阶段：对比测试的结果和代码的预期结果，分析错误原因，找到并解决错误。

7.1.2 静态测试和动态测试

根据程序是否运行，测试分为静态测试和动态测试。

1. 静态测试

静态测试就是静态分析，不实际运行被测软件，对模块的源代码进行分析，查找错误或收集一些度量数据。静态测试采用人工检测和计算机辅助静态分析手段进行检测，只进行特性分析。

人工检测：不依靠计算机运行程序而完全靠代码评审或评审软件等。人工检测这种方法可以有效地发现逻辑设计和编码错误，发现计算机不易发现的问题。

计算机辅助静态分析：利用静态分析工具对被测程序进行特性分析，从程序中提取一些信息，以便检查程序逻辑的各种缺陷和可疑的程序构造。如用错的局部变量和全局变量，不匹配的参数，潜在的死循环等。静态分析中还可以用符号代替数值求得程序结果，对程序进行运算规律的检验。

静态测试就是静态地检查程序代码、界面或文档中可能存在的错误的过程。

从概念中可以知道，静态测试包括代码测试、界面测试和文档测试三个方面：

- 代码测试即对代码进行测试，主要测试代码是否符合相应的标准和规范。
- 界面测试即对界面进行测试，主要测试软件的实际界面与需求中的说明是否相符。
- 文档测试即对文档进行测试，主要测试用户手册和需求说明书的内容是否符合用户的实际需求。

静态测试要求按照相应的代码规范模板来逐行检查程序代码。很多大计算机公司内部一般都有自己的编码规范，例如《C/C++ 编码规范》，只需要按照上面的条目逐条测试就可以了。当然很多白盒测试工具中自动集成了各种语言的编码规范，只要单击相应的按钮，这些工具就会自动帮助检测代码中不符合语法规范的地方，非常方便。

2. 动态测试

动态测试指的是实际运行被测程序，输入相应的测试数据，检查实际输出结果和预期结果是否相符的过程。所以判断一个测试属于动态测试还是静态测试，唯一的标准就是看是否运行程序。

动态测试是通过观察代码运行时的动作，来提供执行跟踪、时间分析，以及测试覆盖度方面的信息。动态测试通过真正运行程序发现错误，通过有效的测试用例，对应的输入输出关系来分析被测程序的运行情况。

3. 不同的测试方法间的关系

各种测试方法有各自的目标和侧重点，在实际工作中应将这两种方法结合起来运用，以达到更完美的效果。

以上的测试方法各有所长，每种方法都可设计出一组实用有效的例子，用这组测试用例可以比较容易地发现某种类型的错误，却不易发现另一种类型的错误。因此在实际测试中，应结合各种测试方法，形成综合策略。在单元测试时主要用白盒测试；在集成测试时既可以用白盒测试方法也可以用黑盒测试方法，或者用白盒与黑盒结合的灰盒测试方法；系统测试时主要用黑盒测试。

白盒测试有可能采用动态测试方法，即运行程序并分析代码结构；也有可能采用静态测试方法，即不运行程序，只静态查看代码。

7.1.3 软件测试与软件调试的区别

软件测试和软件调试的共同点：二者都是软件质量保证的一部分，它们的最终目的都是使软件系统正常运行。

软件测试和软件调试的不同点如下。

1. 参与人员不同

软件测试主要是软件测试人员参与的一项工作；软件调试主要是程序员参与，对程序进行修改并排除错误。

2. 目的和阶段不同

软件测试的目的主要是发现软件的缺陷，是贯穿整个生命周期的工作；软件调试又称调程序，主要是在研发阶段，目的是使程序可以运行。

3. 工作方式不同

软件测试是一个系统工程，包括单元测试、集成测试、确认测试、系统测试和验收测试等；软件调试只是软件开发的一部分，完全是由程序员自己掌握、决定什么时候进行调试工作。

7.2 逻辑驱动覆盖测试

逻辑驱动覆盖测试简称逻辑覆盖法，是以程序内部的逻辑结构为基础设计测试用例的方法。因为不可能进行穷尽的测试，有选择地执行程序中某些最具代表性的路径是对穷举测试唯一可行的代替方法。

逻辑驱动覆盖测试是针对程序的内部逻辑结构设计测试用例，通过运行测试用例达到逻辑覆盖的目的。逻辑驱动覆盖测试是最传统、最经典的白盒测试技术，要求测试人员对程序的逻辑结构非常清楚。

六种覆盖标准：语句覆盖、判定覆盖、条件覆盖、判定/条件覆盖、条件组合覆盖和路径覆盖。每种覆盖发现错误的能力呈由弱到强的变化。语句覆盖：每条语句至少执行一次。判定覆盖：每个判定的每个分支至少执行一次。条件覆盖：每个判定的每个条件应取到各种可能的值。判定/条件覆盖：同时满足判定覆盖和条件覆盖。条件组合覆盖：每个判定中各条件的每一种组合至少出现一次。路径覆盖：使程序中每一条可能的路径至少执行一次。除了这六种覆盖标准外，还有一种覆盖标准：修订的条件/判定覆盖。

在白盒测试中，通常会用覆盖率来度量测试的完整性。测试覆盖率是指程序被一组测试用例执行到的百分比。

$$覆盖率 = \frac{至少被执行一次的被测试项数}{被测试项总数}$$

例 7-1 下面是一个小程序段，作为公用程序来说明不同的覆盖标准，程序控制流程图如图 7-2 所示。

```
1  If (A>1) AND (B=0)
2        Then  X:=X/A;
3  If (A=2)  OR  (X>1)
4        ThenX:=X+1;
```

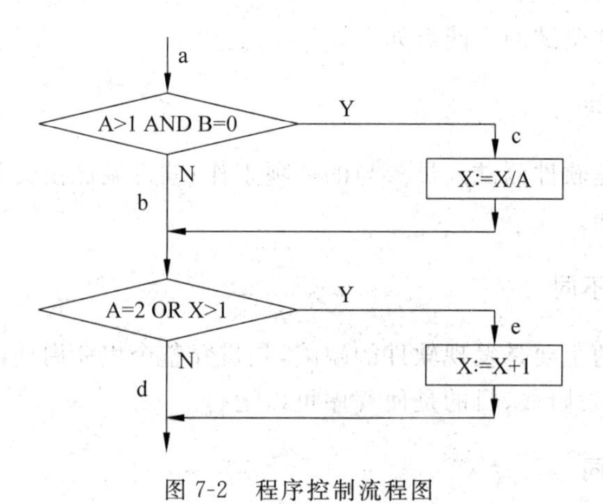

图 7-2 程序控制流程图

1. 语句覆盖

语句覆盖(Statement Coverage，SC)的含义是：选择足够多的测试用例，使被测程序中每条语句至少执行一次。语句覆盖是很弱的逻辑覆盖。为了暴露程序中的错误，程序中的每条语句至少应该执行一次。语句覆盖以程序中每条可执行语句是否都执行到为测试终止的标准。

例 7-1 中满足语句覆盖的情况：执行路径 ace；选择测试用例：(2，0，5)。

语句覆盖的优点和缺点如下。

- 优点：很直观地从代码中得到测试用例，无须细分每条判定表达式。

- 缺点：对于隐藏的条件和可能到达的隐式分支无法测试。它只在乎运行一次，而不考虑其他情况。可以说语句覆盖是最弱的逻辑覆盖标准。

语句覆盖率可用下式表示：

$$语句覆盖率 = \frac{至少被执行一次的语句数量}{可执行的语句总数}$$

2. 判定覆盖

判定覆盖(Decision Coverage,DC)：执行足够多的测试用例，使得程序中每个判定至少都获得一次“真”值和“假”值。

例 7-1 中覆盖情况：应执行路径 ace∧abd 或 acd∧abe。

选择测试用例(选择其一)：

(1) (2,0,3) ace、(1,0,1) abd；

(2) (2,1,1) abe、(3,0,3) acd。

判定覆盖测试的优点和缺点如下。

- 优点：判定覆盖是比语句覆盖更强的测试能力，比语句覆盖要多几乎一倍的测试路径。它无须细分每个判定就可以得到测试用例。
- 缺点：往往大部分判定语句是由多个逻辑条件组合而成，若仅仅判断其最终结果，而忽略每个条件的取值必然会遗漏部分测试路径。该种测试未深入测试复合判定表达式的细节，仍存在测试漏洞。

判定覆盖率可用下式表示：

$$判定覆盖率=\frac{判定结果被评价的次数}{判定结果的总数}$$

3. 条件覆盖

条件覆盖(Condition Coverage,CC)：执行足够多的测试用例，使得判定中的每个条件获得各种可能的结果。

例 7-1 中条件覆盖应满足以下覆盖情况。

判定一：$A>1, A\leqslant 1, B=0, B\neq 0$；

判定二：$A=2, A\neq 2, X>1, X\leqslant 1$。

选择用例(选择其一)：(2,0,3)和(1,1,1) 或 (1,0,3)和(2,1,1)。

条件覆盖测试的优点和缺点如下。

- 优点：条件覆盖比判定覆盖增加了对符合判定情况的测试，增加了测试的路径。
- 缺点：设计若干测试用例，执行被测程序以后，要使每个判断中每个条件的可能取值至少满足一次；但覆盖了条件的测试用例不一定覆盖了判定。如(1,0,3)和(2,1,1)满足条件覆盖，但不满足判定覆盖。

条件覆盖率可用下式表示：

$$条件覆盖率=\frac{条件操作数值至少被评价一次的数量}{条件操作数值的总数}$$

4. 判定/条件覆盖

判定/条件覆盖(Decision/Condition Coverage,D/CC):执行足够多的测试用例,使得判定中每个条件取到各种可能的值,并使每个判定取到各种可能的结果。

例7-1中判定条件覆盖应满足以下覆盖情况:A>1,A≤1,B=0,B≠0,A=2,A≠2,X>1,X≤1。

应执行路径:ace∧abd 或 acd∧abe

选择测试用例:(2,0,3),(ace)或(1,1,1),(abd)。

判定/条件覆盖测试的优点和缺点如下。

- 优点:既满足判定覆盖准则又满足条件覆盖准则,弥补了二者的不足。
- 缺点:未满足条件组合覆盖,又忽略了路径覆盖的问题;没有考虑单个判定对整体结果的影响,无法发现程序中的逻辑错误。

判定/条件覆盖率可用下式表示:

$$判定/条件覆盖率=\frac{条件操作数值或判定结果值至少被评价一次的数量}{条件操作数值总数+判定结果总数}$$

5. 条件组合覆盖

条件组合覆盖(Condition Combination Coverage,CCC):执行足够多的测试用例,使得每个判定中条件的各种可能组合都至少出现一次。

例7-1中条件组合覆盖应满足以下覆盖情况:①A>1,B=0;②A>1,B≠0;③A≤1,B=0;④A≤1,B≠0;⑤A=2,X>1;⑥A=2,X≤1;⑦A≠2,X>1;⑧A≠2,X≤1。

选择测试用例:(2,0,3),①,⑤;(2,1,1),②,⑥;(1,0,3),③,⑦;(1,1,1),④,⑧。

条件组合覆盖测试的优点和缺点如下。

- 优点:使得每个判定中条件的各种可能组合都至少出现一次。
- 缺点:忽略了路径覆盖的问题。

条件组合覆盖率可用下式表示:

$$条件组合覆盖率=\frac{条件操作数值至少被评价一次的数量}{条件操作数值的所有组合总数}$$

6. 路径覆盖

路径覆盖(Path Coverage,PC):执行足够多的测试用例,覆盖程序中所有可能的路径。例7-1中的路径覆盖表,如表7-1所示。

表7-1 路径覆盖表

A B X	覆盖路径	路径集
2 0 3	a c e	①②③④
1 0 1	a b d	①③
2 1 1	a b e	①③④
3 0 1	a c d	①②③

路径覆盖测试的优点和缺点如下。

- 优点：路径覆盖是经常要用到的测试覆盖方法，它比普通的判定覆盖标准和条件覆盖标准覆盖率都要高。
- 缺点：路径覆盖不一定能保证条件的所有组合都覆盖。由于路径覆盖需要对所有可能的路径进行测试(包括循环、条件组合、分支选择等)，那么需要设计大量复杂的测试用例，使得工作量呈指数级增长。

对于比较简单的小程序，实现路径覆盖时可能做到的。但是如果程序中出现较多的判断和循环，可能的路径数目将急剧增长，要在测试中覆盖所有路径是无法实现的。为了解决这个难题，只有把覆盖路径压缩到一定的限度内，如程序中的循环体只执行一次。在实际测试中，即使对于数目很有限的程序已经做到路径覆盖，仍然不能保证被测程序的正确性，还需要采取其他测试方法进行补充。

例 7-2 下面是一个小程序段，综合练习运用几种覆盖标准设计测试用例，程序控制流程图如图 7-3 所示。

```
int  k=0,j=0;
  if(( x>3 ) && ( z<10 ))
  {
      k=x * y-1;          //语句块 1
      j=sqrt(k);
  }
  if(( x==4 ) || ( y>5 ))
  {
      j=x * y+10;         //语句块 2
  }
  j=j%3;                  //语句块 3
```

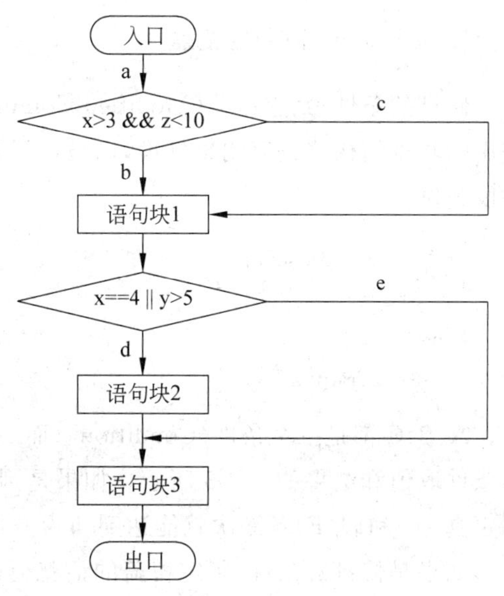

图 7-3 程序控制流程图

(1) 语句覆盖。

应满足以下覆盖情况：执行路径 abd。

选择测试用例：x=4，y=5，z=5。

(2) 判定覆盖。

应满足以下覆盖情况：执行路径 abd 和 ace。

选择测试用例：x=4，y=5，z=5；x=2，y=5，z=5。

(3) 条件覆盖。

选择测试用例：x=4，y=6，z=5；x=2，y=5，z=5；x=4，y=5，z=15。

(4) 判定/条件覆盖。

应满足以下覆盖情况：执行路径 abd 和 ace。

选择测试用例：x=4，y=6，z=5；x=2，y=5，z=11。

(5) 条件组合覆盖。

条件组合覆盖情况和测试用例如表 7-2 所示。

表 7-2　条件组合覆盖情况和测试用例

测试用例	通过路径	条件取值	覆盖组合号
x=4,y=6,z=5	abd	T1,T2,T3,T4	1 和 5
x=4,y=5,z=15	acd	T1,－T2,T3,－T4	2 和 6
x=2,y=6,z=5	acd	－T1,T2,－T3,T4	3 和 7
x=2,y=5,z=15	ace	－T1,－T2,－T3,－T4	4 和 8

(6) 路径覆盖。

应满足以下覆盖情况：执行路径 abd、ace、acd 和 abe。

选择测试用例：x=4,y=6,z=5;x=2,y=5,z=5;x=4,y=5,z=15;x=5,y=5,z=9。

7. 修订的条件/判定覆盖

修订的条件/判定覆盖(Modified Condition/Decision Coverage,MC/DC)标准是一种实用的软件结构覆盖率测试标准,已被广泛地应用于软件验证和测试过程中。以下面程序段为例。

```
if A or B and C then
    Statement;
else
    Statement2;
```

A、B、C 都是一个条件(Condition),而 A or B and C 叫一个判定(Decision)。A、B、C 的条件取值和结果如表 7-3 所示。如果是判定覆盖,只需两种情况(case)就能覆盖,就是判定真(T)和假(F)各一次就能达到即为 0 1 1,0 1 0。

如果是修订的条件/判定覆盖的话就得四种情况,而且只比条件数目多一个而已,怎么计算的呢？对于 n 个条件的判定表达式,达到修订的条件/判定覆盖所需的真值表项最少为 n+1 项。

修订的条件/判定覆盖的含义是：在每个判定中的每个条件都曾独立地影响判定的结果至少一次,独立影响的意思是在其他条件不变的情况下,改变一个条件。总之,修订的条件/判定覆盖要求每个条件对结果都独立起作用。

例如 A 对结果起作用,B 必须为假,C 必须为真：1 0 1 和 0 0 1,这样结果就独立受 A 的值影响。同理,如果 B 对结果独立起作用,A 必须为假,C 必须为真,两种情况 B 为真、假各一,即为 0 1 1 和 0 0 1。而 C 独立对结果起作用就是让(A or B) 为真,取 A 为假,B 为真,这样 C 独立起作用的情况为：0 1 1 和 0 1 0。

所以,A、B、C 的独立影响对如下：A 的独立影响对包括{[1,5]};B 的独立影响对包括{[1,3]};C 的独立影响对包括{[2,3]}。

表 7-3　A、B、C 的条件取值和结果

序号	A	B	C	结果
0	0	0	0	0
1	0	0	1	0
2	0	1	0	0
3	0	1	1	1
4	1	0	0	0
5	1	0	1	1
6	1	1	0	0
7	1	1	1	1

下面以 A and B 这个简单的表达式为例来说明其具体含义。A and B 的所有条件组合情况如表 7-4 所示。要满足修改判定/条件覆盖，应该从表 7-4 中的四个测试用例中挑选。

表 7-4　A and B 所有条件组合情况

编号	A	B	A and B
1	T	T	T
2	T	F	F
3	F	T	F
4	F	F	F

为了体现条件 A 对整个表达式的独立影响，需满足当 A 为真时，A and B 为真；当 A 为假时，A and B 为假，显然此时 B 的取值应为真，对应表 7-4 中的测试用例 1 和 3。同理，为了体现条件 B 对整个表达式的独立影响，A 的取值应为真，对应表 7-4 中的测试用例 1 和 2。那么，测试用例 4 是否是冗余的呢？从整体表达式的结果来看，测试用例 1～3 完全能够满足(A and B)作为一个表达式整体分别取到真值和假值。所以，测试用例 4 是冗余的。因此得出满足 A and B 的修正的判定/条件覆盖的测试用例集合如表 7-5 所示。

表 7-5　满足 A and B 修改的判定/条件覆盖的测试用例集合

编号	A	B	A and B
1	T	T	T
2	T	F	F
3	F	T	F

如表 7-5 所示，测试用例 1 和 3 体现条件 A 的独立影响，测试用例 1 和 2 体现条件 B

的独立影响,即:条件 A 的独立影响对包括{[1,3]};条件 B 的独立影响对包括{[1,2]}。

7.3 其他几种白盒测试

白盒测试除了上面的测试方法还有其他一些测试方法,例如程序插装测试、程序变异测试、循环语句测试等。

7.3.1 程序插装测试

程序插装测试是在被测程序中添加语句,对程序语句中的变量值进行检查。程序插装测试是一种基本的测试手段,通过向被测程序中插入操作来实现测试目的。程序员经常向程序中插入打印语句或加法记数语句,了解程序执行中的动态变化,插入的语句成为探测器。

程序插装测试时关注的问题:

- 探测哪些信息?
- 在程序的什么位置设置探测点?
- 需要多少探测点?

程序插装类型如下:

- 用于测试覆盖率和测试用例有效性度量的程序插装。
- 用于断言检测的程序插装。
  - 程序执行到插入点时必须满足的条件,否则就会产生错误。
  - 在进行除法运算之前,加一条分母不为 0 的断言语句,可以有效地防止程序出错。

例如下列程序段:

```
...
if x>y
   x=y
else
   y=x
endif
```

⇨

```
...
c(1)=c(1)+1
if x>y
   x=y
   c(2)=c(2)+1
else
   y=x
   c(3)=c(3)+1
endif
```

如果测试结束,某个加法器为 0 表示没有执行;如果某个加法器不为 0 表示执行过;如果某个加法器不相等,例如 c(3)>c(2)表示此程序段频率高,需要优先测试。

程序插装测试主要有以下几个应用。

- 覆盖分析。程序插装可以估计程序控制流图中被覆盖的程度,确定测试执行的充分性,从而设计更好的测试用例,提高测试覆盖率。

- 监控。在程序的特定位置设立插装点，插入用于记录动态特性的语句，用来监控程序运行时的某些特性，从而排除软件故障。
- 查找数据流异常。程序插装可以记录在程序执行中某些变量值的变化情况和变化范围。掌握了数据变量的取值状况，就能准确地判断是否发生数据流异常。

7.3.2 程序变异测试

程序变异测试是一种白盒测试，是错误驱动测试，它是针对某种类型的特定程序的错误而提出的。变异测试是一种比较成熟的排错性测试方法。排错性测试方法的基本思想是通过检验测试数据集的排错能力来判断软件测试的充分性。

程序变异测试分为程序强变异测试和程序弱变异测试。

1. 程序强变异测试

对于给定的程序P，假定程序中存在一些小错误，每假设一个错误，程序P就变成P′，如果假设了n个错误：e1，e2，…，ei，…，en，则对应有n个不同的程序：P1，P2，…，Pi，…，Pn，这里Pi称为P的变异因子。

存在测试数据Ci，使得P和Pi的输出结果是不同的。因此，根据程序P和每个变异的程序，可以求得P1，P2，…，Pn的测试数据集C=｛C1，C2，…，Ci，…，Cn｝。运行C，如果对每一个Ci，P都是正确的，而Pi都是错误的，这说明P的正确性较高。如果对某个Ci，P是错误的，而Pi是正确的，这说明P存在错误，而错误就是ei。

例如：表达式a>b，可以用以下表达式替代，并产生变异因子。

a>b，a==b，a≠b，a≥b，a≤b

变异测试的缺点是它需要大量的计算机资源来完成测试充分性分析。对于一个中等规模的软件，所需的存储空间也是巨大的，运行大量变异因子也导致了时间上巨大的开销。

2. 程序弱变异测试

弱变异和强变异有很多相似之处，其主要差别是：弱变异强调的是变动程序的组成部分，根据弱变异准则，只要事先确定导致P与P′产生不同值的测试数据组，则可将程序在此测试数据组上运行，而并不实际产生其变异因子。程序弱变异测试的主要优点是开销较小，效率较高。

7.3.3 循环语句测试

对循环语句的测试主要是关注循环造成的程序结构复杂度的提高。它遵循的基本测试原则是：在循环的边界和运行界限执行循环体。因此，循环语句测试总是与边界值测试密切相关。从本质上说，循环语句测试的目的就是检查程序中循环结构的有效性。循环语句测试是一种着重循环结构有效性测试的白盒测试方法。循环结构测试用例的设计有简单循环和嵌套循环两种模式，如图 7-4 所示。

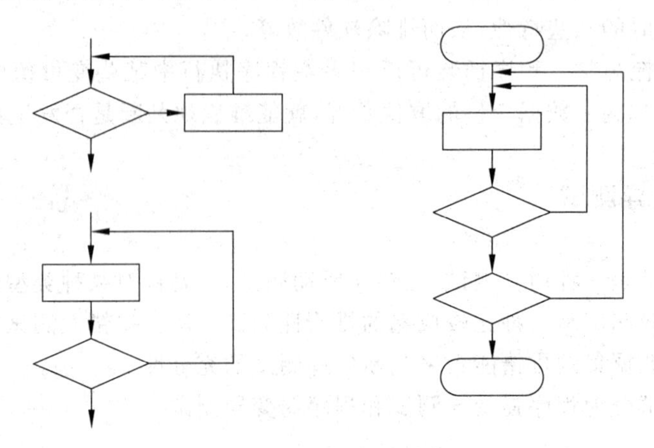

图 7-4 简单循环和嵌套循环

1. 简单循环

对于简单循环设计测试用例，需要考虑以下几种情况：

(1) 0 次循环，跳过循环体；

(2) 1 次循环，要检查循环初始值；

(3) 2 次循环，要检查 2 次通过循环；

(4) m 次循环，m<n(n 是最大循环次数)，要检查多次循环；

(5) n 是最大循环数，要分别检查 n－1、n、n＋1 次循环。

简单循环应重点测试以下几方面：

- 循环变量的初值是否正确；
- 循环变量的最大值是否正确；
- 循环变量的增量是否正确；
- 何时退出循环。

例如下列程序段：

```
1    void main()
2    {
3    int i=0;
4    int sum=0;
5    while(i<=10)
6    {
7        sum=sum+1;
8        i++;
9    }
10    printf("%d\n",sum)
11    }
```

循环变量的初值为 0，循环变量的最大值为 10，循环变量的增量为 i＋＋，当循环变量超过最大值 10 时退出循环。

2. 嵌套循环

对于嵌套循环设计测试用例，产生的测试用例数目可能会随着嵌套数的增加呈几何级增加，需要考虑以下几种情况：

(1) 对于最内层循环按简单循环进行测试，并把其外层循环设置为最小值；

(2) 逐步向外层循环进行测试，并把其外层循环设置为最小值；

(3) 反复进行第 2 种情况的测试，直到所有各层循环测试结束。

7.4 代码检查

代码检查(Code Inspection)的目的是确保代码编程标准被有效地执行，提高代码质量，减轻动态测试负担，提高代码可重复使用率，降低项目风险与经费，增加程序的可理解性，降低维护成本。代码检查是静态测试的一种，而静态测试则是为动态测试做准备。

代码检查主要检查代码和设计的一致性，代码对标准的遵循和可读性，代码的逻辑表达的正确性，代码结构的合理性等方面。代码检查可以发现违背程序编写标准的问题；程序中不安全、不明确和模糊的部分；找出程序中不可移植部分、违背程序编程风格的问题，包括变量检查、命名和类型审查、程序逻辑审查、程序语法检查和程序结构检查等内容。

对代码的静态测试需要按照相应的代码规范模板来逐行检查程序代码，例如一些编码规范。很多白盒测试工具具有自动检查各种语言编码规范的功能，这些工具会自动帮助检测代码中不符合语法规范的地方。进入 21 世纪以来，基于缺陷模式测试发展非常快，以此为基础的测试工具也已经开发出来并投入市场。

7.4.1 桌前检查和代码走查

1. 桌前检查

桌前检查是程序员实现制定好的功能后，进行单元测试之前，对源代码进行的初步检查。

桌前检查的重点为编码规范，并检查自己的源代码是否符合编码规范。

桌前检查的参与人员是软件开发人员。

2. 代码走查

代码走查由测试小组组织或者专门的代码走查小组进行，这时需要开发人员提交有关资料文档和源代码给走查人员，并进行必要的讲解。

代码走查往往根据《代码检查单》来进行，代码检查单常常是根据《编码规范》总结出来的一些条目，检查代码是否按照《编码规范》来编写。当然，代码走查的最终目的还是为了发现代码中潜在的错误和缺陷。

(1) 代码走查的目的。

- 查找代码异常；
- 评估与标准和规格说明的一致性；
- 评估软件产品的可用性和易用性。

(2) 代码走查的重点。

- 把材料(《需求描述文档》《程序设计文档》《程序的源代码清单》《代码编码标准》《代码缺陷检查表》等)发给走查小组每个成员，让他们认真研究程序；
- 召开会议，让与会者进行模拟，让测试用例沿程序的逻辑运行一遍，随时记录程序的踪迹，供分析和讨论，以发现更多的问题。

代码走查的参与人员为测试人员，一般程序员不参与。代码走查至少包括两名成员，一般由3～5人组成，一名成员模拟计算机检查程序，一名成员担任记录员，一名成员担任测试组长。

通过代码走查的实践检验，代码检查是发现错误缺陷最有效的手段之一，人工代码走查平均能查出被测程序的30%～70%的逻辑设计和编码缺陷，以IBM为例，其代码走查的查错效率高达80%。

7.4.2 代码评审和同行评审

1. 代码评审

代码评审是在编码初期或编写过程中采用的一种有同行参与的评审活动。代码评审是通过大家共同阅读代码或由程序编写者讲解代码，其他同行边听边分析问题的方法。

代码评审的重点：通过组织或其他程序员共同查看程序，可以找出问题，使大家的代码风格一致或遵守编码规范。

代码评审的参与人员为全体开发小组。

2. 同行评审

同行评审是引用CMM(能力成熟度模型)中的术语，如用在评审代码上，就使代码被评审；在同行评审中，由软件工作产品创建者的同行们检查该工作的产品，识别产品的缺陷，改进产品的不足。

同行评审的目的如下：

(1) 检验工作产品是否满足了以往的工作产品中建立的规范，如需求或设计文档；

(2) 识别工作产品相对于标准的偏差，包括可能影响软件可维护性的问题；

(3) 向创建者提出改进建议；

(4) 促进参与者之间的技术交流和学习。

同行评审的参与人员为程序员、设计师、单元测试工程师、维护者、需求分析师、编码标准专家(此为CMM标准中提出的参与角色，可根据实际情况调整，至少需要开发人员、测试人员、设计师参与)。

3. 注意事项

- 协调人负责保证评审会高效地进行，每个参与者都将注意力集中在查找缺陷而不是修正缺陷上；
- 会后要确保缺陷得到修正；
- 对错误清单要分析、归纳，用以提炼缺陷列表；
- 会议时间在 1.5～2 小时；
- 每小时大约阅读 150 行代码，不要过于求多求快。

4. 作用

- 发现缺陷；
- 程序员会在编程风格、算法选择及编程技术等方面得到反馈；
- 其他参与者通过他人的错误、风格等受益；
- 能够较早地发现代码中容易出错的部分，为后面的测试找到重点测试的地方。

7.4.3 基于缺陷模式测试

缺陷模式是程序中经常发生的错误或缺陷所呈现的语法及语义特征，通常由具有程序设计经验的程序员或者测试人员总结出来。不同的编程语言，往往对应于不同的缺陷模式集。

基于缺陷模式测试技术具有如下特点。

- 针对性强。如果说某种模式的缺陷是经常发生的，并且在被测软件中是存在的，则面向缺陷的测试可以检测出此类缺陷。
- 基于缺陷模式的软件测试技术往往能发现其他测试技术难以发现的故障，如小概率、空指针缺陷和未初始化缺陷等。
- 工具自动化程度以及测试效率高。
- 缺陷定位准确，对测试所发现的缺陷能够准确定位。

以缺陷产生后果的严重性高低为评判标准，从程序的源代码形式着眼，对缺陷模式进行分类可分为：故障缺陷模式、安全漏洞缺陷模式、疑问代码缺陷模式和规则缺陷模式。

1. 故障缺陷模式

故障缺陷模式的缺陷一经产生，会导致系统异常或出错。它可分为数组越界模式、存储器泄露模式、空指针使用故障模式、使用未初始化变量模式、死循环结构模式和非法计算模式等。

1）数组越界故障模式

设某数组定义为 Array[min,max]，若引用 Array[i]且 i<min 或 i>max 都是数组越界故障。在 C++ 中，i<0 或 i≥max 是数组越界故障。字符串复制过程中可能存在数组

越界故障。

对程序中任何出现 Array[i]的地方，都要判断 i 的范围：若 i 是在数组定义的范围内，则是正确的；若 i 是在数组定义的范围外，则是数组越界故障模式。

例如：

```
1  int data[10];
2  for(i=0; i<=10; i++){data[i]=…};
```

缺陷分析：在第 2 行处报告一个错误，故障类型是数组越界。

例如：

```
1  int i ;
2  int a[4]={1,2,3,4};
3  if(i>2)
4  {
5    a[i]=1;
6  }
7  return 0;
```

缺陷分析：在第 5 行处报告一个错误，故障类型是数组越界。条件判断中的 i 有可能大于 3，会导致数组越界。

2）存储泄漏的故障模式

设在程序的某处申请了大小为 M 的空间，凡在程序结束时 M 或者 M 的一部分没被释放、多次释放 M 或释放 M 的一部分都是内存泄漏故障。

MLF 有三种形式：遗漏故障、不匹配故障和不相等的释放错误。

遗漏故障是指申请的内存没有被释放。不匹配故障是指申请函数和释放函数不匹配。不相等的释放错误是指释放的空间和申请的空间大小不一样。

例如：

```
1  void f()
2  {
3      int * memleak_error;
4      memleak_error=(int*)malloc(sizeof(int)*100);
5  }
```

缺陷分析：在第 4 行处报告一个错误，例子中的 malloc 函数可以分别被其他的内存分配函数替换。

例如：

```
1  void f(int a)
2  {
3    int *memleak_error;
4    memleak_error=(int*)malloc(sizeof(int)*100);
5    if(a>0)  return;
6    free(memleak_error);
```

```
7  }
```

缺陷分析：在第 5 行处报告一个错误，故障类型是函数返回前没有释放。

例如：

```
str=malloc(10) ;… ; delete(str);          //malloc 与 free 匹配
str=new(10);… ; free(str);                //new 与 delete 匹配
```

缺陷分析：申请函数和释放函数不匹配。

3）空指针使用故障

引用空指针或给空指针赋值的都是空指针使用故障。

例如：

```
1   class ff{
2   void f(int * p,int * q){
3       if(q!=(void * )0){
4           return;
5           }
6           if(p==q){
7               int b;
8           }
9           int a= * p;
10      }
11  };
```

缺陷分析：在第 9 行处报告一个错误，故障类型是如果 q 不为空则返回，为空则因为存在 if(p==q)的判断，所以下面直接对 p 的解引用则是不确切的。

4）使用未初始化变量故障模式

存在一个路径，在该路径上使用前面没有被赋初值的变量是使用未初始化变量故障。

例如：

```
1  func4()
2  {
3      int b;
4      b=a;
5  }
```

缺陷分析：在第 4 行处报告一个错误，故障类型是变量 a 没有进行初始化便进行了使用。

5）死循环结构模式

在控制流图中，对任何一个循环结构，死循环结构模式包括：for 语句中的死循环结构；while 语句中的死循环结构；do-while 语句中的死循环结构；goto 语句中的死循环结构。

例如：没有结束条件。

```
for(i=1;i++)
```

例如：增量变化不能使程序结束。

```
for(i=1;i==10;i=i+2)
```

例如：无增量或增量与结束无关。

```
for(i=1; i<=10; j++)
```

6）非法计算类故障

非法计算类故障是指计算机不允许的计算。一旦非法计算类故障产生，系统将强行退出。如除数为0故障、对数自变量为0或负数故障、根号内为负数的故障等。

例如：

```
1  int test1() {
2      int a;
3      if(a<10 && a>-1){
4          int result=10/a;
5      }
6  }
```

缺陷分析：在第4行处报告一个错误，故障类型是a的取值包括0，所以引起故障。

2. 安全漏洞缺陷模式

此类缺陷会给系统留下安全隐患，为攻击该系统打开方便之门。安全漏洞缺陷模式有未验证输入、缓冲区溢出、安全功能、竞争条件和风险操作等。

1）未验证输入

未验证输入：程序从外部获取数据时，这些数据可能含有具有欺骗性或者是不想要的垃圾数据，如果在使用这些数据前不进行合法性检查则将威胁到程序的安全。

未验证输入可能会导致程序不按原计划执行，也有可能直接或间接地导致缓冲区溢出缺陷。主要类型有使用的数据来自外部的全局变量和使用的数据来自输入函数。

例如：未验证的外部命令。

```
1  …
2  scanf("%s", buf);
3  WinExec(buf,0);
4  …
```

缺陷分析：例子中第3行的系统调用WinExec执行了未验证的外部命令，可能导致危险情况的发生。

例如：使用的数据来自外部的全局变量。

```
1  Main(int argc, char * argv[])
2  {
3      short lasterror;
```

```
4    char argvbuffer[16];
5      if (argc==2)
6      {strcpy(argvbuffer, argv[1]);}
7  }
```

缺陷分析：由于程序第6行中使用的外部输入变量 argv[1]作为 strcpy 的参数之前并没有进行相应的合法性检查,因此存在一个被污染的数据缺陷。

2）缓冲区溢出

当程序要在一个缓冲区内存储比该缓冲区的容量还要大的数据时,即会产生缓冲区溢出漏洞。主要类型包括数据复制造成的缓冲区溢出、格式化字符串造成的缓冲区溢出等。

例如：数据复制造成的缓冲区溢出。

```
1  main(int argc, char * argv[]){
2  char argvBuffer[10];
3  if(argc==2)
4  {strcpy(argvBuffer,argv[1]);}
5  …}
```

缺陷分析：在第4行处报告一个错误,故障原因是 argv 来自命令行,长度如果超过9则溢出。

3）安全功能

软件安全性是编程时更为关注的。

例如：空密码。

```
1  #include <sqlext.h>
2  #include <Windows.h>
3  int f1(SQLHDBC handle, SQLCHAR* serverName, SQLSMALLINT nameLen1)
4  {
5  SQLConnect(handle, serverName, nameLen1, (SQLCHAR*) "user", 4, NULL, 3);
6  return 0;
7  }
```

缺陷分析：代码第5行使用了 SQLConnect 函数去连接数据库,此函数的第6个参数为连接数据库的密码,为空是不安全的。

例如：

```
1  #include <sqlext.h>
2  #include <Windows.h>
3  int f1(SC handle, SR* serverName, ST nameLen1) {
4  SQLConnect(handle, serverName, nameLen1, (SR*)"user", 4, (SR*)"root", 3);
5  return 0;
6  }
```

缺陷分析：代码第4行中，密码是一个固定的字符串，造成硬编码密码问题。

4）竞争条件

如果程序中有两种不同的I/O调用同一文件进行操作，而且这两种调用是通过绝对路径或相对路径引用文件的，那么就易出现竞争条件问题。在两种操作进行的间隙，黑客可能改变文件系统，那么将会导致对两个不同的文件操作而不是对同一文件进行操作。

竞争条件问题发生在用户拥有不同的权限运行的程序中，例如程序、数据库和服务器程序等。当两个操作在同一个函数中，并且用的是同一个路径时，就会产生竞争条件。

例如：access()和remove()之间的竞争条件。

```
1  Void remove_if_possible(char * filename)
2  {
3  if ((access(filename,0))
4          remove(filename);
5  }
```

5）风险操作

如果不恰当地使用了某些标准库函数，可能会带来安全隐患。甚至在某些情况下，某些函数一经被使用，就可能会带来安全隐患。

例如：rand()和random()这样的随机函数生成的数，它们在生成伪随机值的时候表现出来的性能是非常差的，如果用它们来生成默认的口令，这些口令将很容易被攻击者猜测到。

例如：

```
1  void func(){
2    …
3    long seed1=rand()+datetime();
4    mdsetseed(seed1);
5    …
6  }
```

缺陷分析：因为seed1这个随机数将用于一个与密码相关的进程，会造成一个安全漏洞。

3. 疑问代码模缺陷式

疑问代码模缺陷式未必会造成系统的错误，可能是误操作造成的，或者是由工程师不熟悉开发程序造成的，它起到提示作用。

疑问代码缺陷模式主要有两类：低性能模式和争议代码。低性能模式会降低系统的性能。争议代码是让人费解的代码。

1）低性能模式

低性能模式导致软件运行效率低下，因此建议采用更高效的代码来完成同样的功能。主要包括使用低效函数/代码、使用多余函数、Java中显式垃圾回收、冗余代码、头文件中定义的静态变量、不必要的文件包含、字符串低效操作和有更简单的运算可以替代等。

一般情况下，如果循环条件中有一个函数调用，而它的返回值是不会在循环条件中改变的，一定要把它拿到循环外面来。

例如：循环条件中隐藏的低效操作。

```
for (i=0; i<strlen(str); i++);
```

缺陷分析：循环体中的函数调用会影响到算法复杂度和程序的效率。

例如：函数中的参数从未被使用。

```
1  class A{
2    void foo(int i){
3    };
4  }
```

缺陷分析：如果参数i从未被使用，应发出警告。

2）争议代码

争议代码包括以下几类：

- 数据类型转换错误。不同数据类型之间的隐式转换可能会使数据发生错误。
- 条件判断、开关语句的分支是相同的代码，在条件判断和开关语句的分支中，使用了相同的代码，这是一种病态的控制流。
- 不合适的比较，浮点数的错误比较（两个浮点数的相等，因为浮点数的计算涉及精确性方面（舍入等），所以比较两个浮点数的相等性是不准确的）；疑问的条件语句；缺陷名称；==与=运算符的混淆。

例如：数据类型转换错误。

```
1  void foo(int a) {
2  char b;
3  b=a;
4  }
```

缺陷分析：int 到 char 的转换可能导致数据的丢失。

例如：

```
1  public void setValue(int x){
2  String y="";
3  if(x<=0){
4          System.out.pritln("The result is:"+y)
5          }
6  else{
7        System.out.pritln("The result is:"+y)
8        }
```

```
9  }
```

缺陷分析：上述程序的第4、7行，if语句两个分支用了两个相同的代码。

4. 规则缺陷模式

软件开发总要遵循一定的规则，团队也有一些开发规则，违反这些规则也是不允许的。规则缺陷模式包括声明定义、版面书写、分支控制、指针使用、运算处理等。

1）循环体必须用大括号括起来

基于加强代码可读性、避免人为失误的目的，循环体必须用大括号括起来。

例如：

```
1  #include <stdio.h>
2  int main()
3  {double s=0,t=1;
4    int n;
5    for (n=1;n<=20;n++)
6      t=t*n;
7      s=s+t;
8    printf("1!+2!+…+20!=%22.15e\n",s);
9    return 0;
10  }
```

2）then/else中的语句必须用大括号括起来

基于加强代码可读性、避免人为失误的目的，then/else中的语句必须用大括号括起。

例如：

```
1  #include <stdio.h>
2  int main()
3    {int  t,a,b,c,d;
4      printf("请输入四个数:");
5      scanf("%d,%d,%d,%d",&a,&b,&c,&d);
6      printf("a=%d,b=%d,c=%d,d=%d\n",a,b,c,d);
7      if (a>b)
8        { t=a;a=b;b=t;}
9      if (a>c)
10        t=a;a=c;c=t;
11    if (a>d)
12        { t=a;a=d;d=t;}
13    if (b>c)
14        { t=b;b=c;c=t;}
15    if (b>d)
16        { t=b;b=d;d=t;}
```

```
17    if (c>d)
18        { t=c;c=d;d=t;}
19    printf("排序结果如下：\n");
20    printf("%d  %d  %d  %d  \n"  ,a,b,c,d);
21    return 0;
22 }
```

3）在 switch 语句中必须有 default 语句

如果 switch 语句中缺省了 default 语句，当所有的 case 语句的表达式值都不匹配时，则会跳转到整个 switch 语句后的下一个语句执行。强制 default 语句的使用体现出已考虑了各种情况的编程思想。

例如：

```
1  void func() {
2      int a=1;
3      switch(a) {
4          case 1: grade='A'; break;
5          case 2: grade='B'; break;
6          default: break;
7      }
8  }
```

4）禁止 switch 的 case 语句不是由 break 终止

如果某个 case 语句最后的 break 被省略，在执行完该 case 语句后，系统会继续执行下一个 case 语句。case 语句不是由 break 终止，有可能是编程者的粗心大意，也有可能是编程者的特意使用。为了避免编程者的粗心大意，因此禁止 switch 的 case 语句不是由 break 终止。

例如：

```
1      void func() {
2          int a=1;
3          switch(a) {
4              case 1: dosth();
5              case 2: dosth() break;
6              default: break;
7          }
8      }
```

7.5 思考题

1. 简述什么是白盒测试。
2. 简述什么是静态测试和动态测试。

3. 简述什么是语句覆盖、判定覆盖、条件覆盖、判定/条件覆盖、条件组合覆盖和路径覆盖。

4. 下面是一段简单的C语言程序。

```
If (x>1&& y=1) then
      z=z * 2;
If (x=3|| z>1) then
      y++;
```

(1) 按照语句覆盖,选择确定测试用例及执行路径。

(2) 按照判定覆盖,选择确定测试用例及执行路径。

(3) 按照条件覆盖,选择确定测试用例、执行路径和条件取值。

(4) 按照判定/条件覆盖,选择确定测试用例、执行路径和条件取值。

(5) 按照条件组合覆盖,选择确定测试用例、执行路径、条件取值和覆盖组合。

(6) 按照路径覆盖,选择确定测试用例及执行路径。

假设:

$X>1$ 取真值,记为 T1;$X\leqslant 1$ 取真值,记为 $-$T1。

$Y=1$ 取真值,记为 T2;$Y\neq 1$ 取真值,记为 $-$T2。

$X=3$ 取真值,记为 T3;$X\neq 3$ 取真值,记为 $-$T3。

$Z>1$ 取真值,记为 T4;$Z\leqslant 1$ 取真值,记为 $-$T4。

5. 简述修订的条件/判定覆盖的含义。

6. 简述基于缺陷模式测试技术的特点。它分为几类?

第8章 黑盒测试

黑盒测试是软件测试技术中最基本的方法之一，在各类测试中都有广泛的应用。本章将介绍黑盒测试的基本概念与基本方法，并重点介绍应用较为广泛的几种测试方法：等价类划分法、边界值分析法、因果图法、判断表法和正交实验设计法，并通过实例详细介绍实际测试技术的基本运用。

8.1 黑盒测试概述

黑盒测试的基本方法各有所长，应针对软件开发项目的具体特点，选择适当的测试方法，设计高效的测试用例，有效地将软件中隐藏的故障揭露出来。一个好的测试策略和测试方法必将给整个测试工作带来事半功倍的效果。

8.1.1 黑盒测试的含义

黑盒测试又称功能测试或者数据驱动测试，它是通过测试来检测每个功能是否都能正常使用。在测试中，把程序看作一个不能打开的黑盒子，在完全不考虑程序内部结构和内部特性的情况下，在程序接口进行测试，它只检查程序功能是否按照需求规格说明书的规定正常使用，程序是否能适当地接收输入数据而产生正确的输出信息。黑盒测试着眼于程序外部结构，不考虑内部逻辑结构，主要针对软件界面和软件功能进行测试。

软件黑盒测试是从用户的角度，从输入数据与输出数据的对应关系出发进行测试的。很明显，如果外部特性本身有问题或规格说明的规定有误，用黑盒测试方法是发现不了的。

黑盒测试法注重于测试软件的功能需求，是从用户观点出发的测试，主要试图发现下列几类错误：

（1）功能不正确或遗漏，软件功能能否按照需求规格说明书的规定正常工作。

（2）界面错误，软件是否有人机交互错误。

（3）数据库访问错误，软件是否有数据结构和外部数据库访问错误。

（4）性能错误，软件行为、性能等特性是否满足要求等。

（5）初始化和终止错误，软件是否有初始化和终止方面的错误等。

从理论上讲，黑盒测试只有采用穷举输入测试，把所有可能的输入都作为测试情况考虑，才能查出程序中所有的错误。实际上测试情况有无穷多个，人们不仅要测试所有合法的输入，而且还要对那些不合法但可能的输入进行测试。这样看来，完全测试是不可能的，所以要进行有针对性的测试，通过制定测试案例指导测试的实施，保证软件测试有组织、按步骤，以及有计划地进行。黑盒测试行为必须能够加以量化，才能真正保证软件质量，而测试用例就是将测试行为具体量化的方法之一。

图 8-1　Windows 的计算器

例如，要测试 Windows 的计算器，如图 8-1 所示。需要检测整数加法：1+1，1+2，……，2+1，2+2，……；除此以外，还有小数加法：1.0+0.1，1.0+1.1，……；非法输入：l+a.b+C，1a1+3b3；3 个数相加，4 个数相加……以及减法、乘法、除法，求平方根、百分数和倒数等，无穷无尽。所以，要测试 Windows 的计算器的工作量是惊人的。穷举输入测试是不现实的。这就需要认真研究测试方法，以便能开发出尽可能少的测试用例，发现尽可能多的软件故障。

另一个例子，是对 Windows 中文件名的测试。Windows 文件名可以包括除了“、”“/”“：”“.”“?”“＜ ＞”和“\ ”之外的任意字符。文件名长度是 1～255 个字符。如果为文件名创建测试用例，等价类分合法字符、非法字符、合法长度的名称、超过长度的名称等。使用穷举设计输入测试用例，其工作量是令人无法承受的。

8.1.2　白盒测试和黑盒测试的比较

白盒测试考虑了黑盒测试不考虑的方面；同样地，黑盒测试也考虑了白盒测试不考虑的方面。白盒测试只考虑测试软件产品，它不保证完整的需求规格是否被满足；而黑盒测试只考虑测试需求规格，它不保证实现的所有部分是否被测试到。黑盒测试会发现遗漏的缺陷，指出规格的哪些部分没有被完成；而白盒测试会发现逻辑方面的缺陷，指出哪些部分是错误的。

白盒测试比黑盒测试成本高。白盒测试需要在测试计划前产生源代码，并且在确定合适的数据和软件是否正确方面需要花费更多的工作量。白盒测试计划应当在黑盒测试计划成功通过之前就开始，使用已经产生的流程图和路径判定。

1. 白盒测试和黑盒测试的不同点

1）二者的目的不尽相同

白盒测试的目标是覆盖所有的语句、路径或分支等代码；而黑盒测试的目的是覆盖所有的用户需求。

2）二者的人员组成有区别

白盒测试通常由测试人员和开发人员共同组成，而黑盒测试通常由测试人员和用户共同完成。

3）二者使用的工具不同

白盒测试工具分为静态测试工具和动态测试工具，工具主要考查的是代码覆盖率，从代码中发现缺陷；而黑盒测试工具分为功能测试工具和系统测试工具，工具主要考察软件系统是否实现了功能需求。

2. 黑盒测试的优点和缺点

1）黑盒测试的优点

- 对于子系统甚至系统，效率要比白盒测试高；
- 对于较大的代码单元来说，效率高；
- 测试人员不需要了解实现的细节，包括特定的编程语言；
- 测试人员和编码人员彼此独立；
- 从用户的视角进行测试，很容易理解和接受；
- 有助于暴露规格的不一致或有歧义的问题；
- 测试用例的设计可以在规格说明完成之后马上进行；
- 测试用例可以反复使用。

2）黑盒测试的缺点

- 只有一小部分输入被测试到，要测试每个可能的输入几乎不可能；
- 没有清晰、简明的规格，测试用例很难设计；
- 如果测试人员不被告知开发人员已经执行过的用例，在测试数据上会存在不必要的重复；
- 有很多程序路径没有被测试到；
- 不能直接针对特定程序段测试，而这些程序段可能很复杂，有可能隐藏更多的问题；
- 大部分和研究相关的测试都是直接针对白盒测试；
- 如果规格说明有误，则无法发现；
- 不易进行充分性测试。

3. 白盒测试的优点和缺点

1）白盒测试的优点

- 能仔细考虑软件的实现；
- 可以检测代码中的每条分支和路径；
- 揭示隐藏在代码中的错误；
- 对代码的测试比较彻底；
- 有较多工具支持。

2）白盒测试的缺点

- 工作量大，代价比较昂贵，通常只用于单元测试，有应用局限；
- 无法检测代码中遗漏的路径和数据敏感性错误；
- 不验证系统的正确性；
- 无法对规格说明中未实现的部分进行测试。

白盒测试和黑盒测试能够发现的错误如图 8-2 所示。

其中，A 指只能用黑盒测试发现的错误；C 指只能用白盒测试发现的错误；B 指用黑盒和白盒测试都能发现的错误；D 指用黑盒和白盒测试都不能发现的错误；A＋B 指能用

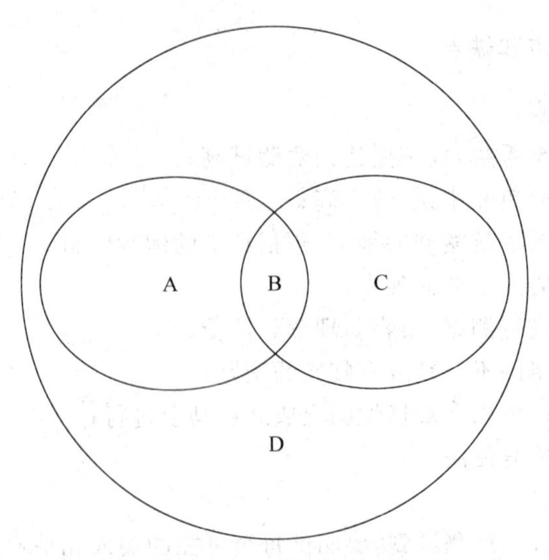

图 8-2 白盒测试和黑盒测试能够发现的错误

黑盒测试发现的错误；B+C 指能用白盒测试发现的错误；A+B+C 指用黑盒和白盒测试发现的错误；A+B+C+D 指软件中的全部错误。

白盒测试和黑盒测试的比较如表 8-1 所示。

表 8-1 白盒测试和黑盒测试的比较

项　目	黑 盒 测 试	白 盒 测 试
特点	只关心软件的外部表现，不关心内部设计与实现	关注软件的内部设计与实现，要跟踪代码的运行
依据	需求说明、概要设计说明	详细设计说明
面向	输入输出接口/功能要求	程序结构
适用	组装、系统测试	单元测试
规模	大规模测试	小规模测试
程序结构	未知程序结构	已知程序结构
测试人员	专门测试人员或外部人员	开发人员
测试驱动程序	一般无须编写额外的测试驱动程序	需要编写额外的测试驱动程序

8.2 等价类划分法

等价类划分法是把程序的输入域划分成若干部分(子集)，然后从每个部分中选取少数代表性数据作为测试用例。每一类的代表性数据在测试中的作用等价于这一类中的其他值。该方法是一种重要的常用的软件黑盒测试用例设计方法。

8.2.1 等价类的含义

等价类是指某个输入域的子集合。在该子集合中,各个输入数据对于揭露程序中的错误都是等效的,并合理地假定:测试某等价类的代表值就等于对这一类其他值的测试。因此,可以把全部输入数据合理划分为若干等价类,在每一个等价类中取一个数据作为测试的输入条件,就可以用少量代表性的测试数据取得较好的测试结果。等价类划分有两种不同的情况:有效等价类和无效等价类。

有效等价类是指对于程序的规格说明来说是合理的、有意义的输入数据构成的集合。利用有效等价类可检验程序是否实现了规格说明中所规定的功能和性能。

无效等价类与有效等价类的定义恰巧相反。

例如,输入值是学生成绩,范围是 0～100,按其有效等价类和无效等价类划分,可以确定一个有效等价类和两个无效等价类。小于 60 分和大于 100 分为有效等价类,大于等于 60 分且小于等于 100 分为无效等价类。

设计测试用例时,要同时考虑这两种等价类。因为软件不仅要能接收合理的数据,也要能经受意外的考验,这样的测试才能确保软件具有更高的可靠性。

8.2.2 划分等价类的方法

下面给出六条确定等价类的原则。

(1) 在输入条件规定了取值范围或值的个数的情况下,则可以确立一个有效等价类和两个无效等价类。

(2) 在输入条件规定了输入值的集合或者规定了"必须如何"的条件的情况下,可确立一个有效等价类和一个无效等价类。

(3) 在输入条件是一个布尔量的情况下,可确定一个有效等价类和一个无效等价类。

(4) 在规定了输入数据的一组值(假定 n 个),并且程序要对每一个输入值分别处理的情况下,可确立 n 个有效等价类和一个无效等价类。

(5) 在规定了输入数据必须遵守的规则的情况下,可确立一个有效等价类(符合规则)和若干个无效等价类(从不同角度违反规则)。

(6) 在确知已划分的等价类中各元素在程序处理中的方式不同的情况下,则应再将该等价类进一步划分为更小的等价类。

8.2.3 设计测试用例

在确立了等价类后,可建立等价类表,列出所有划分出的等价类,如表 8-2 所示。

表 8-2 等价类表

输入条件	有效等价类	无效等价类
…	…	…

然后从划分出的等价类中按以下三个原则设计测试用例：

(1) 为每一个等价类规定一个唯一的编号。

(2) 设计一个新的测试用例，使其尽可能多地覆盖尚未被覆盖的有效等价类，重复这一步，直到所有的有效等价类都被覆盖为止。

(3) 设计一个新的测试用例，使其仅覆盖一个尚未被覆盖的无效等价类，重复这一步，直到所有的无效等价类都被覆盖为止。

8.2.4 等价类划分法测试实例

1. 三角形问题

输入三个整数 a、b 和 c 分别作为三角形的三条边，通过程序判断由这三条边构成的三角形类型是等边三角形、等腰三角形、一般三角形或非三角形（不能构成一个三角形）。另外，假定三个输入 a、b 和 c 在 1～100 取值（整数）。

下面对题目进行更详细地分析。

输入三个整数 a、b 和 c 分别作为三角形的三条边，要求 a、b 和 c 必须满足以下条件：

(1) 整数；

(2) 三个数；

(3) 边长大于等于 1 且小于等于 100；

(4) 任意两边之和大于第三边。

输出为五种情况之一：

- 如果不满足条件 1、2、3，则程序输出为“输入错误”。
- 如果不满足条件 4，则程序输出为“非三角形”。
- 如果三条边相等，则程序输出为“等边三角形”。
- 如果恰好有两条边相等，则程序输出为“等腰三角形”。
- 如果三条边都不相等，则程序输出为“一般三角形”。

输入域等价类划分和输出域等价类划分如表 8-3 所示，覆盖有效等价类的测试用例如表 8-4 所示，覆盖无效等价类的测试用例如表 8-5 所示。

表 8-3 输入域等价类划分和输出域等价类划分

有效等价类	编　号	无效等价类	编　号
a 为整数	1	a 为非整数	13
b 为整数	2	b 为非整数	14
c 为整数	3	c 为非整数	15

续表

有效等价类	编　号	无效等价类	编　号
三个数	4	大于 3	16
		小于 3	17
1≤a≤100	5	小于 1	18
		大于 100	19
1≤b≤100	6	小于 1	20
		大于 100	21
1≤c≤100	7	小于 1	22
		大于 100	23
两边之和大于第三边	8	a+b<c	24
		a+c<b	25
		b+c<a	26
非三角形	9		
等边三角形	10		
等腰三角形	11		
一般三角形	12		

表 8-4　覆盖有效等价类的测试用例

测试用例编号	输入数据	输出结果	覆盖的等价类
TC1	30,30,30	等边三角形	1,2,3,4,5,6,7,8,10
TC2	30,30,20	等腰三角形	1,2,3,4,5,6,7,8,11
TC3	30,40,50	一般三角形	1,2,3,4,5,6,7,8,12
TC4	30,40,90	非三角形	1,2,3,4,5,6,7,9

表 8-5　覆盖无效等价类的测试用例

测试用例编号	输入数据	输出结果	覆盖的等价类
TC5	11.1,10,10	输入错误	13
TC6	10,5.5,10	输入错误	14
TC7	9,10,3.3	输入错误	15
TC8	10,10,10,4	输入错误	16
TC9	10,10	输入错误	17
TC10	0,10,10	输入错误	18
TC11	101,50,50	输入错误	19

续表

测试用例编号	输入数据	输出结果	覆盖的等价类
TC12	10,－1,10	输入错误	20
TC13	50,110,50	输入错误	21
TC14	10,10,0	输入错误	22
TC15	50,50,110	输入错误	23
TC16	10,10,50	输入错误	24
TC17	10,60,10	输入错误	25
TC18	110,10,30	输入错误	26

2. 登录窗口

以一个管理系统为例，登录窗口的界面如图 8-3 所示。

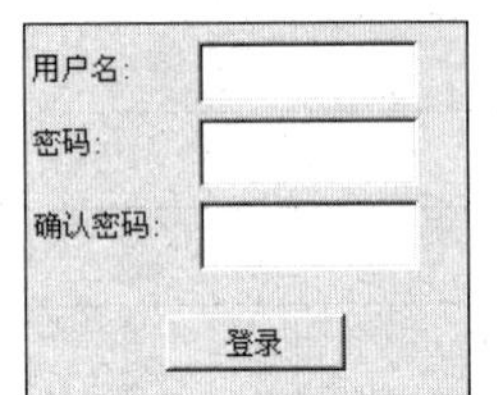

图 8-3 登录窗口的界面

在登录窗口中不考虑身份选择情况，只验证用户名、密码和确认密码的正确性。用户名和密码的输入条件均要求为不超过 16 位，可以使用汉字、英文字母和数字及各种组合，密码和确认密码相同。

首先应用等价类划分法对用户名和密码进行等价类划分（有效等价类和无效等价类）。在某网站申请免费信箱时，要求用户必须输入用户名、密码及确认密码，对每一项输入条件的要求如下：用户名要求为 4 位以上，16 位以下，使用英文字母、数字、“-”“_”，并且首字符必须为字母或数字；密码要求为 6～16 位之间，只能使用英文字母、数字以及“-”“_”，并且区分大小写。

等价类表如表 8-6 所示，生成的测试用例如表 8-7 所示。

表 8-6 等价类表

输入条件	有效等价类	编号	无效等价类	编号
用户名	4～16 位	1	少于 4 位	8
		2	多于 16 位	9
	首字符为字母	3	首字符为除字母、数字之外的其他字符	10
	首字符为数字	4	组合中含有除英文字母、数字、“-”“_”之外的其他特殊字符	11
密码	英文字母、数字、“-”“_”组合	5	少于 6 位	12
		6	多于 16 位	13
	英文字母、数字、“-”“_”组合	7	组合中含有除英文字母、数字、“-”“_”之外的其他特殊字符	14
确认密码	内容同密码相同	8	内容同密码同，但确认密码字母大小写不同	15

表 8-7 测试用例

测试用例	用户名	密　码	确认密码	预期输出	覆盖的等价类
TC1	ABC_2000	ABC_123	ABC_123	注册成功	1,2,4,5,6,7
TC2	2000-ABC	123-ABC	123-ABC	注册成功	1,3,4,5,6,7
TC3	ABC	12345678	12345678	提示用户名错误	8
TC4	ABC123456	12345678	12345678	提示用户名错误	9
TC5	_ABC123	12345678	12345678	提示用户名错误	10
TC6	ABC&123	12345678	12345678	提示用户名错误	11
TC7	ABC_123	12345	12345	提示密码错误	12
TC8	ABC_123	ABC123456	ABCDEFGHIJK123456	提示密码错误	13
TC9	ABC_123	ABC&123	ABC&123	提示密码错误	14
TC10	ABC_123	ABC_123	ABC_123	提示密码错误	15

3. 电话号码

电话号码在应用程序中也是经常能见到，我国的固定电话号码由三部分组成。

- 地区码：空白或三位数字；
- 电话号码：以非 0、非 1 开头的三位数字；
- 电话号码后缀：四位数字。

假设应用程序会接受一切符合上述规定的电话号码，而拒绝不符合规定的号码。输入域等价类划分如表 8-8 所示，覆盖有效等价类的测试用例如表 8-9 所示，覆盖无效等价类的测试用例如表 8-10 所示。

表 8-8 输入域等价类划分

输入条件	有效等价类	编号	无效等价类	编号
地区码	空白 三位数字	1 2	有非数字字符	5
			少于三位数字	6
			多于三位数字	7
前缀	200～999 之间的三位数字	3	有非数字字符	8
			起始位为 0	9
			起始位为 1	10
			少于三位数字	11
			多于三位数字	12
后缀	四位数字	4	有非数字字符	13
			少于四位数字	14
			多于四位数字	15

表 8-9　覆盖有效等价类的测试用例

测试用例	输入数据	期望结果	覆盖的等价类
TC1	()220 2345	有效	1,2,3
TC2	(321) 909 1234	有效	2,3,4

表 8-10　覆盖无效等价类的测试用例

测试用例	输 入 数 据	期望结果	覆盖的等价类
TC3	(20A)987 4567	无效	5
TC4	(33)987 4567	无效	6
TC5	(5555)345 6789	无效	7
TC6	(666)21A 3456	无效	8
TC7	(666)012 3456	无效	9
TC8	(666)123 4567	无效	10
TC9	(666)56 6789	无效	11
TC10	(666)3456 7890	无效	12
TC11	(888)345 678A	无效	13
TC12	(888)345 678	无效	14
TC13	(888)345 67890	无效	15

等价类测试存在的问题：规格说明往往没有定义无效测试用例的期望输出应该是什么样的。因此，测试人员需要花费大量时间来定义这些测试用例的期望输出。强类型语言也称强类型定义语言，要求变量的使用要严格符合定义，所有变量必须先定义后使用。强类型语言没有必要考虑无效输入；传统等价类测试是诸如 FORTRAN 和 COBOL 这样的语言占统治地位年代的产物，那时这种无效输入的故障很常见。因此，由于经常出现这种错误，才促使人们使用强类型语言。如果输入数据以离散区间或集合的形式定义，则等价类测试是合适的，当然也适用于变量值越界会造成故障的系统，在发现合适的等价关系之前，可能需要多次尝试。

8.3　边界值分析法

边界值分析法是用于对输入或输出的边界值进行测试的一种黑盒测试方法。

在测试过程中，边界值分析法是作为对等价类划分法的补充，专注于每个等价类的边界值，两者的区别在于前者在等价类中随机选取一个测试点。边界值分析法采用一到多个测试用例来测试一个边界，不仅重视输入条件边界值，而且重视输出域中导出的测试用例。边界值分析法比较简单，仅用于考察正处于等价划分边界或边界附近的状态，考虑输出域边界产生的测试情况，针对各种边界情况设计测试用例，发现更多的错误。边界值分析法的测试用例是由等价类的边界值产生的，根据输入输出等价类，选取稍高于边界值或稍低于边界值等特定情况作为测试用例。下面介绍边界值分析方法需要注意的问题。

8.3.1 选择边界值测试的原则

选择边界值测试主要考虑以下几条原则：

(1) 如果输入条件规定了值的个数，则用最大个数、最小个数、比最小个数小 1 的数、比最大个数大 1 的数作为测试数据。

(2) 如果输入条件规定了值的范围，则应取刚达到这个范围边界的值，以及刚刚超过这个范围边界的值作为测试输入数据。

(3) 如果程序中使用了一个内部数据结构，则应当选择这个内部数据结构的边界上的值作为测试用例。

(4) 如果程序的规格说明给出的输入域或输出域是有序集合，则应选取集合的第一个元素和最后一个元素作为测试用例。

(5) 分析程序规格说明，找出其他可能的边界条件。

边界值和等价类密切相关，输入等价类和输出等价类的边界是要着重测试的边界情况。在等价类的划分过程中产生了许多等价类边界。边界是最容易出错的地方，所以，从等价类中选取测试数据时应该关注边界值。

在等价类划分基础上进行边界值分析测试的基本思想是，选取正好等于、刚刚大于或刚刚小于等价类边界的值作为测试数据，而不是选取等价类中的典型值或任意值作为测试数据。

常见的边界值通常表现在界面屏幕、数组、报表和循环等上，其表现方式如下：

(1) 屏幕上光标在最左上、最右下位置。

(2) 数组元素的第一个和最后一个。

(3) 报表的第一行和最后一行。

(4) 循环的第 0 次、第一次、倒数第二次和最后一次。

边界值分析法的必要性体现在，软件测试常用的一个方法是把测试工作按同样的形式划分。对数据进行软件测试，就是检查用户输入的信息、返回结果以及中间计算结果是否正确。实践表明，输入域的边界值比中间的值更加容易发现错误，大量的错误发生在输入或输出范围的边界上，而不是在输入范围的内部。因此针对各种边界情况设计测试用例，可以查出更多的错误。

8.3.2 几种边界值分析法

1. 边界值分析法测试

这里讨论有两个变量 X1 和 X2 的程序 P。假设输入变量 X1 和 X2 在下列范围内取值：$a \leqslant X1 \leqslant b, c \leqslant X2 \leqslant d$。

边界值分析法测试利用输入变量的最小值(min),略大于最小值(min+),域内任意值(nom),略小于最大值(max-),最大值(max)来设计测试用例。即通过使所有变量取正常值,只使一个变量分别取最小值、略大于最小值、略小于最大值和最大值,如图8-4所示。

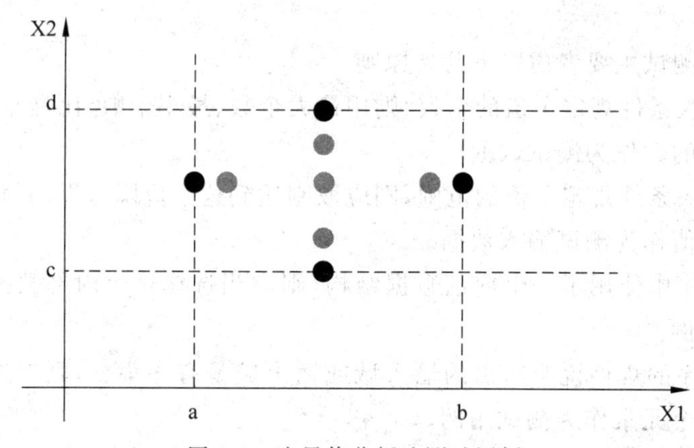

图8-4 边界值分析法测试用例

对于一个n变量的程序,边界值分析法测试会产生4n+1个测试用例。

2. 健壮性边界值分析法测试

健壮性边界值分析法测试是边界值分析法测试的一种扩展。变量除了取min,min+,nom,max-,max五个边界值外,还要考虑采用一个略大于最大值(max+)以及一个略小于最小值(min-)的取值,观察超过极限值时系统会出现什么情况,如图8-5所示。

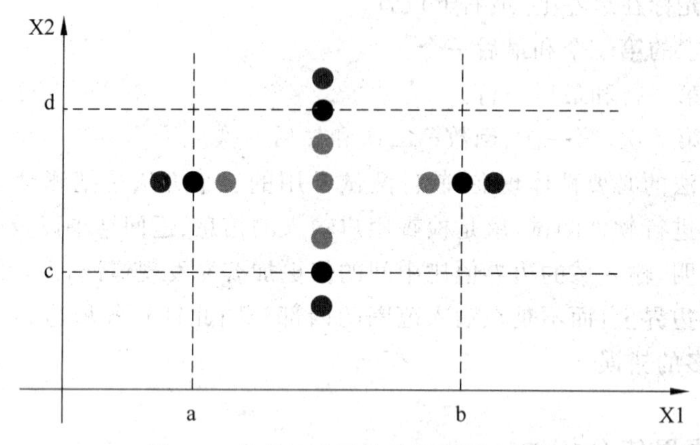

图8-5 健壮性边界值分析法测试用例

- 健壮性边界值分析法测试将产生6n+1个测试用例。
- 健壮性边界值分析法测试最有意义的部分不是输入,而是预期的输出,观察例外情况如何处理。

3. 最坏情况边界值分析法测试

- 对每一个变量首先进行包含最小值、略大于最小值、正常值、略小于最大值、最大值五个元素集合的测试，然后对这些集合进行笛卡儿积计算，以生成测试用例。如图 8-6 所示。

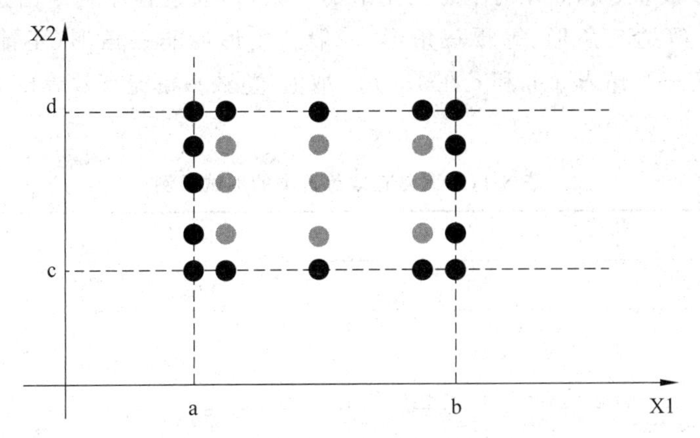

图 8-6 最坏情况边界值分析法测试用例

- 最坏情况边界值分析法测试显然更彻底。
- 最坏情况边界值分析法测试工作量大得多。
- 一个变量个数为 n 的最坏情况边界值分析法测试会产生 5^n 个测试用例

4. 健壮最坏情况边界值分析法测试

对每一个变量，首先进行包含最小值、略大于最小值、正常值、略小于最大值、最大值五个元素集合的测试，还要采用一个略大于最大值的取值，以及一个略小于最小值的取值，然后对这些集合进行笛卡儿积计算，以生成测试用例。

- n 变量函数的健壮最坏情况边界值分析法测试会产生 7^n 个测试用例，如图 8-7 所示。

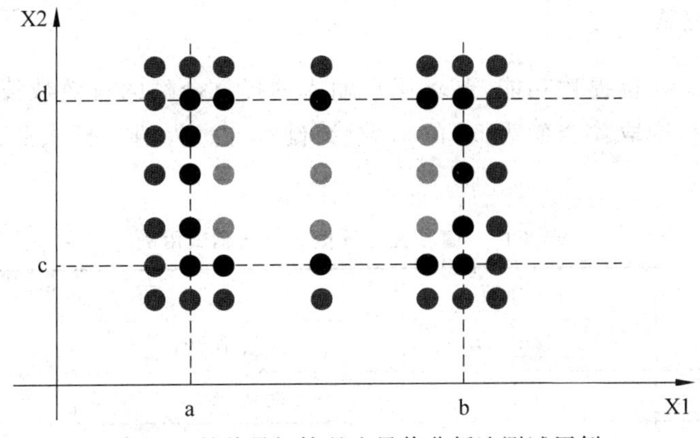

图 8-7 健壮最坏情况边界值分析法测试用例

8.3.3 边界值分析法应用实例

1. 三角形问题

输入三个整数 a、b 和 c 分别作为三角形的三条边，通过程序判断由这三条边构成的三角形类型是：等边三角形、等腰三角形、一般三角形或非三角形（不能构成一个三角形）。另外，假定三个输入 a、b 和 c 在 1～100 取值（整数），覆盖有效等价类的测试用例如表 8-11 所示。

表 8-11 覆盖有效等价类的测试用例

测试用例编号	a	b	c
TC1	50	50	1
TC2	50	50	2
TC3	50	50	50
TC4	50	50	99
TC5	50	50	100
TC6	50	1	50
TC7	50	2	50
TC8	50	99	50
TC9	50	100	50
TC10	1	50	50
TC11	2	50	50
TC12	99	50	50
TC13	100	50	50

2. ATM 机提款

测试银行 ATM 机提款功能，要求用户输入的提款金额的有效数值是 50～2000，并以 50 为最小单位（即取款金额为 50 的倍数）。健壮性边界值分析法测试用例如表 8-12 所示。

表 8-12 健壮性边界值分析法测试用例

测试用例	输入金额	预 期 输 出
TC1	1000	提款 1000
TC2	100	提款 100
TC3	1950	提款 1950

续表

测试用例	输入金额	预期输出
TC4	50	提款 50
TC5	2000	提款 2000
TC6	0	提示“提款金额在 50～2000 之间”
TC7	2050	提示“提款金额在 50～2000 之间”

3. NextDate 函数

NextDate 函数是一个有三个变量（月份、日期和年）的函数。函数返回输入日期后面的那个日期。变量月份、日期和年都为整数，且满足以下条件：

- C1. 1≤月份≤12。
- C2. 1≤日期≤31。
- C3. 1912≤年≤2050。

NextDate 函数规定了 Month 、Day、Year 相应的取值范围，即 1≤Month≤12，1≤Day≤31，1912≤Year≤2050，NextDate 函数的边界值分析法测试用例如表 8-13 所示。

表 8-13 NextDate 函数的边界值分析法测试用例

测试用例编号	Month	Day	Year	预期输出
TC1	6	15	1911	Year 超出[1912,2050]
TC2	6	15	1912	1912,6,16
TC3	6	15	1913	1913,6,16
TC4	6	15	1975	1975,6,16
TC5	6	15	1949	1949,6,16
TC6	6	15	1950	1950,6,16
TC7	6	15	1951	Year 超出[1912,2050]
TC8	6	−1	2001	Day 超出[1,31]
TC9	6	1	2001	2001,6,2
TC10	6	2	2001	2001,6,3
TC11	6	30	2001	2001,7,1
TC12	6	31	2001	输入日期超过范围
TC13	6	32	2001	Day 超出[1,31]
TC14	−1	15	2001	Month 超出[1,12]
TC15	1	15	2001	2001,1,16
TC16	2	15	2001	2001,2,16

续表

测试用例编号	Month	Day	Year	预 期 输 出
TC17	11	15	2001	2001,11,16
TC18	12	15	2001	2001,12,16
TC19	13	15	2001	Month 超出[1,12]

在进行等价类分析时,往往先要确定边界。如果不能确定边界,就很难定义等价类所在的区域。只有边界值确定下来,才能划分出有效等价类和无效等价类。边界确定清楚了,等价类就自然产生了。边界值分析法是对等价类划分法的补充。在测试中,会将两者方法结合起来共同使用。

8.4 因果图法

等价类划分法和边界值分析法都是主要考虑输入条件,如果程序输入之间没有什么联系,采用等价类划分和边界值分析是一种比较有效的方法。如果输入之间有关系,例如约束关系、组合关系,这种关系用等价类划分和边界值分析是很难描述的,测试效果不佳,因此必须考虑使用一种适合于描述多种条件组合的测试方法,这就是下面要讲的因果图法。

8.4.1 什么是因果图法

因果图法即因果分析图,又叫特性要因图、石川图或鱼翅图,它是由日本东京大学教授石川馨提出的一种通过带箭头的线,将质量问题与原因之间的关系表示出来,是分析影响产品质量的诸因素之间关系的一种工具。从用自然语言书写的程序规格说明的描述中找出因(输入条件)和果(输出或程序状态的改变),可以生成因果图。

1. 因果图法的作用

因果图法是一种适合于描述对于多种输入条件组合的测试方法,根据输入条件的组合、约束关系和输出条件的因果关系,分析输入条件的各种组合情况,从而设计测试用例的方法,它适合于检查程序输入条件涉及的各种组合情况。因果图法最终生成的就是判定表,一般和判定表结合使用,通过映射同时发生相互影响的多个输入来确定判定条件。采用因果图法更有助于按照一定的步骤选择一组高效的测试用例,同时,还能指出程序规范中存在什么问题,鉴别和制作因果图。

因果图法着重分析输入条件的各种组合,每种组合条件就是“因”,它必然有一个输出的结果,这就是“果”。

2. 因果图法的基本步骤

利用因果图导出测试用例一般要经过以下几个步骤：

(1) 分析软件规格说明的描述中哪些是原因，哪些是结果。原因是输入或输入条件的等价类，结果是输出条件。给每个原因和结果并赋予一个标识符，根据这些关系画出因果图。

(2) 因果图上用一些记号表明约束条件或限制条件。

(3) 对需求加以分析并把它们表示为因果图之间的关系图。

(4) 把因果图转换成判定表。

(5) 将判定表的每一列作为依据，设计测试用例。

3. 因果图法的基本符号

因果图法中使用的基本符号如图 8-8 所示。左结点表示输入状态即原因，右结点表示输出状态即结果。

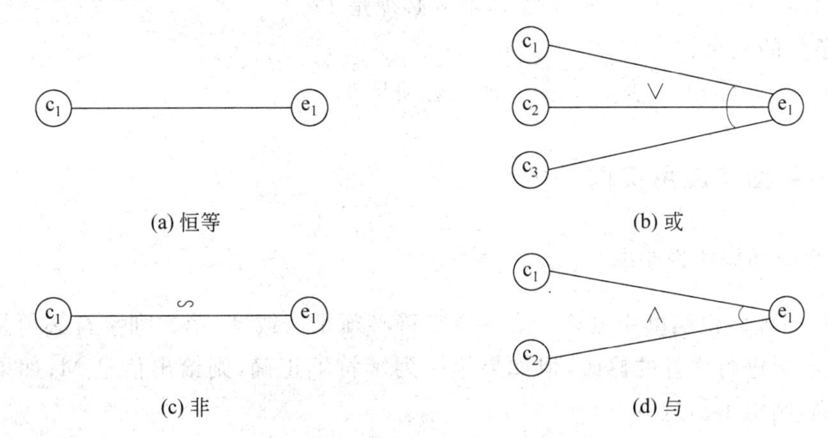

图 8-8 因果图法中使用的基本符号

恒等：如果 c1 是 1，则 e1 也是 1；否则 e1 是 0。

或∨：如果 c1 或 c2 或 c3 是 1，则 e1 也是 1；否则 e1 是 0。

非∽：如果 c1 是 1，则 e1 是 0；否则 e1 是 1。

与∧：如果 c1 和 c2 是 1，则 e1 也是 1；否则 e1 是 0。

4. 因果图法的约束符号

约束就是在实际问题中，输入状态之间还可能存在某些依赖关系。例如，某些输入条件不可能同时出现。在因果图中用一些特殊的符号表示这些约束，如图 8-9 所示。

输入条件的约束：

- E(Exclusive，异或)：表示至多一个为 1；
- I(Inclusive，或)：表示至少一个为 1；

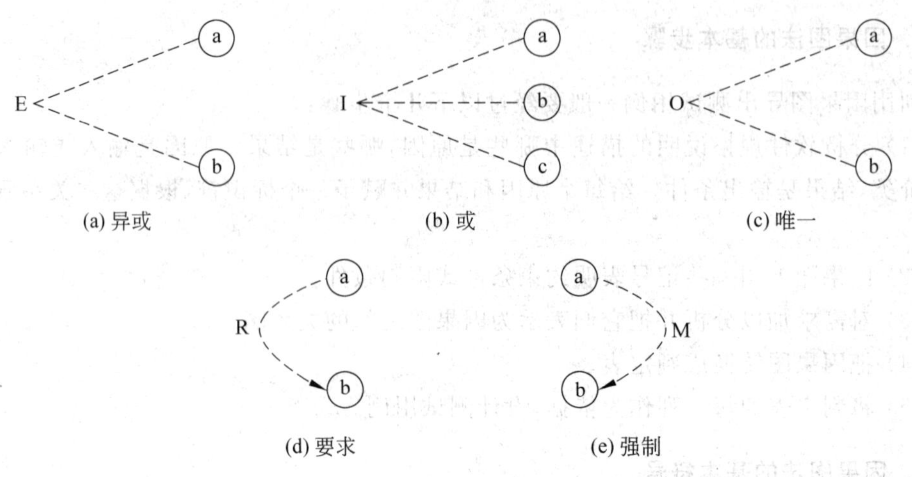

(a) 异或　(b) 或　(c) 唯一

(d) 要求　(e) 强制

图 8-9　因果图中的约束符号

- O(One and Only,唯一)：只有一个为 1；
- R(Require,要求)：表示 a 是 1,则 b 必须是 1；

输出条件的约束：

- M(Mask,强制)：表示 a 是 1,则 b 必须是 0。

8.4.2　因果图法应用实例

1. 某个软件规格说明书

某个软件规格说明书中规定：第一列字符必须是 * 或 #,第二列字符必须是一个数字,在此情况下进行文件的修改,但如果第一列字符不正确,则给出信息 M;如果第二列字符不正确,则给出信息 N。

软件测试的设计步骤如下：

首先,分析软件规格说明书找出原因和结果。

原因：

1——第一列字符是 *；

2——第一列字符是 #；

3——第二列字符是一个数字。

结果：

21——修改文件；

22——给出信息 M；

23——给出信息 N。

其次,找出原因和结果之间的因果关系,原因与原因之间的约束关系,画出如图 8-10 所示的因果图。

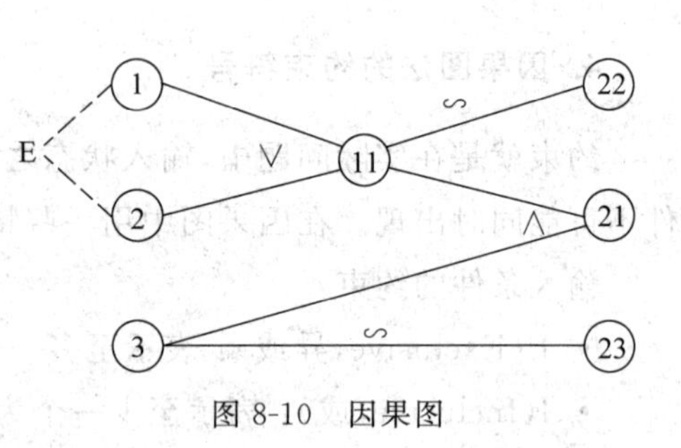

图 8-10　因果图

第三，根据因果图建立如表 8-14 所示的判断表。

表 8-14 根据因果图建立的判断表

		1	2	3	4	5	6
原因	1	1	1	0	0	0	0
	2	0	0	1	1	0	0
	3	1	0	1	0	1	0
结果	21	1	0	1	0	0	0
	22	0	0	0	0	1	1
	23	0	1	0	1	0	1
测试用例		*3	*M	#5	#N	C2	DY
		ok	N	ok	N	M	M,N

2. 自动售货机

有一个处理单价为 1 元 5 角的盒装饮料的自动售货机软件。若投入 1 元 5 角硬币，按“可乐”“雪碧”“红茶”按钮，相应的饮料就送出来。若投入的是 2 元硬币，在送出饮料的同时退还 5 角硬币。

分析过程如下：

首先，找出原因和结果，以及必要的中间状态。

原因：

① 投入 1 元 5 角硬币；

② 投入 2 元硬币；

③ 按“可乐”按钮；

④ 按“雪碧”按钮；

⑤ 按“红茶”按钮。

中间状态：

① 已投币；

② 已按钮。

结果：

① 退还 5 角硬币；

② 送出“可乐”饮料；

③ 送出“雪碧”饮料；

④ 送出“红茶”饮料。

其次，找出原因和结果之间的因果关系，原因与原因之间的约束关系，画出如图 8-11 所示的因果图。

第三，根据因果图建立如表 8-15 所示的判断表。

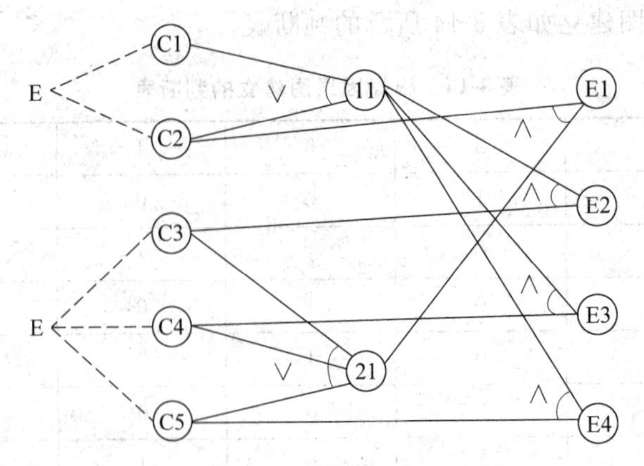

图 8-11 自动售货机产生的因果图

表 8-15 因果图法生成的判定表

		1	2	3	4	5	6	7	8	9	10	11
输入	投入 1 元 5 角硬币	1	1	1	1	0	0	0	0	0	0	0
	投入 2 元硬币	0	0	0	0	1	1	1	1	0	0	0
	按"可乐"按钮	1	0	0	0	1	0	0	0	2	0	0
	按"雪碧"按钮	0	1	0	0	0	1	0	0	0	1	0
	按"红茶"按钮	0	0	1	0	0	0	1	0	0	0	1
中间状态	已投币	1	1	1	1	1	1	1	1	0	0	0
	已按钮	1	1	1	0	1	1	1	0	1	1	1
输出	退还 5 角硬币	0	0	0	0	1	1	1	0	0	0	0
	送出"可乐"饮料	1	0	0	0	1	0	0	0	0	0	0
	送出"雪碧"饮料	0	1	0	0	0	1	0	0	0	0	0
	送出"红茶"饮料	0	0	1	0	0	0	1	0	0	0	0

8.5 判断表法

在所有的黑盒测试方法中，基于判断表的测试是最严格、最具有逻辑性的测试方法。

8.5.1 什么是判断表

判断表又称决策表，是一种呈表格状的图形工具，适用于描述处理判断条件较多，各条件又相互组合、有多种决策方案的情况。判断表精确而简洁地描述复杂逻辑的方式，将多个条件与这些条件满足后要执行动作相对应。不同于传统程序语言中的控制语句，判断表能将多个独立的条件和多个动作直接的联系清晰地表示出来。

判断表是把作为条件的所有输入的各种组合值以及对应输出值都罗列出来而形成的表格。它能够将复杂的问题按照各种可能的情况全部列举出来，简明并避免遗漏。因此，利用判断表能够设计出完整的测试用例集合。

判断表由条件桩、条件项、动作桩和动作项组成，如图 8-12 所示。

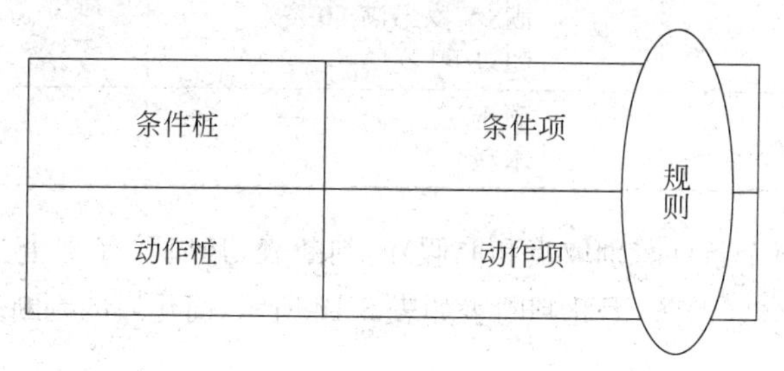

图 8-12 判断表的组成

- 条件桩：列出所有的问题，即条件。
- 条件项：针对条件桩中的条件列出所有的取值。
- 动作桩：列出针对问题可能采取的操作。
- 动作项：针对条件项中的各组取值列出所要采取的动作。

条件项和动作项紧密联系，通常把一个条件组合的取值以及要执行的操作称为一条规则。

8.5.2 判断表法应用实例

1. 分配工作

某公司为本科以上学历的人重新分配工作，分配原则如下：

(1) 如果年龄不满 28 岁，学历是本科，男性要求报考研究生，女性则担任行政人员；

(2) 如果年龄满 28 岁不满 50 岁，学历是本科，不分男女，任中层领导职务；学历是硕士，不分男女，任课题组长；

(3) 如果年龄满 50 岁，学历是本科，男性任科研人员，女性则担任资料员；学历是硕士，不分男女，任课题组长。

根据分配原则，得出判断表，并进行化简。

分析过程如下：

第一，分析分配原则，找出所有的条件桩和动作桩，确定规则的个数。

第二，填入条件项和动作项，得到初始判断表。

第三，合并相似的规则，简化判断表。

分析分配原则，判断表可能的取值如表 8-16 所示。

表 8-16　判断表可能的取值

条件名称	取　值	符号
性别	男 女	M F
年龄	不满 28 岁 满 28 岁不满 50 岁 超过 50 岁	A B C
文化程度	硕士 本科	G U

对于 n 个条件(每个条件分别取真和取假)的判断表,其规则有 2^n 个。本例的年龄有三种取值,则规则有 12(2×3×2)条,因此判断表如表 8-17 所示,简化后的判断表如表 8-18 所示。

表 8-17　判断表

	1	2	3	4	5	6	7	8	9	10	11	12
性别	M	M	M	M	M	M	F	F	F	F	F	F
文化程度	G	G	G	U	U	U	G	G	G	U	U	U
年龄	C	B	A	C	B	A	C	B	A	C	B	A
组长	√	√	√				√	√	√			
领导					√						√	
科研				√								
行政												√
资料员											√	
考研						√						

表 8-18　简化后的判断表

	1,2,3,7,8,9	4	5,11	6	10	12
性别	—	M	—	M	F	F
文化程度	G	U	U	U	U	U
年龄	—	C	B	A	C	A
组长	√					
领导			√			
科研		√				
行政						√
资料员					√	
考研				√		

2. 成绩录入窗口

某信息科学与技术学院成绩录入窗口如图 8-13 所示，其需求规格说明包括三个下拉列表，分别用于显示各学院名称、各系部名称及各班级名称。只有选择了某一个学院后，系部列表框才为可用，列表中将显示出所选择学院对应的所有系部；同样，只有选择了某一个学院又选择了某一个系部后，此时班级列表框才为可用，列表中将显示出所选择系部对应的所有班级。当三个选项都已经完成选择后，界面上则会显示出所选班级的名单，这时就可以录入成绩了。

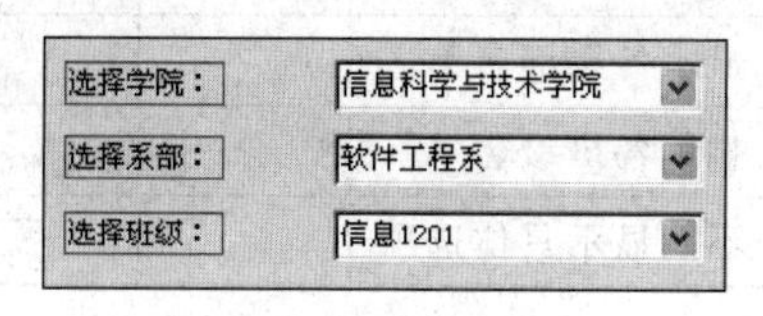

图 8-13　某信息科学与技术学院成绩录入窗口

步骤如下：

建立如表 8-19 所示的判断表。由规格说明可以分析出。

输入事件：

C1：选择学院；

C2：选择系部；

C3：选择班级。

输出事件：

a1：显示所选班级名单；

a2：学院列表框可用；

a3：系部列表框可用；

a4：班级列表框可用；

a5：显示各学院名称；

a6：显示各系部名称；

a7：显示各班级名称；

a8：不能显示具体选项（如在没有选择学院的前提下，系部列表框中将不能显示所对应的具体系部）。

表 8-19　判断表

	1	2	3	4	5	6	7	8
选择学院	T	T	T	T	F	F	F	F
选择系部	T	T	F	F	T	T	F	F
选择班级	T	F	T	F	T	F	T	F
显示所选班级名单	√							
学院列表框可用		√	√	√	√	√	√	√
系部列表框可用		√	√	√				
班级列表框可用		√						

续表

	1	2	3	4	5	6	7	8
显示各学院名单		√	√	√				
显示各系部名单								
显示各班级名单								
不能显示具体选项			√		√	√	√	

生成的成绩录入窗口测试用例如表 8-20 所示。

表 8-20 成绩录入窗口测试用例

测试用例	操作描述	输入数据	预期输出
TC1	单击并选择学院 单击并选择系部 单击并选择班级	学院：信息科学与技术学院 系部：软件工程系 班级：信息 1201	学院列表可用 系部列表可用 班级列表可用
TC2	单击并选择学院 单击并选择系部 单击但不选择班级	学院：信息科学与技术学院 系部：软件工程系 班级：信息 1201	学院列表可用 系部列表可用 班级列表可用
TC 3	单击并选择学院 单击但不选择系部 单击并选择班级	学院：信息科学与技术学院 系部：空 班级：空	学院列表可用 系部列表可用 班级列表不能显示对应数据项
TC 4	单击并选择学院 单击但不选择系部 单击但不选择班级	学院：信息科学与技术学院 系部：空 班级：空	学院列表可用 系部列表可用 班级列表不能显示对应数据项
TC 5	单击但不选择学院 单击并选择系部 单击并选择班级	学院：空 系部：空 班级：空	学院列表可用 系部列表不能显示对应数据项 班级列表不能显示对应数据项
TC 6	单击但不选择学院 单击并选择系部 单击但不选择班级	学院：空 系部：空 班级：空	学院列表可用 系部列表不能显示对应数据项 班级列表不能显示对应数据项
TC 7	单击但不选择学院 单击但不选择系部 单击并选择班级	学院：空 系部：空 班级：空	学院列表可用 系部列表不能显示对应数据项 班级列表不能显示对应数据项
TC 8	单击但不选择学院 单击但不选择系部 单击但不选择班级	学院：空 系部：空 班级：空	学院列表可用 系部列表不能显示对应数据项 班级列表不能显示对应数据项

判断表法测试的优点是能把复杂的问题按各种可能的情况一一列举出来，简明而易于理解，也可避免遗漏，其缺点是不能表达重复执行的动作，例如循环结构。

8.6 正交实验设计法

当使用因果图来设计测试用例时，作为输入条件的原因与输出结果之间的因果关系有时很难从软件需求规格说明中得到，往往因果关系非常庞大，以至于根据因果图而得到的测试用例数目多得惊人，给软件测试带来巨大的工作量。为了有效、合理地减少测试的工时与费用，可利用正交实验设计法进行测试用例的设计。

8.6.1 什么是正交实验设计法

1. 正交实验设计法的含义

正交实验设计法，是从大量的实验点中选取适量的有代表性的点，应用依据伽罗瓦理论推导出的正交表，合理地安排实验的一种科学的实验设计方法。利用这种方法，可使所有的因子和水平在实验中均匀地分配与搭配，有规律地变化。

正交实验设计法是依据伽罗瓦理论，从大量的实验测试数据中挑选适量的、有代表性的数据，从而合理地安排测试的一种科学实验设计方法。

用正交实验设计法设计测试用例，相比前面讲过的等价类划分法、边界值分析法、因果图法和判定表法，其优越性在于：既可以控制生成测试用例的数量，又可以保证测试用例有一定的覆盖率。

2. 正交表的构成

行数(Run)：正交表中行的个数，即实验的次数，也是通过正交实验法设计的测试用例的个数。

因素数(Factor)：正交表中列的个数，即要测试的功能点。

水平数(Level)：任何单个因素能够取得的值的最大个数。

正交表的形式：

$$L_{行数}(水平数^{因素数})$$

例如：$L_8(2^7)$的正交表如表8-21所示。

表 8-21 $L_8(2^7)$正交表

因数　　水平值

	列号						
	1	2	3	4	5	6	7
行号 1	1	1	1	1	1	1	1
2	1	1	1	0	0	0	0
3	1	0	0	1	1	0	0
4	1	0	0	0	0	1	1
5	0	1	0	1	0	1	0
6	0	1	0	0	1	0	1
7	0	0	1	1	0	0	1
8	0	0	1	0	1	1	0

3. 正交表的正交性

1）整齐可比性

在同一张正交表中，每个因素的每个水平出现的次数是完全相同的。由于在实验中每个因素的每个水平与其他因素的每个水平参与实验概率是完全相同的，这就保证在各个水平中最大程度的排除了其他因素水平的干扰。因而，能最有效地进行比较和作出展望，容易找到好的实验条件。

2）均衡分散性

在同一张正交表中，任意两列(两个因素)的水平搭配(横向形成的数字对)是完全相同的。这样就保证了实验条件均衡地分散在因素水平的完全组合之中，因而具有很强的代表性，容易得到好的实验条件。

8.6.2 正交实验法设计测试用例

1. 用正交表设计测试用例的步骤

(1) 确定有哪些因素(变量)；
(2) 每个因素有哪几个水平(变量的取值)；
(3) 选择一个合适的正交表；
(4) 把变量的值映射到表中；
(5) 把每一行的各因素水平的组合作为一个测试用例；
(6) 加上认为可疑且没有在表中出现的组合。

2. 如何选择正交表

(1) 考虑因素(变量)的个数；
(2) 考虑因素水平(变量的取值)的个数；
(3) 考虑正交表的行数；
(4) 取行数最少的一个。

3. 设计测试用例时的三种情况

正交表是一种特殊的表格，正交实验设计法的关键点是确定合适的正交表，大致可以分为如下三种情况。

1）因素数(变量)、水平数(变量的取值)相符

这种情况是最简单的一种情况，因素数(变量)、水平数(变量的取值)相符，选择完全相符的正交表即可。

2）因素数不相同

当水平数(变量的取值)相同但在正交表中找不到相同的因素数(变量)，选取因素数最接近但略大的实际值的正交表。

3）水平数不相同

当因素（变量）的水平数（变量的取值）不相同时，选取水平数最接近但略大的正交表。当多个正交表符合条件时，选取行数最少的一个表。

三种情况的具体实例和方法，将在下面详细讲解。

8.6.3 正交实验设计法应用实例

1. 个人信息查询对话框

此实例符合设计测试用例时的三种情况的第一种情况，因素数与水平数刚好符合正交表。

某个人信息查询对话框如图 8-14 所示。可以看到要测试的控件有三个：姓名、身份证号、电话号码，也就是要考虑的因素有三个；而每个因素里的状态有两个：填与不填。

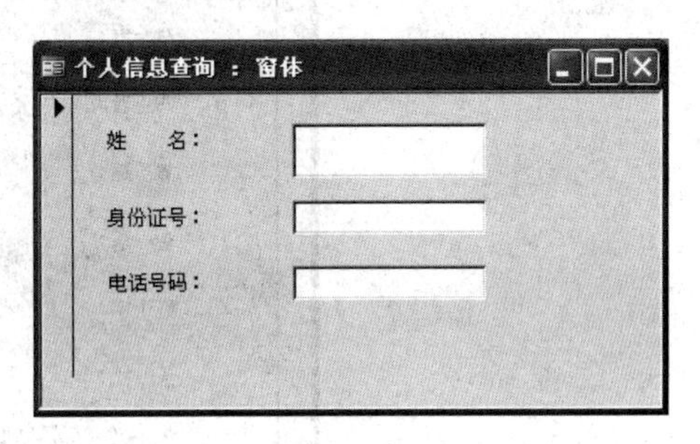

图 8-14 个人信息查询对话框

选择正交表时分析一下：

(1) 表中的因素数≥3；

(2) 表中至少有 3 个因素数的水平数≥2；

(3) 行数取最少的一个。

从正交表公式中开始查找，结果为：$L_4(2^3)$，如表 8-22 所示。

变量映射如表 8-23 所示。

表 8-22 $L_4(2^3)$ 正交表

		行号		
		1	2	3
列号	1	0	0	0
	2	0	1	1
	3	1	0	1
	4	1	1	0

表 8-23 变量映射

		行号		
		姓名	身份证号	电话号码
列号	1	填	填	填
	2	填	不填	不填
	3	不填	填	不填
	4	不填	不填	填

测试用例如下：

(1) 填写姓名、填写身份证号、填写电话号码；

(2) 填写姓名、不填身份证号、不填电话号码；

(3) 不填姓名、填写身份证号、不填电话号码；

(4) 不填姓名、不填身份证号、填写电话号码。

增补测试用例：不填姓名、不填身份证号、不填电话号码。

从测试用例可以看出：如果按每个因素两个水平数来考虑的话，需要 8 个测试用例，而通过正交实验法进行的测试用例只有五个，大大减少了测试用例数。用最小的测试用例集合去获取最大的测试覆盖率。

2. 大学社团调查

某大学社团调查对话框如图 8-15 所示。可以看到要测试的控件有六个：体育、志愿者、舞蹈、音乐、红十字和天文，也就是要考虑的因素有六个；而每个因素里的状态有两个：填与不填。

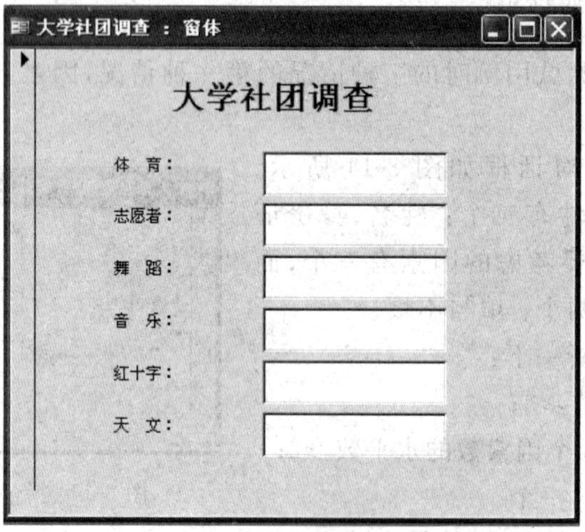

图 8-15　大学社团调查对话框

此实例符合设计测试用例时的三种情况的第二种情况，因素数不相同。

如果因素数不同，可以采用包含的方法，在正交表公式中找到包含该情况的公式，如果有 N 个符合条件的公式，那么选取行数最少的公式。

1) 因素数和水平数

有六个因素：体育、志愿者、舞蹈、音乐、红十字和天文。

每个因素有两个水平。

体育：填、不填；

志愿者：填、不填；

舞蹈：填、不填；

音乐：填、不填；

红十字：填、不填；

天文：填、不填。

2) 选择正交表时

- 表中的因素数≥6；
- 表中至少有 6 个因素的水平数≥2；
- 行数取最少的一个；
- 结果：$L_8(2^7)$，如表 8-24 所示。

表 8-24 $L_8(2^3)$正交表

	列号							
		1	2	3	4	5	6	7
行号	1	1	1	1	1	1	1	1
	2	1	1	1	0	0	0	0
	3	1	0	0	1	1	0	0
	4	1	0	0	0	0	1	1
	5	0	1	0	1	0	1	0
	6	0	1	0	0	1	0	1
	7	0	0	1	1	0	0	1
	8	0	0	1	0	1	1	0

3）变量映射

体育：1→填写、0→不填；

志愿者：1→填写、0→不填；

舞蹈：1→填写、0→不填；

音乐：1→填写、0→不填；

红十字：1→填写、0→不填；

天文：1→填写、0→不填。

变量映射如表 8-25 所示。

表 8-25 变量映射

	列号							
		体育	志愿者	舞蹈	音乐	红十字	天文	7
行号	1	填写	填写	填写	填写	填写	填写	1
	2	填写	填写	填写	不填	不填	不填	0
	3	填写	不填	不填	填写	填写	不填	0
	4	填写	不填	不填	不填	不填	填写	1
	5	不填	填写	不填	填写	不填	填写	0
	6	不填	填写	不填	不填	填写	不填	1
	7	不填	不填	填写	填写	不填	不填	1
	8	不填	不填	填写	不填	填写	填写	0

4）用 $L_8(2^7)$设计的测试用例

（1）测试用例如下：

- 体育填写、志愿者填写、舞蹈填写、音乐填写、红十字填写、天文填写；

- 体育填写、志愿者填写、舞蹈填写、音乐不填、红十字不填、天文不填；
- 体育填写、志愿者不填、舞蹈不填、音乐填写、红十字填写、天文不填；
- 体育填写、志愿者不填、舞蹈不填、音乐不填、红十字不填、天文填写；
- 体育不填、志愿者填写、舞蹈不填、音乐填写、红十字不填、天文不填；
- 体育不填、志愿者填写、舞蹈不填、音乐不填、红十字填写、天文填写；
- 体育不填、志愿者不填、舞蹈填写、音乐填写、红十字不填、天文填写；
- 体育不填、志愿者不填、舞蹈填写、音乐不填、红十字填写、天文不填。

(2) 增补测试用例：

- 体育不填、志愿者填写、舞蹈不填、音乐不填、红十字不填、天文不填；
- 体育不填、志愿者不填、舞蹈填写、音乐不填、红十字不填、天文不填；
- 体育不填、志愿者不填、舞蹈不填、音乐填写、红十字不填、天文不填；
- 体育不填、志愿者不填、舞蹈不填、音乐不填、红十字填写、天文不填；
- 体育不填、志愿者不填、舞蹈不填、音乐不填、红十字填写、天文填写。

(3) 测试用例减少数：32→13。

3. PowerPoint 软件打印功能

以 PowerPoint 软件打印功能作为例子，符合设计测试用例时的三种情况之三，水平数不相同，如表 8-26 所示。

表 8-26 因子和水平数表

	A 打印范围	B 打印内容	C 打印颜色/灰度	D 打印效果
0	全部	幻灯片	颜色	幻灯片加框
1	当前幻灯片	讲义	灰度	幻灯片不加框
2	给定范围	备注页	黑白	
3		大纲视图		

功能描述如下。

打印范围分三种情况：全部、当前幻灯片、给定范围；

打印内容分四种方式：幻灯片、讲义、备注页、大纲视图；

打印颜色/灰度共分三种设置：颜色、灰度、黑白；

打印效果分两种方式：幻灯片加框和幻灯片不加框。

首先将中文字转换成字母，便于设计，如表 8-27 所示。

表 8-27 因子和水平数表

	A	B	C	D
0	A1	B1	C1	D1
1	A2	B2	C2	D2
2	A3	B3	C3	
3		B4		

其次分析并选择正交表。

被测项目中一共有四个被测对象，每个被测对象的状态都不一样。

选择正交表：

(1) 表中的因素数≥4；

(2) 表中至少有 4 个因素的水平数≥2；

(3) 行数取最少的一个。

最后选中正交表公式：$L_{16}(4^5)$，如表 8-28 所示，用字母替代如表 8-29 所示。

表 8-28 $L_{16}(4^5)$正交表

	1	2	3	4	5
1	0	0	0	0	0
2	0	1	1	1	1
3	0	2	2	2	2
4	0	3	3	3	3
5	1	0	1	2	3
6	1	1	0	3	2
7	1	2	3	0	1
8	1	3	2	1	0
9	2	0	2	3	1
10	2	1	3	2	0
11	2	2	0	1	3
12	2	3	1	0	2
13	3	0	3	1	2
14	3	1	2	0	3
15	3	2	1	3	0
16	3	3	0	2	1

表 8-29 用字母替代 $L_{16}(4^5)$正交表

	1	2	3	4	5
1	A1	B1	C1	D1	0
2	A1	B2	C2	D2	1
3	A1	B3	C3	2	2
4	A1	B4	3	3	3
5	A2	B1	C2	2	3
6	A2	B2	C1	3	2

续表

	1	2	3	4	5
7	A2	B3	3	D1	1
8	A2	B4	C3	D2	0
9	A3	B1	C3	3	1
10	A3	B2	3	2	0
11	A3	B3	C1	D2	3
12	A3	B4	C2	D1	2
13	3	B1	3	D2	2
14	3	B2	C3	D1	3
15	3	B3	C2	3	0
16	3	B4	C1	2	1

可以看到：第一列水平值为3，第三列水平值为3，第四列水平值3、2都需要由各自的字母替代。这样，将组合数从3×4×3×2=72降为16，减少了工作量。

正交实验设计适用于大量因子都对结果产生较大影响的情况，利用正交实验设计法对大量组合进行简化，兼顾测试成本与测试充分性的均衡，提高测试效率。

正交实验设计方法的简化依据是科学的，并非盲目的简化。利用这种方法，可使所有的因子和水平在实验中均匀地分配与搭配，均匀有规律地变化。对被测试的软件来说，测试用例的涉及范围在整体上说比较均匀，可排除偏向某个功能局部的可能性，它与结构测试相配合，可以发现大部分的错误。

8.7 其他黑盒测试方法

黑盒测试方法很多，除了上述方法外，常用的测试方法还有故障猜测法、状态图法、随机数据法等。

8.7.1 故障猜测法

关于故障猜测法（或称错误推测法），人们靠经验和直觉猜测程序中可能存在的各种软件故障，从而有针对性地编写检查这些故障的测试用例。

使用边界分析法和等价划分技术，可以帮助开发人员设计具有代表性的、容易暴露程序错误的测试用例。但是，不同类型不同特点的程序通常有一些特殊的容易出错的情况。此外，有时分别使用每组测试数据时程序都能正常工作，这些输入数据的组合却可能检测出程序的错误。一般说来，即使是一个比较小的程序，可能的输入组合数也往往十分巨大，因此必须依靠测试人员的经验和直觉，从各种可能的测试用例中选出一些最可能引起程序出错的方案。对于程序中可能存在哪类故障的推测，是挑选测试用例时的一个重要因素。

故障猜测法常作为一种补充测试用例的设计方法。故障猜测法的特点：没有确定的步骤，很大程度上是凭经验进行的。例如输入数据为零或输出数据为零是容易发生错误的情况，所以可选择输入值为零的例子，以及使输出值为零的例子；又如输入表格为"空"或输入表格只有一行是较易出错误的情况，所以可选择表示这些情况的例子；各种不符合情况的负值或空值、同名等。

发现程序经常出现的错误的方法：

- 单元测试中发现的模块错误；
- 产品的以前版本曾经发现的错误；
- 输入数据为0或字符为空；
- 当软件要求输入时(例如在文本框中)，不是没有输入正确的信息，而是根本没有输入任何内容，单单按了Enter键；
- 用户未输入信息这种情况在产品说明书中常常忽视，程序员也可能经常遗忘，但是在实际使用中却时有发生。程序员总会习惯性地认为用户要么输入信息，不管是看起来合法的或非法的信息，要不就会选择Cancel键放弃输入。

8.7.2 状态图法

状态图法又称状态转移测试，或称功能图测试，使用功能图形式化表示程序功能说明，生成测试用例。功能图模型由状态迁移图和逻辑功能模型组成。其中状态迁移图表示输入数据和输出数据序列，由输入和当前状态决定输出数据和后续状态；逻辑功能模型用于表示状态输入条件和输出条件之间的对应关系。功能图由一系列的状态以及每个状态必须输入、输出数据满足的条件组成。其测试评价标准是状态、转移覆盖及对于不正常、不相关时间的考虑，并以此决定测试用例产生数量和测试结束条件。

生成功能图测试用例的大致步骤如下：

(1) 生成局部测试用例：在每个状态中，生成局部测试用例。

(2) 生成测试路径：利用规则生成从初始状态到最后状态的测试路径。

(3) 合成测试用例：合成测试路径与功能图中每个状态的局部测试用例。其结果是初始状态到最后状态的一个状态序列，以及每个状态中输入数据与对应输出数据的组合。

8.7.3 随机数据法

随机数据法又称随机测试技术，是在所有可能的输入值中随机选取子集进行测试。随机测试作为非常规的测试。

例如，一个软件的有效输入域是1～100的整数，包括1和100。

首先，采用等价类划分法。

无效等价类：小于1，大于100。

有效等价类：大于等于1且小于等于100。

其次，采用边界值分析法，增加一些边界值或刚刚超过边界的值，如1、2、99、100等。

第三，在三个与域中用随机数据法选择一些测试点。如用int(random() * 100)生成。

随机数据法的优点：将多个等价类的测试合成随机数据法；可以补充等价类法的遗漏，弥补等价类分析测试的不足。

随机数据法的缺点：比较难测试到边界值；进行自动化测试的难度比较大；由于随机性大，随机数据法无法替代常规的测试方法，或者说随机数据法一般需要结合常规的测试方法。

8.8 黑盒测试方法的比较与选择

上面研究了几种典型的黑盒测试方法，这些测试方法的共同特点是它们都把程序看作是一个打不开的黑盒，只知道输入到输出的映射关系，根据规范说明设计测试用例。

- 等价类分析测试中，通过等价类划分来减少测试用例的绝对数量。
- 边界值分析法则通过分析输入变量的边界值域设计测试用例。
- 因果图法考虑到输入条件和输出结果间的依赖关系和制约关系。
- 判断表法全面地列出可能的输入组合，并通过制约关系和合并的方法来减少测试用例。
- 正交实验设计法在大量的输入组合情况下可以有效地减少测试用例。
- 状态图法也是很好的测试用例设计方法，可以通过不同时期条件的有效性设计不同的测试数据。

1. 测试工作量

以边界值分析、等价类划分和判断表测试方法来讨论它们的测试工作量，即生成测试用例的数量与开发这些测试用例所需的工作量。

边界值分析不考虑数据或逻辑依赖关系，机械地根据各边界生成测试用例，测试用例数较多；等价类划分则关注数据依赖关系和函数本身，考虑如何划分等价类，随后也是机械地生成测试用例，测试用例数减少；判断表技术最精细，既要考虑数据，又要考虑逻辑依赖关系，测试用例数又减少；正交实验设计法可以有效地减少测试用例数。

2. 测试有效性

解释测试有效性是困难的。因为不知道程序中的所有故障，因此也不可能知道给定方法所产生的测试用例是否能够发现这些。所能够做的，只是根据不同类型的故障，选择最有可能发现这种缺陷的测试方法(包括白盒测试)。根据最可能出现的故障种类，分析得到可提高测试有效性的实用方法。通过跟踪所开发软件中的故障的种类和密度，也可以改进这种方法。

在选择黑盒测试方法时使用一些很有用的属性应注意：

- 变量是否表示物理量或逻辑量？
- 在变量之间是否存在依赖关系？
- 是假设单缺陷，还是假设多缺陷？
- 是否有大量例外处理？

下面列出一些黑盒测试方法选择的方法：

- 如果变量是独立的，可采用边界值分析测试和等价类测试。
- 如果变量引用的是物理量，可采用边界值分析测试和等价类测试。
- 如果可保证是单缺陷假设，可采用边界值分析和健壮性测试。
- 如果变量不是独立的，可采用判断表测试。
- 如果程序包含大量例外处理，可采用健壮性测试和判断表测试。
- 如果变量引用的是逻辑量，可采用等价类测试用例和判断表测试。
- 如果测试组合很多，或多因子、多水平，可以采用正交实验设计法有效地减少测试用例数。
- 如果是参数配置类的软件，要用正交实验设计法选择较少的组合方式达到最佳效果。

8.9 思考题

1. 简述什么是黑盒测试。

2. 简述白盒测试和黑盒测试的不同之处，它们各自的优缺和缺点是什么。

3. 简述什么是等价类，什么是有效等价类和无效等价类。

4. 程序要求某个输入为6位正整数，试用等价类划分法设计有效等价类、无效等价类、测试用例。

5. 简述什么是边界值法。

6. 试用因果图法和判断表法分析测试中国象棋中走马。规则如下：

- 如果落点在棋盘外，则不移动棋子。
- 如果落点与起点不构成日字形，则不移动棋子。
- 如果落点处有自己方棋子，则不移动棋子。
- 如果落点方向的临近交叉点有棋子(绊马腿)，则不移动棋子。
- 如果不属于前4条，且落点处无棋子，则移动棋子。
- 如果不属于前4条，且落点处为对方棋子(非老将)，则移动棋子并除去对方棋子。
- 如果不属于前4条，且落点处为对方老将，则移动棋子，并提示战胜对方，游戏结束。

要求画出因果图，并转换为决策表，并写出测试用例。

7. 正交实验设计法综合测试用例，某购书网站后台管理，有图书管理→录入图书→添加图书模块流程，如图8-16所示。其中：

① 必填文本框因素为5个：书名、作者、价格、页数、上传图像；

② 可填可不填因素为9个：译者、出版社、出版日期、ISBN、条形码、价格、是否折扣、

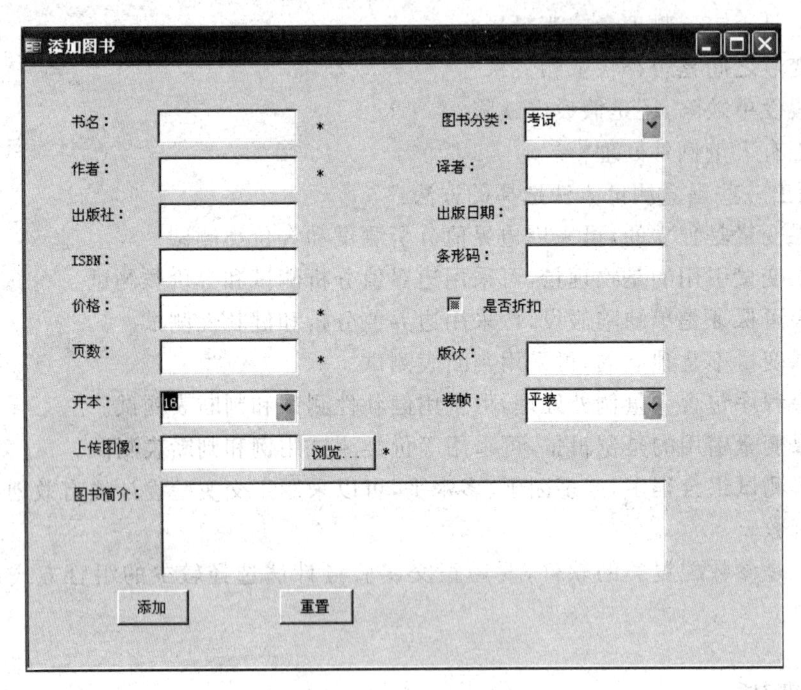

图 8-16 某购书网站

版次、图书简介；

③ 开本因素的因子有 3 个：8、16、32；

④ 装帧因素的因子有 2 个：平装、精装；

⑤ 图书分类的因子有 4 个：考试、辅导书、工具书、教材。

8．试对黑盒测试方法的比较，并对不同情况如何选择。

第9章 集成测试

当所有功能独立的模块经过严格的单元测试后，接下来要进行的就是集成测试。经过集成测试之后，分散开发的模块被连接起来，形成较完整的系统，各模块间接口的问题都已经基本消除，软件测试将进入系统测试阶段。

9.1 集成测试概述

集成测试在软件测试中占有十分重要的地位，一般说来，集成测试花费的时间远远超过单元测试。集成测试往往是一个持续的过程，不是一蹴而就的，因而在执行集成测试前合理地对其进行计划，对于集成测试的成功实施有重要的意义。

9.1.1 集成测试的必要性

我们先通过两个没有进行充分的集成测试导致重大损失的实例来认识为什么要进行集成测试。

1996 年 6 月在欧洲宇航发射中心，阿里亚娜五型火箭携带了四个卫星的有效载荷，在发射后 37s 偏离了航线，造成 350 万美元的损失。失败的原因是火箭控制器中的软件系统中，由于大部分软件是复制已测试过并成功发射的阿里亚娜四型火箭的软件代码，没有在新的系统中进行充分的集成测试所导致。

另一个是美国火星气象人造卫星的例子。在经过 41 周 4.16 亿英里(mile，1mile=1609.34m)的成功飞行之后，该卫星在就要进入火星轨道时失败了。美国投资 5 万美元调查事故原因，发现：太空科学家使用的是英制(磅)加速度数据，而喷气推进实验室采用公制(牛顿)加速度数据进行计算。

集成测试的必要性包括：

- 一个模块可能对另一个模块产生不利的影响；
- 可能会发现单元测试中未发现的接口方面的错误；
- 将子功能合成时不一定产生所期望的主功能；
- 独立可接受的误差，在组装后可能会超过可接受的误差限度；
- 在单元测试中无法发现时序问题(实时系统)；
- 在单元测试中无法发现资源竞争问题。

在每个模块完成单元测试之后，需要着重考虑一个问题，通过什么方式将模块组合起来进行集成测试。所有的软件项目都不能摆脱集成这个阶段，不管采用什么开发模式，具体的开发工作总得从一个一个的软件单元做起，软件单元只有经过集成才能形成一个有机的整体。具体的集成过程可能是显性的也可能是隐性的。只要有集成，总是会出现一些常见问题,工程实践中的集成测试,几乎不存在软件单元组装过程中不出任何问题的情况。从测试阶段测试所花费的时间可以看出,集成测试需要花费的时间远远超过单元测试,直接从单元测试过渡到系统测试是极不妥当的做法。

集成测试的必要性还在于一些模块虽然能够单独地工作,但并不能保证连接起来也能正常工作。程序在某些局部反映不出来的问题,有可能在全局上会暴露出来,影响功能的实现。此外,在某些开发模式中,如迭代式开发,设计和实现是迭代进行的。在这种情况下,集成测试的意义还在于它能间接地验证概要设计是否具有可行性。

9.1.2 集成测试的含义

集成(Integration)把多个单元组合起来形成更大的单元。集成测试(Integration Testing),也称组装测试或联合测试。在单元测试的基础上,将所有模块按照设计要求组装成为子系统或系统,进行集成测试。通过实践发现,一些模块虽然能够单独地工作,但并不能保证连接起来也能正常工作。程序在某些局部反映不出来的问题,在全局上很可能暴露出来,影响功能的实现。

集成测试是单元测试的逻辑扩展。它最简单的形式是:两个已经测试过的单元组合成一个组件,并且测试它们之间的接口。因此,组件是指多个单元的集成聚合。在现实方案中,许多单元组合成组件,而这些组件又聚合成程序的更大部分。方法是测试片段的组合,并最终扩展进程,将这些模块与其他组的模块一起测试。最后,将构成进程的所有模块一起测试。此外,如果程序由多个进程组成,应该成对测试它们,而不是同时测试所有进程。

集成测试是在单元测试的基础上,测试在将所有的软件单元按照概要设计规格说明的要求在组装成模块、子系统或系统的过程中,各部分工作是否达到或实现相应技术指标及要求的活动。也就是说,在集成测试之前,单元测试应该已经完成,集成测试中所使用的对象,应该是已经经过单元测试的软件单元。这一点很重要,因为如果不经过单元测试,那么集成测试的效果将会受到很大影响,并且会大幅增加软件单元代码纠错的代价。

集成测试采用的方法是测试软件单元的组合能否正常工作,以及与其他组的模块能否集成起来工作。最后,还要测试构成系统的所有模块组合能否正常工作。集成测试所持的主要标准是《软件概要设计规格说明》,任何不符合该说明的程序模块行为都应该加以记载并上报。

集成测试应该考虑以下问题:

(1) 在把各个模块连接起来时,穿过模块接口的数据是否会丢失;

(2) 各个子功能组合起来,能否达到预期要求的父功能;

(3) 一个模块的功能是否会对另一个模块的功能产生不利的影响;

(4) 全局数据结构是否有问题;

(5) 单个模块的误差积累起来,是否会放大,从而超过集成测试可接受的程度。

因此,单元测试后,有必要进行集成测试,发现并排除在模块连接中可能发生的上述问题，最终构成要求的软件子系统或系统。

9.1.3 单元测试、集成测试和系统测试间的区别

1. 单元测试与集成测试的区别

(1) 测试的单元不同。单元测试是针对基本单元(如函数等)所进行的测试；而集成测试是以模块和子系统为单位进行的测试。

(2) 测试的依据不同。单元测试是针对软件详细设计所进行的测试；而集成测试是针对概要设计进行的测试。

(3) 测试空间不同。集成测试不关心内部的测试空间，关注的是接口和数据间的组合关系。

2. 集成测试与系统测试的区别

集成测试与系统测试的不同点很多。集成测试仅针对软件系统展开测试，而系统测试中所涉及的系统不仅包括被测的软件本身，还包括硬件及相关外围设备，即整个软件系统以及与软件系统交互的所有硬件与软件平台。此外，集成测试与系统测试还有如表 9-1 所示的区别。

表 9-1 集成测试与系统测试的区别

项　目	集成测试	系统测试
测试对象	单元	系统
测试时间	开发过程	开发完成
测试方法	黑、灰(黑白结合)	黑盒
测试内容	接口	需求
测试目的	接口错误	需求不一致
测试角度	开发者	用户

3. 单元测试、集成测试和系统测试三者测试的依据不同

(1) 单元测试是针对软件详细设计做的测试，测试用例设计的主要依据是详细设计说明书；

(2) 集成测试是针对软件概要设计做的测试，测试用例设计的主要依据是概要设计说明书；

(3) 系统测试是针对软件需求进行的测试，测试用例设计的主要依据是需求规格说明书。

9.1.4 集成测试与开发的关系

集成测试与软件开发过程中的概要设计阶段相对应，软件概要设计中关于整个系统的体系结构是集成测试用例输入的基础。

概要设计作为软件设计的骨架，从一个成熟的体系结构中可以清晰地看出大型系统中的组件或子系统的层次构造，为集成测试策略的选取提供了重要的参考依据，从而可以减少集成测试过程中桩模块和驱动模块开发的工作量，促使集成测试快速、高质量地完成。

9.1.5 集成测试的层次与原则

1. 集成测试的层次

对于传统软件，按集成粒度不同，集成测试的层次可以分为三个层次：

- 模块间集成测试；
- 子系统内集成测试；
- 子系统间集成测试。

对于面向对象的应用系统，按集成粒度不同，集成测试的层次可分为两个层次：

- 类内集成测试；
- 类间集成测试。

2. 集成测试的原则

- 所有公共接口必须被测试到；
- 关键模块必须进行充分测试；
- 集成测试应当按一定层次进行；
- 集成测试策略选择应当综合考虑质量、成本和进度三者的关系；
- 集成测试应当尽早开始，并以文档为基础；
- 在模块和接口的划分上，测试人员应该和开发人员进行充分沟通；
- 当测试计划中的结束标准满足时，集成测试才能结束；
- 当接口发生修改时，涉及的相关接口都必须进行回归测试；
- 集成测试应根据集成测试计划和方案进行，不能随意测试；
- 项目管理者应保证测试用例经过审核；
- 测试执行结果应当如实地记录。

9.2 集成测试的方法

选择什么方法把模块组装起来呢？通常有两种模块组装方法：非渐增式集成和渐增式集成。非渐增式集成先分别测试每个模块，再把所有模块按设计要求放在一起结合成所要的程序。渐增式集成把下一个要测试的模块同已经测试好的模块结合起来进行测试,然后再把下一个待测试的模块结合起来进行测试,同时完成单元测试和集成测试。

渐增式集成测试的实施方案有很多种,如自底向上集成测试、自顶向下集成测试、三明治集成测试。

除此以外,集成测试的方法还有核心集成测试、分层集成测试、基于使用的集成测试等。

9.2.1 集成测试的辅助模块

无论是自底向上集成测试,还是自顶向下集成测试,为了模拟各个模块间的联系,需要设置若干辅助模块。辅助模块分为驱动模块和桩模块两种,如图 9-1 所示。

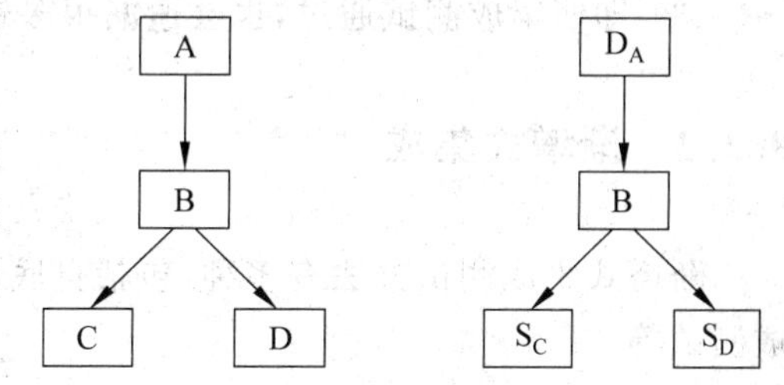

图 9-1 驱动模块和桩模块

驱动模块(Driver):用以模拟待测模块的上级模块;接收测试数据,并传送给待测模块、启动待测模块,并打印出相应的结果。图 9-1 中的 D_A 就是待测模块 B 的驱动模块。

桩模块(Stub):也称存根程序,用以模拟待测模块工作过程中所调用的模块。桩模块由待测模块调用,它们一般只进行很少的数据处理,例如打印入口和返回,以便于检验待测模块与其下级模块的接口。图 9-1 中的 S_C 和 S_D 就是待测模块 B 的桩模块。

9.2.2 非渐增式集成

非渐增式集成(No-Incremental Integration)又称一次性集成或大棒式集成,首先对每个子模块进行测试(即单元测试),然后将所有模块全部集成起来一次性进行集成测试。

如图 9-2 所示的程序结构图,采用非渐增式集成的过程如图 9-3 所示。

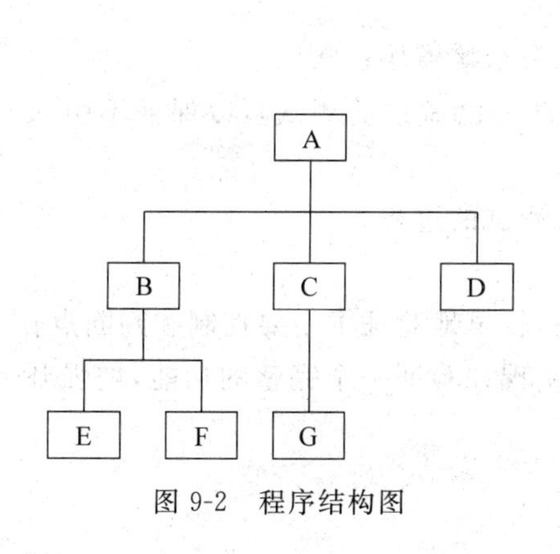

图 9-2 程序结构图

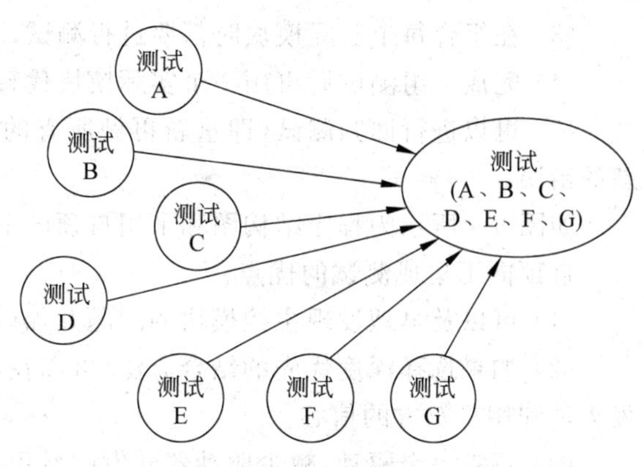

图 9-3 非渐增式集成示意图

非渐增式集成测试的优点：

(1) 可以并行测试所有模块。

(2) 需要的测试用例数目少。

(3) 测试方法简单、易行。

非渐增式集成测试的缺点：

(1) 由于不可避免存在模块间接口、全局数据结构等方面的问题，因此一次运行成功的可能性不大。

(2) 如果一次集成的模块数量多，集成测试后可能会出现大量的错误。另外，修改了一处错误之后，很可能新增更多的新错误，新旧错误混杂，给程序的错误定位与修改带来很大的麻烦。

(3) 即使集成测试通过，也会遗漏很多错误。

9.2.3 渐增式集成

渐增式集成测试方法有多种，包括自底向上集成测试、自顶向下集成测试、三明治集成测试等。

1. 自顶向下集成测试

自顶向下集成(Top-Down Integration)是一个递增的组装软件结构的方法。从主控模块(主程序)开始沿控制层向下移动，把模块一一组合起来。分两种方法。

方法一：先深度。按照结构，用一条主控制路径将所有模块组合起来。

方法二：先宽度。逐层组合所有下属模块，在每一层水平地集成测试沿着移动。

组装过程分以下五个步骤：

(1) 用主控模块作为测试驱动程序，其直接下属模块用承接模块来代替；

(2) 根据所选择的集成测试法(先深度或先宽度)，每次用实际模块代替下属的承接模块；

(3) 在组合每个实际模块时都要进行测试；

(4) 完成一组测试后再用一个实际模块代替另一个承接模块；

(5) 可以进行回归测试(即重新再做所有的或者部分已做过的测试)，以保证不引入新的错误。

如图 9-4 所示为程序结构图和采用自顶向下集成测试的过程。

自顶向下集成测试的优点：

(1) 可以及早地发现主控模块的问题并加以解决，较早地验证了主要控制和判断点；

(2) 如果选择深度优先的结合方法，可以在早期实现并验证一个完整的功能，增强开发人员和用户双方的信心；

(3) 只需一个驱动，减少驱动器开发的费用；

(4) 支持故障隔离。

自顶向下集成测试的缺点：

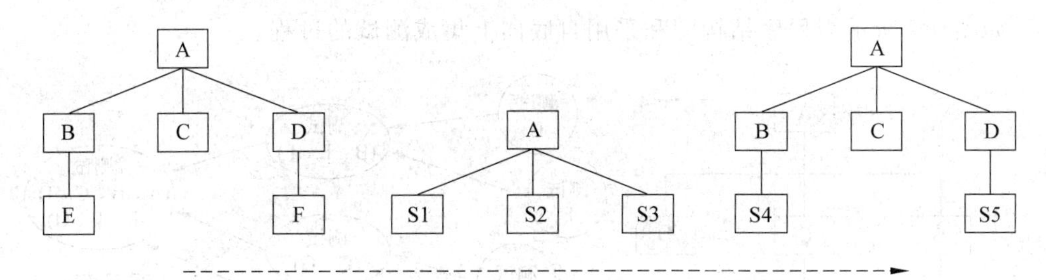

图 9-4 程序结构图和采用自顶向下集成测试的过程

(1) 柱的开发量大;

(2) 底层验证被推迟;

(3) 底层组件测试不充分。

自顶向下集成测试适用于产品控制结构比较清晰和稳定;高层接口变化较小;底层接口未定义或经常可能被修改;产品控制组件具有较大的技术风险,需要尽早被验证;希望尽早能看到产品的系统功能行为。

2. 自底向上集成测试

自底向上集成(Bottom-Up Integration)是最常使用的方法。其他集成方法都或多或少地继承、吸收了这种集成方式的思想。自底向上集成方法从程序模块结构中最底层的模块开始组装和测试。因为模块是自底向上进行组装的,对于一个给定层次的模块,它的子模块(包括子模块的所有下属模块)事前已经完成组装并经过测试,所以不再需要编制桩模块(一种能模拟真实模块,给待测模块提供调用接口或数据的测试用软件模块)。自底向上集成测试的步骤大致如下:

(1) 按照概要设计规格说明,明确有哪些被测模块。在熟悉被测模块性质的基础上对被测模块进行分层,在同一层次上的测试可以并行进行,然后排出测试活动的先后关系,制订测试进度计划。

(2) 在(1)的基础上,按时间线序关系,将软件单元集成为模块,并测试在集成过程中出现的问题。这里,可能需要测试人员开发一些驱动模块来驱动集成活动中形成的被测模块。对于比较大的模块,可以先将其中的某几个软件单元集成为子模块,然后再集成为一个较大的模块。

(3) 将各软件模块集成为子系统(或分系统),测试各自子系统是否能正常工作。同样,可能需要测试人员开发少量的驱动模块来驱动被测子系统。

(4) 将各子系统集成为最终用户系统,测试子系统在最终用户系统中是否正常工作。

自底向上集成测试方法是工程实践中最常用的测试方法,相关技术也较为成熟。它的优点很明显:管理方便、测试人员能较好地锁定软件故障所在位置。但它对于某些开发模式不适用,这些开发模式会要求测试人员在全部软件单元实现之前完成核心软件部件的集成测试。因此,自底向上集成测试方法仍不失为一个可供参考的集成测试方案。

如图 9-5 所示为程序结构图和采用自底向上集成测试的过程。

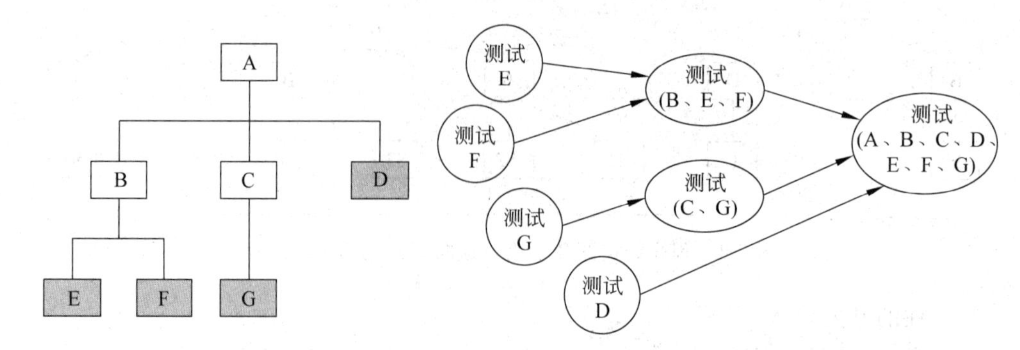

图 9-5 程序结构图和采用自底向上集成测试的过程

自底向上集成测试的优点：

(1) 尽早地验证下层模块的行为，对底层组件行为较早验证；

(2) 集成测试过程中，可以同时对系统层次结构图中不同的分支进行集成测试，具有并行性，比自顶向下集成测试效率高，减少了桩的工作量；

(3) 在对上层模块进行测试时，下层模块的行为就已经得到了验证，因此在向上集成的过程中，越靠近主控模块的上层模块更多的是验证其控制和逻辑。

自底向上集成测试的缺点：

(1) 驱动的开发工作量大；

(2) 对高层的验证被推迟，设计上的错误不能被及时发现。

自底向上集成测试适用于底层接口比较稳定、高层接口变化比较频繁、底层组件较早被完成的情况。

9.2.4 三明治集成

三明治集成(Sandwich Integration)又称混合集成，综合了自顶向下和自底向上两种集成方法的优点。桩模块和驱动模块的开发工作都比较小。其代价是一定程度上增加了定位缺陷的难度。

如图 9-6 所示为程序结构图和采用三明治集成集成测试的过程。

(1) 确定以哪一层为界来进行集成，如图中的 B 模块；

(2) 对模块 B 及其所在层下面的各层使用自底向上的集成策略；

(3) 对模块 B 所在层上面的层次使用自顶向下的集成策略；

(4) 对模块 B 所在层各模块同相应的下层集成；

(5) 对系统进行整体测试。

三明治集成测试的优点：集合了自顶向下和自底向上两种策略的优点。

三明治集成测试的缺点：中间层测试不充分。

实践经验表明，三明治集成测试适用于大部分软件开发项目。

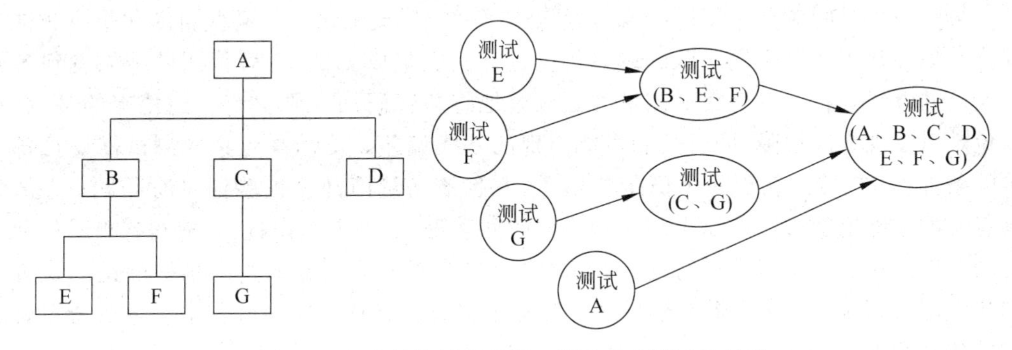

图 9-6 程序结构图和采用三明治集成测试的过程

9.2.5 其他集成测试方法

1. 核心系统先行集成测试

核心系统先行集成测试法的思想是先对核心软件部件进行集成测试，在测试通过的基础上再按各外围软件部件的重要程度逐个集成到核心系统中。每加入一个外围软件部件都产生一个产品基线，直至最后形成稳定的软件产品。核心系统先行集成测试法对应的集成过程是一个逐渐趋于闭合的螺旋形曲线，代表产品逐步定型的过程。核心系统先行集成测试操作步骤如下。

(1) 对核心系统中的每个模块进行单独的、充分的测试，必要时使用驱动模块和桩模块。

(2) 对于核心系统中的所有模块一次性集合到被测系统中，解决集成中出现的各类问题。在核心系统规模相对较大的情况下，也可以按照自底向上的步骤，集成核心系统的各组成模块。

(3) 按照各外围软件部件的重要程度以及模块间的相互制约关系，拟定外围软件部件集成到核心系统中的顺序方案。方案经评审以后，即可进行外围软件部件的集成。

(4) 在外围软件部件添加到核心系统以前，外围软件部件应先完成内部的模块级集成测试。

(5) 按顺序不断加入外围软件部件，排除外围软件部件集成中出现的问题，形成最终的用户系统。

方案点评：该集成测试方法对于快速软件开发很有效果，适合较复杂系统的集成测试，能保证一些重要的功能和服务的实现。缺点是采用此法的系统一般应能明确区分核心软件部件和外围软件部件，核心软件部件应具有较高的耦合度，外围软件部件内部也应具有较高的耦合度，但各外围软件部件之间应具有较低的耦合度。

2. 高频集成测试

高频集成测试就是同步于软件开发过程，并重复进行集成测试，即每小时、每日或每周进行集成测试的方法。

每隔一段时间对开发团队的现有代码进行一次集成测试。如某些自动化集成测试工具能实现每日深夜对开发团队的现有代码进行一次集成测试,然后将测试结果发到各开发人员的电子邮箱中。该集成测试方法频繁地将新代码加入到一个已经稳定的基线中,以免难以发现集成故障,同时控制可能出现的基线偏差。使用高频集成测试需要具备一定的条件:可以持续获得一个稳定的增量,并且该增量内部已被验证没有问题;大部分有意义的功能增加可以在一个相对稳定的时间间隔(如每个工作日)内获得;测试包和代码的开发工作必须是并行进行的,并且需要版本控制工具来保证始终维护的是测试脚本和代码的最新版本;必须借助于自动化工具来完成。高频集成测试一个显著的特点就是集成次数频繁。显然,人工的方法是不能胜任的。

高频集成测试一般采用如下步骤来完成:

(1) 选择集成测试自动化工具。

(2) 设置版本控制工具,以确保集成测试自动化工具所获得的版本是最新版本。

(3) 测试人员和开发人员负责编写对应程序代码的测试脚本。

(4) 设置自动化集成测试工具,每隔一段时间对配置管理库的新添加的代码进行自动化的集成测试,并将测试报告汇报给开发人员和测试人员。

(5) 测试人员监督代码开发人员及时关闭不合格项。

按照步骤(3)~(5)不断循环,直至形成最终软件产品。

方案点评:该测试方案能在开发过程中及时发现代码错误,能直观地看到开发团队的有效工程进度。在此方案中,开发维护源代码与开发维护软件测试包被赋予了同等的重要性,这对有效防止错误、及时纠正错误都很有帮助。该方案的缺点在于测试包有时候可能暴露不了深层次的编码错误和图形界面错误。

3. 回归测试

在软件生命周期的任何一个阶段,只要软件发生了变化,就可能给该软件带来问题。而每当软件发生了变化时,就必须进行回归测试。

具体到在集成测试中,每当一个新的模块加进来时,软件就发生了改变。新的数据流路径被建立,新的操作可能也会出现,还有可能激活了新的控制逻辑。这些改变可能会使原来工作很正常的功能产生错误。在集成测试策略的环境中,回归测试是对某些已经进行过的测试的子集的重新执行,以保证上述改变不会有副作用。

更广义地说,任何成功的测试都会发现错误,而且错误必须被改正。每当改正软件错误时,软件配置的某些成分(程序、文档或数据)也被修改了。回归测试就是用于保证由于调试或其他原因引起的变化,不会导致非预期的软件行为或额外错误的测试活动。回归测试可以通过重新执行全部测试用例的一个子集进行,也可以使用自动化的捕获回放工具自动进行。利用捕获回放工具,软件工程师能够捕获测试用例和实际运行结果,然后可以回放(即重新执行测试用例),并且比较软件变化前后所得到的运行结果。

回归测试集(已执行过的测试用例的子集)包括下述三类不同的测试用例:

(1) 检测软件全部功能的代表性测试用例;

(2) 专门针对可能受修改影响的软件功能的附加测试;

（3）针对被修改过的软件成分的测试。

在集成测试过程中，回归测试用例的数量可能变得非常大。因此，应该把回归测试集设计成只包括可以检测程序每个主要功能中的一类或多类错误的一些测试用例。一旦修改了软件就重新执行检测程序每个功能的全部测试用例，是低效而且不切实际的。

以上介绍了几种常见的集成测试方法，一般情况下，在当前复杂软件项目集成测试过程中，常采用核心系统先行集成测试和高频集成测试相结合的方式进行，自底向上和自顶向下的集成测试方案在采用传统瀑布式开发模式的软件项目集成过程中较为常见。而每当软件发生了变化，就必须进行回归测试。在实际测试工作中，测试人员应该结合项目的实际工程环境及各测试方案适用的范围进行合理的选择。

9.3 集成测试用例设计

集成测试可以使用白盒测试或黑盒测试进行测试，以及将二者结合的灰盒测试方法。下面从几个方面说明如何设计集成测试用例。

1. 为系统运行设计用例

目的：达到合适的功能覆盖率和接口覆盖率。

可使用的主要测试方法：等价类划分、边界值分析、基于决策表的测试、正交实验设计法和状态图法等。

2. 为正向集成测试设计用例

测试目标：验证集成后的模块是否按照设计实现了预期的功能。

可直接根据概要设计文档导出相关测试用例，使用的主要测试分析技术有：输入域测试、输出域测试、等价类划分、状态转换测试和规范导出法等。

3. 为逆向集成测试设计用例

测试目标：分析被测接口是否实现了需求规格没有描述的功能，检查规格说明中可能出现的接口遗漏等。

可使用的主要测试分析技术：错误猜测法、基于风险的测试、基于故障的测试、边界值分析、特殊值测试和状态转换测试等。

4. 为特殊需求设计用例

测试目标：接口的安全性指标、性能指标等；可使用的主要测试分析技术：规范导出法。

5. 为覆盖设计用例

可使用的主要测试分析技术：功能覆盖分析和接口覆盖分析。

9.4 集成测试过程

根据IEEE标准集成测试可划分为五个阶段：计划阶段、设计阶段、实施阶段、执行阶段、评估阶段。集成测试过程如图9-7所示。

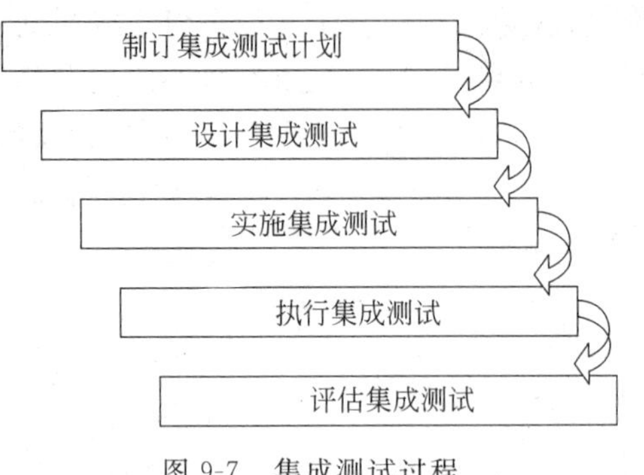

图9-7 集成测试过程

1. 第一阶段：计划阶段

(1) 时间安排：概要设计完成评审后大约一个星期。

(2) 阶段条件：需求规格说明书、概要设计文档。

(3) 入口条件：概要设计文档已经通过评审。

(4) 行动指南。

- 确定被测试对象和测试范围。
- 评估集成测试被测试对象的数量及难度，即工作量。
- 确定角色分工和划分工作任务。
- 标识出测试各个阶段的时间、任务、约束条件。
- 考虑一定的风险分析及应急计划。
- 考虑和准备集成测试需要的测试工具、测试仪器、环境等资源。
- 考虑外部技术支援的力度和深度，以及相关培训安排。
- 定义测试完成标准。

(5) 阶段成果：集成测试计划。

(6) 出口条件：集成测试计划通过评审。

2. 第二阶段：设计阶段

(1) 时间安排：详细设计阶段开始。

(2) 阶段条件：需求规格说明书、概要设计和集成测试计划。

(3) 入口条件：概要设计基线通过评审。

(4) 行动指南。

- 被测对象结构分析。
- 集成测试模块分析。
- 集成测试接口分析。
- 集成测试策略分析。
- 集成测试工具分析。
- 集成测试环境分析。
- 集成测试工作量估计和安排。

（5）阶段成果：集成测试设计方案。

（6）出口条件：集成测试设计通过详细设计评审。

3. 第三阶段：实施阶段

（1）时间安排：在编码阶段开始后进行。

（2）阶段条件：需求规格说明书、概要设计和集成测试计划、集成测试设计。

（3）入口条件：详细设计阶段的评审已经通过。

（4）行动指南。

- 集成测试用例设计。
- 集成测试规程设计。
- 集成测试代码设计。
- 集成测试脚本开发。
- 集成测试工具开发（如果需要）。

（5）阶段成果：集成测试用例、集成测试规程、集成测试代码、集成测试脚本、集成测试工具。

（6）出口条件：测试用例和测试规程通过编码阶段评审。

4. 第四阶段：执行阶段

（1）时间安排：单元测试已经完成后就可以开始执行集成测试了。

（2）阶段条件：需求规格说明书、概要设计和集成测试计划、集成测试规程等。

（3）入口条件：单元测试阶段已经通过评审。

（4）行动指南

- 按照相应的测试规程，借助集成测试工具，并把需求规格说明书、概要设计、集成测试计划/设计/用例/代码/脚本作为测试执行的依据来执行集成测试用例。
- 测试执行的前提条件就是单元测试已经通过评审。
- 测试执行结束后，测试人员要记录下每个测试用例执行后的结果，填写集成测试报告，最后提交给相关人员评审。

（5）阶段成果：集成测试报告。

（6）出口条件：集成测试报告通过评审。

5. 第五阶段：评估阶段

（1）阶段条件：集成测试计划测试结果等。

（2）行动指南：相关人员（测试设计人员、编码人员、系统设计人员等）对测试结果进行评估，确定是否通过集成测试。

（3）阶段成果：测试评估摘要。

6. 集成测试时应注意问题

根据以往项目开发和测试的实践，集成测试时应注意以下几点：

(1) 根据概要设计尽早进行集成测试计划。

(2) 要根据项目的实际情况制定一些覆盖率标准，从而根据覆盖率标准来设计足够多的测试用例。然后通过覆盖率分析来衡量集成测试的充分性，补充测试用例，最终使软件质量得到保证。

(3) 在选择集成测试策略时，应当综合考虑软件质量、开发成本和开发进度这三个因素之间的关系。

(4) 要根据软件的体系结构特点，来选取集成测试策略，尽可能减少桩模块和驱动模块开发的工作量，同时要兼顾是否容易进行软件缺陷定位。

(5) 在测试时，可以根据各种集成测试策略的特点把各种集成测试策略结合起来。

(6) 在进行模块和接口划分时，尽量与开发人员多沟通。

(7) 当因为需求变更或其他原因更改代码时，应对有改动的模块及与其关联的模块进行回归测试。

(8) 从集成测试所使用的测试技术角度来说，可以使用黑盒测试。那么，经过覆盖率分析后，可以针对没有覆盖的代码补充一些白盒测试用例。

(9) 在必要时，例如单独的手工测试无法完成时可以选用一些适当的集成测试工具。

(10) 对容易出错的模块要进行充分的集成测试。

总之，集成测试是介于单元测试和系统测试之间的过渡阶段，与软件概要设计阶段相对应，是单元测试的扩展和延伸。开始接触软件测试的人特别容易把集成测试和系统测试混淆，但实际上二者之间在测试目的、测试对象和所使用的测试方法等方面都有着不同程度的差别。

9.5 思考题

1. 简述集成测试的必要性，什么是集成测试。
2. 简述什么是驱动模块和桩模块。
3. 简述什么是非渐增式集成和渐增式集成。
4. 简述什么是自顶向下集成，什么是自底向上集成。
5. 简述什么是三明治集成。
6. 简述集成测试过程。

第10章 系统测试

系统测试是对已经集成好的软件系统进行彻底的测试,以验证软件系统的正确性和性能等满足其规约所指定的要求,检查软件的行为和输出是否正确并非一项简单的任务。所以,系统测试应该按照测试计划进行,其输入、输出和其他动态运行行为应该与软件规约进行对比。软件系统测试方法很多,主要有性能测试、压力测试、容量测试、健壮性测试、安全性测试、可靠性测试、兼容性测试、可用性测试、安装测试、容错性测试、配置测试、冒烟测试、GUI软件测试、文档测试、网站测试、恢复测试、协议测试和验收测试。

为了进行全面的系统测试,一般需要综合多种测试方法进行测试。具体测试内容的选择需要根据业务的特点、进度、成本和质量等多个维度进行考虑。在本章介绍18种系统测试的方法,在这多种系统测试方法中,彼此之间很多种方法是有关联的,例如压力测试、容量测试以及性能测试三种方法就经常混淆,具体如何做需要根据实际来判断,三者的区别本章也将详细介绍。

开发出来的软件只是实际投入使用系统的一个组成部分,还需要检测它与系统其他部分能否协调地工作,这就是系统测试的任务。系统测试(System Testing)是针对整个产品系统进行的测试,其目的是验证系统是否满足了需求规格的定义,找出与需求规格不相符合或与之矛盾的地方。系统测试的对象不仅仅包括需要测试的产品系统的软件,还要包括软件所依赖的硬件、外设等。系统测试实际上是针对系统中各个组成部分进行的综合性检验,很接近人们的日常测试实践。

系统测试的目标是:确保系统测试的活动是按计划进行;验证软件产品性能和功能是否与系统需求用例相符合;建立完善的系统测试缺陷记录跟踪库;确保软件系统测试活动及其结果及时通知有关人员。

1. 系统测试环境

系统测试环境的搭建是决定系统测试成败的基础性工作,将影响到测试结果的准确性、真实性和可靠性。系统测试环境包括硬件环境和软件环境两大部分。

- 硬件环境是指测试必需的服务器、客户端、网络连接设备以及打印机/扫描仪等辅助硬件设备所构成的环境。
- 软件环境是指被测软件运行时的操作系统、数据库及其他工具软件、应用软件组成的环境。

2. 系统测试过程

一般可以把系统测试的过程划分为五个阶段:计划阶段、用例分析和设计阶段、实施阶段、执行阶段、分析评估阶段。

(1) 计划阶段:系统测试计划的好与坏影响着后续测试工作的进行,系统测试计划的制定对系统测试的顺利实施起着至关重要的作用。一般是由测试经理依据系统需求规约和系统需求分析规约并结合项目计划来制订，有时系统测试计划也需要项目的管理者和测试技术人员参与。系统测试计划包括：

- 系统测试范围与主要内容；
- 测试技术和方法；
- 测试环境与测试辅助工具；
- 系统测试的进入、挂起和恢复及完成(退出)测试的准则；
- 人员与任务；
- 缺陷管理与跟踪。

(2) 用例分析和设计阶段：在参考系统测试计划、系统需求规约及需求分析规约的基础上，对系统进行测试分析。本阶段工作主要由测试技术人员来完成。

分析主要涉及：

- 系统业务及业务流分析；
- 系统级别的接口分析，如与硬件接口、与其他系统接口；
- 系统功能分析；
- 系统级别的输入和输出分析；
- 系统级别的状态转换分析；
- 系统级别的数据分析；
- 系统非功能分析，如安全性、可用性方面的分析。

(3) 实施阶段：本阶段的主要工作是搭建测试环境、准备测试工具、测试开发及脚本的录制，可能还会涉及必要的相关培训，如工具的培训等。另外，本阶段需要确定系统测试的软件版本基线。

(4) 执行阶段：本阶段主要是完成测试用例的执行、记录、问题跟踪修改等工作。

(5) 分析评估阶段：当系统测试执行结束后，要召集相关人员，如测试设计人员、系统设计人员等对测试结果进行评估形成一份系统测试分析报告，测试结果数据来源于手工记录或自动化工具的记录，以确定系统测试是否通过。

评估的内容一般涉及：

- 测试用例的有效性，即测试用例本身可能存在不足、用例执行的成功率等。
- 测试的覆盖情况，如是否达到规定的覆盖指标。
- 缺陷跟踪与解决的情况。

3. 系统测试的原则

(1) 测试用例应由输入数据和预期的输出数据两部分组成。

(2) 测试用例不仅选择合理的输入数据，还要选择不合理的输入数据。

(3) 除了检查程序是否做了它应该做的事，还应该检查程序是否做了它不应该做的事。

(4) 应制订测试计划并严格执行，排除随意性。

(5) 长期保留测试用例。

（6）对发现错误较多的程序段，应进行更深入的测试。

（7）程序员避免测试自己编写的程序。

4. 系统测试与单元测试、集成测试之间的区别

1）测试方法不同

系统测试属于黑盒测试；单元测试、集成测试属于白盒测试或灰盒测试。

2）测试范围不同

单元测试主要测试模块的内部接口，数据结构，逻辑，异常处理等对象；集成测试主要测试模块之间的接口和异常；系统测试主要测试整个系统是否满足用户的需求。

3）评估基准不同

系统测试的评估基准是测试用例对需求规格的覆盖率；单元测试和集成测试的评估主要是代码的覆盖率。

下面从性能测试、压力测试、容量测试、健壮性测试、安全性测试、可靠性测试、兼容性测试、可用性测试、安装测试、容错性测试、配置测试、冒烟测试、GUI 软件测试、文档测试、网站测试、恢复性测试、协议测试、验收测试等方面认识系统测试。

10.1 性能测试

性能是一种表明软件或系统对于及时性要求符合程度的指标，性能还是软件产品的一种特性，可以用多种指标衡量，例如可以用时间来度量，性能的及时性通常用系统对请求做出响应所需要的时间来衡量。

性能测试也是软件质量保证中的重要环节，包含多种测试内容，以检验系统性能、保证系统能够正确工作。

10.1.1 性能测试的含义

性能测试(Performance Testing)是检验软件是否达到需求规格说明书中规定的各类性能指标，并满足一些性能相关的约束和限制条件。性能测试的目的是通过测试，确认软件是否满足产品的性能需求，同时发现系统中存在的性能瓶颈，并对系统进行优化。

性能测试可以通过自动化的测试工具模拟多种正常、峰值以及异常负载条件来对系统的各项性能指标进行测试。性能测试与集成测试一样需要编写测试计划、测试用例和测试报告。

性能测试包括以下几个方面：其一是评估系统的能力，即测试中得到的负荷和响应时间等数据可以被用于验证所计划的模型的能力，并帮助做出决策；其二是识别系统中弱点的能力，即受控的负荷可以被增加到一个极端的水平并突破它，从而修复系统的瓶颈或薄弱的地方；其三是系统调优，就是重复运行测试，验证调整系统的活动得到了预期的结果，从而改进性能，检测软件中的问题。

10.1.2 如何进行性能测试

在进行性能测试前，首先，确定测试目的，先要搞清楚要测试什么，期望系统在什么情况下是什么状况或者期望系统能支持多少用户同时使用。其次，编写测试用例，或者说制定测试步骤，思考一下要怎么证明测试目的，通过什么手段实现测试目的。第三，执行测试用例，按照测试用例中的步骤执行，并记录测试结果。第四，分析测试结果，定位系统问题。

性能测试指标主要包括速度测试、并发性能测试、吞吐量和性能计数器。

1. 速度测试

速度测试主要是针对有速度要求的业务进行速度测试，可以在多次测试的基础上求平均值，可以和工具测得的响应时间等指标做对比分析。

响应时间是指完成用户请求的时间，如从向系统发出请求开始，到客户端接收到最后一个字节数据为止所消耗的时间。

对用户来讲，响应时间的长短并没有绝对的区别。例如，一个工资系统，用户每月使用一次该系统，每次进行数据录入等操作需要 2h 以上的时间，当用户选择提交后，即使系统在 30min 后才给出处理成功的消息，用户仍然不会认为系统的响应时间不能接受。因为相对于一个月才进行一次的操作来说，30min 是一个可以接受的等待时间。所以在进行性能测试时，合理的响应时间取决于实际的用户需求，而不能根据测试人员自己的设想来决定。

目前，网络软件应用广泛，网络的响应时间可以分解为网络传输时间、应用延迟时间、数据库延迟时间和呈现时间等。图 10-1 反映了网络应用的页面响应时间分解示意图。网络传输时间为 N1＋N2＋N3＋N4，应用延迟时间为 A1＋A2＋A3，而应用延迟时间又可以分为数据库延迟时间 A2 和应用服务器延迟时间 A1＋A2。

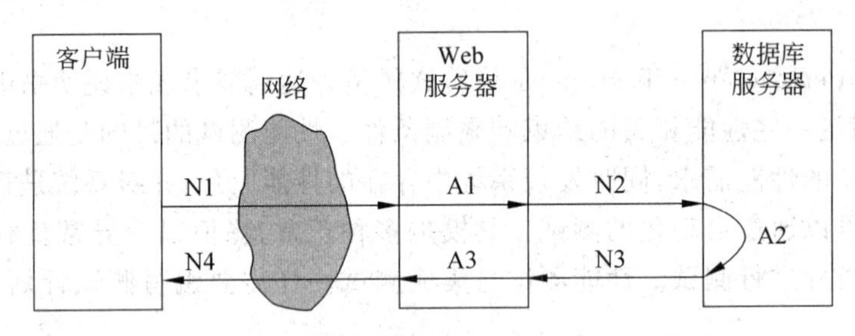

图 10-1 网络应用的页面响应时间分解示意图

一般而言，客户认为响应时间 2s 非常有吸引力，响应时间 5s 比较不错可以接受，而当响应时间 10s 以上则无法忍受会撤销事务。

2. 并发性能测试

并发性能测试的过程是一个负载和压力测试的过程，即逐渐增加负载，直到系统的瓶颈或者不能接收的性能点，通过综合分析来确定系统并发性能的过程。

并发性能测试的主要指标是并发用户数。并发用户数一般是指同一时间段内访问系统的用户数量。在实际的性能测试中，经常接触到的与并发用户数相关的概念还包括“系统用户数”“同时在线用户人数”和“同时操作用户数”。

例 10-1 某大学的网站有邮件服务及学生教务选课系统。此大学的用户共有 10 000 人，则这 10 000 个用户就称为系统用户数。假设整个网站在最高峰时有 6000 人同时在线，则这 6000 人可以称为同时在线用户人数，也可以称为系统的最大并发用户人数。假设 600 人同时请求操作，则 600 人作为系统的并发用户数。

例 10-2 电信计费软件。大家都有体会，每月二十几号是市话缴费的高峰期，全市几千个收费网点同时启动。收费过程一般分为两步，首先要根据用户提出的电话号码来查询出其当月产生费用，然后收取现金并将此用户修改为已缴费状态。一个用户看起来简单的两个步骤，但当成百上千的终端，同时执行这样的操作时，情况就大不一样了，如此众多的交易同时发生，对应用程序本身、操作系统、中心数据库服务器、网络设备等的承受力都是一个严峻的考验。电信公司不可能在发生问题后才考虑系统的承受力，应该预见软件的并发承受力，这是在软件测试阶段就应该解决的问题。

下面的公式是可以估算出用户数的公式。

$$C = \frac{nL}{T} \tag{10-1}$$

$$\hat{C} \approx C + 3\sqrt{C} \tag{10-2}$$

在公式(10-1)中，C 是平均的并发用户数；n 是登录会话的数量；L 是登录会话的平均长度；T 指考察的时间段长度。

在公式(10-2)中，$\hat{C}$ 是并发用户数峰值数。

例如：一个系统每天有 200 个用户访问，用户在一天内有 8h 使用该系统，从登录到退出系统的平均时间为 4h。

根据公式(10-1)和公式(10-2)，得到：

$$C = \frac{200 \times 4}{8} = 100$$

$$\hat{C} \approx 100 + 3\sqrt{100} = 130$$

3. 吞吐量

吞吐量是指在一次性能测试过程中网络上传输数据量的总和。一般来说，吞吐量用每秒请求数或是每秒页面数来衡量。从业务角度分析，吞吐量用每天访问人数或者每小时处理业务数等衡量。其中，吞吐率＝吞吐量/传输时间，体现软件性能承载能力。

吞吐量和并发用户数存在一定的联系，其计算公式是：

$$F = \frac{N_{VU} \times R}{T} \tag{10-3}$$

在公式(10-3)中，F 表示吞吐量；N_{VU} 表示虚拟用户个数；R 表示每个虚拟用户发出的请求数量；T 表示性能测试所用的时间。遇到性能瓶颈状况，吞吐量和虚拟用户个数之间就不符合公式。

4. 性能计数器

性能计数器是描述服务器或操作系统性能的数据指标。计数器在性能测试中发挥着监控和分析关键作用，尤其是在分析系统的可扩展性、进行性能瓶颈定位时，对计数器的取值的分析比较关键。

例如 Windows 系统任务管理器就是一个性能计数器，它提供了测试机 CPU、内存、网络和硬盘的使用信息，如图 10-2 所示。

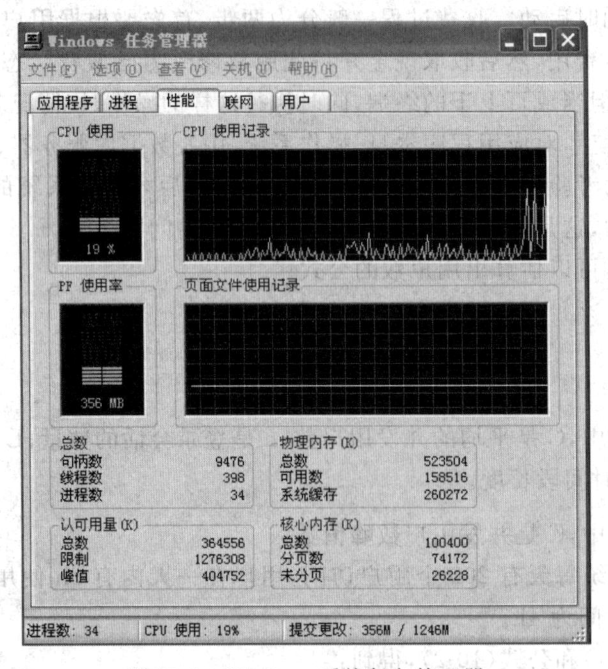

图 10-2　Windows 系统任务管理器

10.1.3　性能测试的三个阶段和测试用例

1. 性能测试的三个阶段

1) 计划阶段

- 定义目标并设置期望值；
- 收集系统和测试要求；
- 定义工作负载；
- 选择要收集的性能度量值；
- 标出要运行的测试并决定什么时候运行它们；
- 决定工具选项和生成负载；

- 编写测试计划，设计用户场景并创建测试脚本。

2）测试阶段

- 做准备工作（如建立测试服务器或布置其他设备）；
- 运行测试；
- 收集数据。

3）分析阶段

- 分析结果；
- 改变系统以优化性能；
- 设计新的测试。

2. 测试用例参考指标

测试用例参考指标如表10-1所示。

表10-1 测试用例参考指标

监控指标	描述
平均负载	系统正常状态下，最后60s同步进程的平均个数
冲突率	在以太网上监测到的每秒冲突数
进程/线程交换率	进程和线程之间每秒交换次数
CUP利用率	CUP占用率
硬盘交换率	硬盘交换速率
接收包错误率	接收以太网数据包时每秒错误数
包输入率	每秒输入的以太网数据包数目
中断速率	CUP每秒处理的中断数
输出包错误率	发送以太网数据包时每秒错误数
包输入率	每秒输出的以太网数据包数目
读入内存页速率	物理内存中每秒读入内存页的个数
写出内存页速率	每秒从物理内存中写入页文件中的内存页个数
内存页交换速率	每秒写入内存页和从物理内存中读出页的个数
进程入交换率	交换区输入的进程数目
进程出交换率	交换区输出的进程数目
系统CUP利用率	系统的CUP利用率
用户CPU利用率	用户模式下的CPU利用率
…	…

10.2 压力测试

压力测试原指将整个金融机构或资产组合置于某一特定的（主观想象的）极端市场情况下，如假设利率骤升100个基本点、某一货币突然贬值30%、股价暴跌20%等异常的市场变化，然后测试该金融机构或资产组合在这些关键市场变量突变的压力下的表现状况，看是否能经受得起这种市场的突变。与压力测试相关的资源检测涉及内存、缓存区、中断处理、显示处理、打印处理、网络负荷等。

10.2.1 压力测试的含义

在软件工程中，压力测试是对系统不断施加压力的测试，是通过确定一个系统的瓶颈或者不能接收的性能点，来获得系统能提供的最大服务级别的测试。例如测试一个 Web 站点在大量的负荷下，何时系统的响应会退化或失败。网络游戏中也常用到这个词汇。或者针对一个网站进行测试，模拟 10～50 个用户就是在进行常规性能测试，用户增加到 1000 乃至上万就变成了压力测试。

压力测试(Stress Testing)也称负荷测试、强度测试，是指模拟巨大的工作负荷，以查看系统在峰值使用情况下是否可以正常运行。压力测试是通过逐步增加系统负载来测试系统性能的变化，并最终确定在什么负载条件下系统性能处于失效状态，以此来获得系统性能提供的最大服务级别的测试。压力测试所涉及的方面主要包括：数据库大小、磁盘空间、可用内存空间、数据通信量等。

针对压力测试的是否有效，美国微软公司做过 72h 压力测试实验，软件产品通过测试后出现问题的可能性很小，所以，72h 压力测试已经成为微软压力测试的标志之一。

10.2.2 压力测试的特点

(1) 压力测试是检查系统处于压力情况下的能力表现。

(2) 通过不断增加系统压力，来检测系统在不同压力情况下所能够到达的工作能力和水平。例如，通过增加并发用户的数量，检测系统的服务能力和水平；通过增加文件记录数来检测数据处理的能力和水平等。

(3) 压力测试一般通过模拟方法进行。

(4) 压力测试是一种极端情况下的测试，所以为了捕获极端状态下的系统表现往往采用模拟方法进行。通常在系统对内存和 CPU 利用率上进行模拟，以获得测量结果。

例如，将压力的基准设定为：内存使用率达到 75%以上、CPU 使用率达到 75%以上，并在此观测系统响应时间、系统有无错误产生。除了对内存和 CPU 的使用率进行设定外，数据库的连接数量、数据库服务器的 CPU 利用率等也都可以作为压力测试的依据。

(5) 压力测试一般用于测试系统的稳定性。

(6) 如果一个系统能够在压力环境下稳定运行一段时间，那么该系统在普遍的运行环境下就应该可以达到令人满意的稳定程度。在压力测试中，通常会考察系统在压力下是否会出现错误等方面的问题。

10.2.3 压力测试与性能测试的联系与区别

压力测试用来保证产品发布后系统能否满足用户需求，关注的重点是系统整体；性能测试可以发生在各个测试阶段，即使是在单元层，一个单独模块的性能也可以进行评估。

压力测试是通过确定一个系统的瓶颈，来获得系统能提供的最大服务级别的测试。性能测试是检测系统在一定负荷下的表现，是正常能力的表现；而压力测试是极端情况下的系统能力的表现。

10.2.4 压力测试方法

压力测试应该尽可能逼真地模拟系统环境。对于实时系统，测试者应该以正常和超常的速度输入要处理的事务从而进行压力测试。批处理的压力测试可以利用大批量的批事务进行，被测事务中应该包括错误条件。

压力测试的测试手段：重复、并发、量级增加、随机。

1. 重复压力测试

重复测试就是一遍又一遍地执行某个操作或功能，例如重复调用一个 Web 服务。

压力测试的一项任务就是确定在极端情况下一个操作能否正常执行，并且能否持续不断地在每次执行时都正常。这对于推断一个产品是否适用于某种生产情况至关重要，客户通常会重复使用产品。重复测试往往与其他测试手段一并使用。

2. 并发压力测试

并发是同时执行多个操作的行为，即在同一时间执行多个测试线程。

例如，在同一个服务器上同时调用许多 Web 服务。并发测试原则上不一定适用于所有产品，但多数软件都具有某个并发行为或多线程行为元素，这一点只能通过执行多个代码测试用例才能得到测试结果。

3. 量级增加压力测试

压力测试可以重复执行一个操作，但是操作自身也要尽量给产品增加负担。

例如，一个 Web 服务允许客户机输入一条消息，测试人员可以通过模拟输入超长消息来使操作进行高强度的使用，即增加这个操作的量级。这个量级的确定总是与应用系统有关，可以通过查找产品的可配置参数来确定量级。例如，数据量的大小、延迟时间的长度、输入速度以及输入的变化等。

4. 随机压力测试

该手段是指对上述测试手段进行随机组合，以便获得最佳的测试效果。

例如，使用重复测试时，在重新启动或重新连接服务之前，可以改变重复操作间的时间间隔、重复的次数，或者也可以改变被重复的 Web 服务的顺序；使用并发测试时，可以改变一起执行的 Web 服务、同一时间运行的 Web 服务数目，也可以改变关于是运行许多不同的服务还是运行许多同样的实例的决定。量级测试时，每次重复测试时都可以更改应用程序中出现的变量（例如发送各种大小的消息或数字输入值）。

10.2.5 压力测试执行

可以设计压力测试用例来测试应用系统的整体或部分能力。

压力测试用例选取可以从以下几个方面考虑：

- 检查是否有足够的磁盘空间；
- 检查是否有足够的内存空间；
- 创造极端的网络负载；
- 制造系统溢出条件。

例如，某个电话通信系统的测试。测试采用压力测试方法。在正常情况下，每天的电话数目大约 2000 个，一天 24h 服从正态分布。在系统第一年使用时，系统的平均无故障时间大约一个月。分析表明，系统的出错原因主要来源于单位时间内电话数量比较大的情况下，为此，对系统采用压力测试，测试时将每天电话的数目增加 10 倍，分布采用均匀和正态两种分布，测试大约进行了 4 个月，共发现了 314 个错误，修复这些错误大约花费了 6 个月的时间，修复后的系统运行了近 2 年，尚未出现问题。

此外，压力测试的测试类型还有：

- 稳定性压力测试，高负载下持续运行 24h 以上的压力测试。
- 破坏性压力测试，通过不断加载的手段，快速造成系统的崩溃，让问题尽快地暴露出来。
- 渗入测试，通过长时间运行，使问题逐渐渗透出来，从而发现内存泄漏、垃圾收集(GC)或系统的其他问题，以检验系统的健壮性。
- 峰谷测试，采用高低突变加载方式进行，先加载到高水平的负载，然后急剧降低负载，稍微平息一段时间，再加载到高水平的负载，重复这个过程，容易发现问题的蛛丝马迹，最终找到问题的根源。

压力测试用例的参考模板如表 10-2 所示。压力测试用例设计常采用边界值分析法和错误猜测法等。

表 10-2 压力测试用例的参考模板

极限名称 A	最大并发用户数量	
前提条件		
输入/动作	输出/响应	是否能正常运行
10 个用户并发操作		
100 个用户并发操作		
…		

10.3 容量测试

容量测试既可以单独进行,也可以与性能测试和压力测试结合起来完成。容量测试主要是面对数据的测试,在系统正常运行时测试确定系统能够处理的数据容量,即系统能够承受数据容量的能力。

10.3.1 容量测试的含义

1. 什么是容量测试

所谓容量测试(Volume Testing)是指采用特定的手段测试系统能够承载处理任务的极限值所从事的测试工作。这里的特定手段是指测试人员根据实际运行中可能出现的极限,制造相对应的任务组合,来激发系统出现极限的情况。

经过集成测试后的软件作为计算机系统的一部分,需要与计算机硬件、数据和人员等系统元素结合起来,在实际运行环境中对计算机系统进行的一系列的严格有效的测试,用以发现软件存在的问题,保证系统的正常运行。

一项特别的工作就是测试出在极端情况下可能会存在的真实的最大数据容量值,例如在有非常大量的处理工作要做的日子里(新年,竞选活动,税收期限,灾难等)。典型的问题就是会发生硬盘、数据库、文件夹、缓冲区、计算器满了或快满了,可能会导致溢出。最大数据通信量也可能是一个要考虑的问题。

测试的一部分就是让系统在一定时间内持续运行在大量数据下。这是为了测试出由于长时间的访问,临时缓冲区或超时会发生什么情况。

此测试的一个变体就是使用尤其低的容量,例如空的数据库或文件、空的邮件系统等,某些程序也是无法处理这种情况的。

容量测试的目的是通过测试预先分析出反映软件系统应用特征的某项指标的极限值(如最大并发用户数、数据库记录数等),系统在其极限状态下没有出现任何软件故障或还能保持主要功能正常运行。容量测试的目的具体如下:

- 通过大量的数据容量来发现问题。
- 系统性能、可用性常常会在系统查找或排序大量数据时被降低。
- 确定系统在其极限值状态下是否还能保持主要功能正常运行。
- 容量测试还将确定测试对象在给定时间内能够持续处理的最大负载或工作量。
- 对软件容量的测试,能让软件开发商或用户了解该软件系统的承载能力或提供服务的能力,如电子商务网站所能承受的、同时进行交易或结算的在线用户数。
- 通过容量测试知道系统的实际容量,如果不能满足设计要求,就应该寻求新的技术解决方案,以提高系统的容量。

2. 容量测试与压力测试的区别

压力测试与容量测试十分相近。二者都是检测系统在特定情况下,能够承担的极限值。然而两者的侧重点有所不同，压力测试主要是使系统承受速度方面的超额负载，例如一个短时间之内的吞吐量。容量测试关注的是数据方面的承受能力，并且它的目的是显示系统可以处理的数据容量。容量测试往往应用于数据库方面的测试。数据库容量测试使测试对象处理大量的数据，以确定是否达到了将使软件发生故障的极限。容量测试还将确定测试对象在给定时间内能够持续处理的最大负载或工作量。

压力测试和容量测试的测试方法有相通的地方，在实际测试工作中，往往结合起来进行以提高测试效率。

3. 压力测试、容量测试和性能测试的区别

(1) 压力测试可以看作是容量测试和性能测试的一种手段，不是直接的测试目标。

(2) 压力测试的重点在于发现功能性测试所不易发现的系统方面的缺陷，而容量测试和性能测试是系统测试的主要目标内容，也就是确定软件产品或系统的非功能性方面的质量特征，包括具体的特征值。

(3) 容量测试和性能测试更着力于提供性能与容量方面的数据，为软件系统部署、维护、质量改进服务，并可以帮助市场定位、销售人员对客户的解释、广告宣传等服务。

压力测试、容量测试和性能测试的测试方法相通，在实际测试工作中，往往结合起来进行以提高测试效率。一般会设置专门的性能测试实验室完成这些工作，即使用虚拟的手段模拟实际操作，所需要的客户端有时还很大，所以性能测试实验室的投资较大。对于许多中小型软件公司，可以委托第三方完成性能测试，这样可以在很大程度上降低成本。

10.3.2 容量测试方法

进行容量测试的首要任务就是确定被测系统数据量的极限，即容量极限。这些数据可以是数据库所能容纳的最大值，可以是一次处理所能允许的最大数据量等。系统出现问题，通常是发生在极限数据量产生或临界产生的情况下，这时容易造成磁盘数据的丢失、缓冲区溢出等一些问题。为了更清楚地说明如何确定容量的极限值，参看图 10-3 所示的资源利用率、响应时间、用户负载数关系图。

图 10-3 中反映了资源利用率、响应时间与用户负载数之间的关系。可以看到，用户负载增加，响应时间也缓慢地增加，而资源利用率几乎是线性增长。当资源利用率接近百分之百时，出现一个有趣的现象，就是响应以指数曲线方式下降，这点在容量评估中被称作饱和点。饱和点是指所有性能指标都不满足，随后应用发生恐慌的时间点。

为了确定容量极限，可以进行一些组合条件下的测试，如核实测试对象在以下高容量条件下能否正常运行：链接或模拟了最大(实际或实际允许)数量的客户机；所有客户机在长时间内执行相同的、可能性能不稳定的重要业务功能；已达到最大的数据库大小，而一起同时执行多个查询或报表事务。

容量测试还要考虑选用不同的加载策略的问题。不能简单地说在某一标准配置服务器上运行某软件的容量是多少，选用不同的加载策略可以反映不同状况下的容量。

例如，考虑网上聊天室软件的容量是多少。在一个聊天室内有 10 000 个用户和

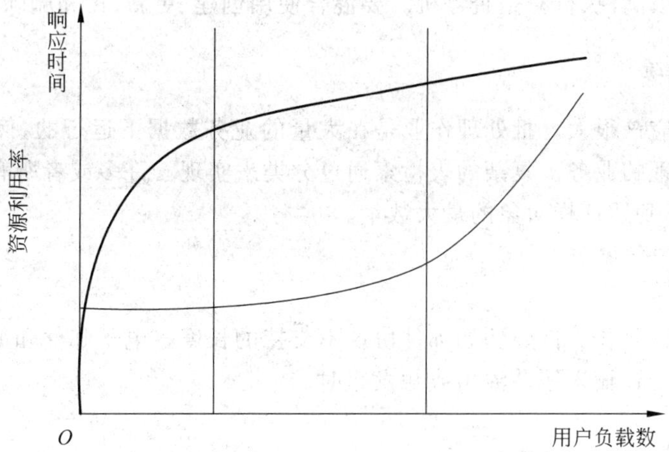

图 10-3 资源利用率、响应时间、用户负载数关系图

100 个聊天室，每个聊天室内有 100 个用户，同样都是 10 000 个用户，在性能表现上可能会出现很大的不同，在服务器端数据输出量、传输量更是截然不同的。在更复杂的系统内，就需要分别为多种情况提供相应的容量数据作为参考。

10.3.3 容量测试的步骤

(1) 按用例中测试环境的描述建立测试系统；
(2) 准备测试过程，合理地组织用例的测试流程；
(3) 根据用例中“初始化”内容运行初始化过程；
(4) 执行测试，从终止的测试恢复；
(5) 验证预期结果，对应测试用例中描述的测试目的；
(6) 调查突发结果，即对异常现象进行研究，适当地进行一些回归测试；
(7) 记录问题报告。

容量测试想要的结果是：结果没有问题，没有明显的性能下降，没有数据丢失等现象发生。

10.3.4 不同情况的容量测试

容量测试是根据预先分析出的某项指标极限值，测试系统在其极限值状态下是否能保持正常运行。例如，对于编译程序，让它处理特别长的源程序；对于操作系统，让它的作业队列“满员”；对于信息检索系统，让它使用频率达到最大。即在使系统的全部资源达到“满负荷”的情形下，测试系统的承受能力。下面是不同情况的容量测试。

1. 在线系统

输入较快，但不一定要最快的，使用不同的输入方式。这是为了测试在某时临时缓冲区是否快溢出或填满，执行时是否停机。要混合使用创建、更新、读和删除不同的操作。

2. 数据库系统

数据库容量应该很大。批处理作业是在大量的业务数据下运行的，例如数据库中所有对象都需要处理的业务。复杂的表检索通过分类来实现。许多或者所有的对象是连接到其他对象上的，到达这样对象的最大数量。

3. 文件交换

文件交换特别是长文件。例如邮件协议不支持的长度。电子邮件和最大数量的附件一起。文件的长度让输入缓冲溢出或触发超时。

4. 磁盘空间

试着去填充磁盘中任何有磁盘空间的地方。检查如果已经不再有空余空间，甚至还有更多数据要填入这个系统的情况下，会发生什么情况。有没有像溢出缓冲区这样的存储区？是否会有任何警告信号，故障弱化？是否会有合理的警告，数据丢失？这可以通过使用较少的空间，在较小容量下测试的测试技巧。

5. 文件系统

容量测试需要检查文件系统的文件最大数目或最大长度。

6. 内存储器

容量测试需要检查最小可用内存。在同一时间打开很多程序，起码在客户端平台上。

容量测试用例设计常采用边界值分析法和错误猜测法等。

10.4 健壮性测试

健壮性测试主要用于测试系统抵御错误的能力。这里的错误通常是指由于设计缺陷而带来的系统错误。测试的重点为当出现故障时，是否能够自动恢复或忽略故障继续运行。

10.4.1 健壮性测试的含义

健壮性测试(Robustness Testing)用于测试系统在出现故障时，是否能够自动恢复或者忽略故障继续运行。为了使系统具有良好的健壮性，要求设计人员在做系统设计时必须周密细致，尤其要注意妥善地进行系统异常的处理。

健壮性有两层含义：一是高可靠性；二是从错误中恢复的能力。前者体现了软件系统的质量；后者体现了软件系统的适应性。前者需要根据符合规格说明的数据选择测试用例，用于检测在正常情况下系统输出的正确性；后者需要在异常数据中选择测试用例，检测非正常情况下的系统行为。

健壮性测试内容：

(1) 对关键进程或线程杀死，然后观察系统行为；

(2) 对关键进程或线程挂起，然后观察系统行为；

(3) 网络不通，然后观察系统行为；

(4) 数据库不通，然后观察系统行为。

健壮性测试的现状是，由于受到开发成本、时间和人员等条件的约束，企业经常把软件测试的关注点放在功能正确性上面，往往分配少量的资源用于确定系统的异常处理，从而忽略系统健壮性。该矛盾随着软件应用的日益普遍而异常突出，所以一个好的软件系统必须经过健壮性测试之后才能最终交付给用户。

10.4.2 健壮性测试方法

根据以下几个方面评价系统的健壮性。

- 通过性：系统调用运行输入的参数产生预期的正常结果。
- 灾难性失效：这是系统健壮性测试中最严重的失效，这种失效只有通过系统重新引导才能得到解决。
- 重启失效：一个系统函数的调用没有返回，使得调用它的程序挂起或停止。
- 夭折失效：程序执行时由于异常输入，系统发出错误提示使程序中止。
- 干扰失效：指系统异常时返回了错误提示，但是该错误提示不是期望中的错误。
- 沉寂失效：异常输入时，系统应当发出错误提示，但是测试结果却没有发生异常。

自动化实现上述测试内容时需要把握以下原则。

- 可移植性：健壮性测试基准程序是用来比较不同系统的健壮性，因此移植性是测试基准程序的基本要求。
- 覆盖率：理想的基准程序能够覆盖所有的系统模块，然而这种开销是巨大的。因此一般选取使用频度最高的模块进行测试。
- 可扩展性：体现在当需要扩展测试集时能够前后一致。这种可扩展性不仅指为已有模块增加测试集，还包括为新增加的模块增加测试集。
- 测试结果：健壮性测试的目的是找出系统的不健壮性因素，因此应详细地记录测试结果。

10.4.3 设计健壮性测试的策略

1. 基于错误的策略

确认所有可能的错误源，为每一类错误开发错误注入技术。

2. 基于覆盖率的策略

接口覆盖的数量，故障位置覆盖的数量，例外覆盖的数量。

3. 基于失效的策略

用例设计故障是否被处理了，例外是否被处理了，一个组件中的失效是否影响另一个组件。

例如，假如定义了两个变量 X1 和 X2，两个变量都有自己的取值范围，则写成如下这种形式：a＜X1＜b；c＜X2＜d；用坐标的形式表示如图 10-4 所示。

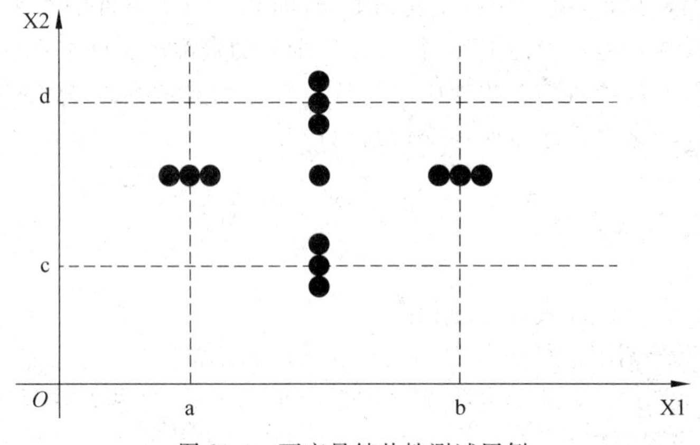

图 10-4　两变量健壮性测试用例

在图 10-4 中，虚线外侧区域外的 4 个点就是健壮性测试要重点考虑的情况。一般情况下，边界值分析的大部分讨论都直接适用于健壮性测试。健壮性测试最需要关注的部分不是输入，而是预期的输出。当物理量超过其最大值时，会出现什么情况。如飞机的特技飞行表演，则飞机可能失速，健壮性测试的主要价值是观察例外处理情况。

健壮性测试用例的设计常常采用边界值分析法、错误猜测法、故障植入法等。

10.5　安全性测试

信息社会中、网络环境下的安全性测试越来越重要，它可以有效地较少或避免非法入侵、网络犯罪活动，保证系统始终处于正常工作状态。

10.5.1　安全性测试的含义

安全性测试(Security Testing)是有关验证系统的安全性和识别潜在安全性缺陷的过程。其目的是为了发现软件系统中是否存在安全漏洞。软件安全性是指在非正常条件下不发生安全事故的能力。

由于攻击者没有闯入的标准方法，因而也没有实施安全性测试的标准方法。另外，目前几乎没有可用的工具来彻底测试各个安全方面。由于应用程序中的功能错误也可代表潜在的安全性缺陷，因此在实施安全性测试以前需要实施功能测试。

做安全性测试，应注意安全性测试并不最终证明应用程序是安全的，而是用于验证所设立对策的有效性，这些对策是基于威胁分析阶段所做的假设而选择的。例如，测试应用软件在防止非授权的内部或外部用户的访问或故意破坏等情况时的反应。

系统安全性设计的准则有两点：

(1) 使非法侵入的代价超过被保护的信息的价值，从而令非法侵入者无利可图。

(2) 一般来讲，如果黑客为非法入侵花费的代价(考虑时间、费用、危险等因素)高于得到的好处，那么这样的系统可以认为是安全的系统。

10.5.2 测试系统安全性要考虑的问题

1. 测试缓冲区溢出

缓冲区溢出是计算机历史中被利用的第一批安全错误之一。目前，缓冲区溢出继续是最危险也是最常发生的弱点之一。试图利用这种脆弱性可以导致种种问题，从损坏应用程序到攻击者在应用程序进程中插入并执行恶意代码。

将数据写入缓冲区时，开发人员向缓冲区写入的数据不能超出其所能存放的数据。如果正在写入的数据量超出已分配的缓冲区空间，将发生缓冲区溢出。当发生缓冲区溢出时，会将数据写入到可能为其他用途而分配的内存部分中。最坏的情形是缓冲区溢出包含恶意代码，该代码随后被执行。缓冲区溢出在导致安全脆弱性方面所占的百分比很大。

2. 实施源代码安全检查

根据所讨论应用程序的敏感程度，实施对应用程序源代码的安全审核可能是明智的。不要将源代码审核与代码检查相混淆。标准代码检查的目的是识别影响代码功能的一般代码缺陷。源代码安全检查的目的则是识别有意或无意的安全性缺陷。开发处理财政事务或提供公共安全的应用程序时尤其应保证进行这种检查。

3. 验证应急计划

总是存在应用程序的安全防御被突破的潜在可能，只有应急计划就位并有效才是明智的。在应用程序服务器或数据中心检测到病毒时将采取哪些步骤？安全性被越过时，必须迅速做出反应来防止进一步损坏。在应急计划投入实战以前请弄清它们是否起作用。

4. 攻击自己的应用程序

测试人员习惯于攻击应用程序以试图使其失败。攻击自己的应用程序是与其类似但目的更集中的过程。尝试攻击应用程序时，应寻找代表应用程序防御弱点的、可利用的缺陷。

10.5.3 安全性测试的手段和层次

1. 安全性测试的手段

测试者扮演一个试图攻击系统的角色：

- 尝试通过外部的手段来获取系统的密码；
- 使用能够瓦解任何防护的客户软件来攻击系统；
- 把系统“制服”，让系统瘫痪或失效，使别人无法访问；
- 有目的地引发系统错误，期望在系统恢复过程中侵入系统；
- 通过浏览非保密的数据，从中找到进入系统的钥匙等。

2. 安全性测试的层次

安全性测试一般分为两个层次。

(1) 应用程序级别的安全性：对数据或业务功能的访问。

(2) 系统级别的安全性：对系统的登录或远程访问。

二者的关系：应用程序级别的安全性可确保在预期的安全性情况下，操作者只能访问特定的功能或用例，或者只能访问有限的数据。例如，某财务系统可能会允许所有人输入数据，创建新账户，但只有管理员才能删除这些数据或账户。此外，系统级别的安全性对确保只有具备系统访问权限的用户才能访问应用程序，而且只能通过相应的入口来访问。

10.5.4 安全性测试方法

1. 漏洞扫描

漏洞扫描通常都是借助于特定的漏洞扫描器完成。漏洞扫描器是一种能自动检测远程或本地主机安全性弱点的程序，通过使用漏洞扫描器，系统管理员能够发现所维护信息系统存在的安全漏洞，从而在信息系统网络安全防护过程中做到有的放矢，及时修补漏洞。

漏洞扫描是可以用于日常安全防护，同时可以作为对软件产品或信息系统进行测试的手段，可以在安全漏洞造成严重危害前发现漏洞并加以防范。

一般可以将漏洞扫描器分为两种类型：主机漏洞扫描器和网络漏洞扫描器。主机漏洞扫描器是指在系统本地运行检测系统漏洞的程序。网络漏洞扫描器是指基于网络远程检测目标网络和主机系统漏洞的程序。

2. 功能验证

功能验证是采用软件测试当中的黑盒测试方法，对涉及安全的软件功能，如用户管理模块、权限管理模块、加密系统、认证系统等进行测试，主要是验证上述功能是否有效。

功能性的安全性问题包括：

- 无效的或者不可能的参数是否被检测并且适当地处理？
- 无效的或者超出范围的指令是否被检测并且适当地处理？
- 错误和文件访问是否适当地被记录？
- 系统配置数据是否能正确保存，系统故障时是否能恢复？
- 系统配置数据能否导出，在其他机器上进行备份？
- 系统配置数据能否导入，导入后能否正常使用？
- 系统配置数据保存时是否加密？
- 没有口令是否可以登录到系统中？
- 有效的口令是否被接收，无效的口令是否被拒绝？
- 系统对多次无效口令是否有适当的反应？
- 系统初始的权限功能是否正确？
- 防火墙是否能被激活和取消激活？
- 防火墙功能激活后是否会引起其他问题？
- 各级用户权限划分是否合理？
- 用户的生命期是否有限制？
- 低级别的用户是否可以操作高级别用户命令？
- 高级别的用户是否可以操作低级别用户命令？
- 用户是否会自动超时退出，超时的时间是否设置合理，用户数据是否会丢失？
- 登录用户修改其他用户的参数是否会立即生效？
- 系统在最大用户数量时是否操作正常？
- 对于远端操作是否有安全方面的特性？

3. 模拟攻击

模拟攻击实验是一组特殊的黑盒测试案例。通常以模拟攻击来验证软件或信息系统的安全防护能力，包括重演、消息篡改、口令猜测、拒绝服务、陷阱、木马、内部攻击、外部攻击和 SQL 注入等。

1）重演

当一个消息或部分消息为了产生非授权效果而被重复时，就出现了重演。例如，一个含有鉴别信息的有效消息可能被另一个实体所重演，目的是鉴别它自己。

2）消息篡改

DNS 高速缓存污染：由于 DNS 服务器与其他名称服务器交换信息的时候并不进行身份验证，这就使黑客可以加入不正确的信息，并把用户引向黑客自己的主机。

伪造电子邮件：由于 SMTP 并不对邮件发送附件的身份进行鉴定，因此黑客可以对内部客户伪造电子邮件，声称是来自某个客户认识并相信的人，并附上可安装的特洛伊木马程序，或者是一个指向恶意网站的链接。

3）口令猜测

一旦黑客识别了一台主机，而且发现了基于 NetBIOS、Telnet 或 NFS 服务的可利用的用户账号，并成功地猜测出了口令，就能对机器进行控制。

4）拒绝服务

当一个实体不能执行它的正常功能，或它的动作妨碍了别的实体执行它们的正常功能时，便发生服务拒绝。

5）陷阱

当系统的实体受到改变，致使一个攻击者能对命令或对预定的事件或事件序列产生非授权的影响时，其结果就称为陷阱门。

例如，口令的有效性可能被修改，使其除了正常效力之外也使攻击者的口令生效。

6）木马

对系统而言的特洛伊木马，是指它不但具有自己的授权功能，而且还有非授权功能。

7）内部攻击

当系统的合法用户以非故意或非授权方式进行动作时就成为内部攻击。防止内部攻击的保护方法有：

- 所有管理数据流进行加密；
- 利用包括使用强口令在内的多级控制机制和集中管理机制来加强系统的控制能力；
- 利用防火墙为进出网络的用户提供认证功能，提供访问控制保护；
- 使用安全日志记录网络管理数据流等。

8）外部攻击

外部攻击可以使用的办法有：

- 搭线窃听；
- 截取辐射；
- 冒充为系统的授权用户；
- 冒充为系统的组成部分。

9）SQL 注入

SQL 注入（SQL Injection）攻击是黑客对数据库进行攻击的常用手段之一。随着B/S模式应用开发的发展，使用这种模式编写应用程序的程序员也越来越多。但是由于程序员的水平及经验也参差不齐，相当大一部分程序员在编写代码时，没有对用户输入数据的合法性进行判断，使应用程序存在安全隐患。用户可以提交一段数据库查询代码，根据程序返回的结果，获得某些他想得知的数据。

例如，如果用户通过某种途径知道或猜测出了验证 SQL 语句的逻辑，他就有可能在表单中输入特殊字符改变 SQL 原有的逻辑，例如在名称文本框中输入" " or"1"="1" or"1"="1"或是在密码文本框中输入"1"or"1"="1"，SQL 语句将会变成：

```
select * from usertable where name=" "or"1"="1"or"1"="1"and pswd=" "
```

或者

```
select * from usertable where name="  "and pswd="1"or"1"="1"
```

明显，or 和引号的加入使得 where 后的条件始终是真，原有的验证完全无效了。

4. 安全性测试用例的参考模板

系统的安全隐患需要测试人员有足够的能力去分析，设计一个好的参考模板可以帮助实现目标。安全性测试用例的参考模板如表10-3所示。

表10-3 安全性测试用例的参考模板

假想目标A		
前提条件		
非法入侵手段	是否实现目标	代价－利益分析
…		
…		

安全性测试用例设计常采用边界值分析法和错误猜测法等。

10.5.5 安全性测试标准

1. 安全目标

预防：对有可能被攻击的部分采取必要的保护措施，如密码验证等。

监控：能够对针对软件或数据库的实时操作进行监控，并对越权行为或危险行为发出警报信息。

保密性和机密性：可防止非授权用户的侵入和机密信息的泄漏。

多级安全性：指多级安全关系数据库在单一数据库系统中存储和管理不同敏感性的数据，同时通过自主访问控制和强制访问控制机制保持数据的安全性。

匿名性：防止匿名登录。

2. 安全的原则

加固最薄弱的连接：进行风险分析并提交报告，加固其薄弱环节。

实行深度防护：利用分散的防护策略来管理风险。

失败安全：在系统运行失败时有相应的措施保障软件安全。

分割：将系统尽可能分割成小单元，隔离那些有安全特权的代码。

保密性：避免滥用用户的保密信息。

3. 密码学的应用

密码学的目标：机密性、完整性、可鉴别性、抗抵赖性。

密码算法：考虑算法的基本功能、强度、弱点及密钥长度的影响。

密钥管理：生成、分发、校验、撤销、破坏、存储、恢复、生存期和完整性。

4. 缓冲区溢出

防止内部缓冲区溢出的实现、防止输入溢出的实现、防止堆和堆栈溢出的实现。

5. 信任管理和输入的有效性

信任的可传递、防止恶意访问、安全调用程序、网页安全、客户端安全、格式串攻击。

6. 客户端安全性

版权保护机制、防篡改技术、代码迷惑技术、程序加密技术。

7. 口令认证

口令的存储、添加用户、口令认证、选择口令、数据库安全性、访问控制、保护域、抵抗统计攻击。

10.6 可靠性测试

软件的可靠性是软件的一个重要性能指标，可以通过故障率、维修率、平均无故障时间、平均维护时间、可靠度等测试数学模型来评估。可靠性测试包括组件压力测试、集中压力测试、真实环境测试和随机破坏测试等。

10.6.1 可靠性测试的概念

可靠性测试(Reliability Testing)也称可靠性评估，指根据软件系统可靠性结构、寿命类型和各单元的可靠性试验信息，利用概率统计方法，评估出系统的可靠性特征量。

软件可靠性是软件系统在规定的时间内以及规定的环境条件下，完成规定功能的能力。一般情况下，只能通过对软件系统进行测试来度量其可靠性。

10.6.2 可靠性测试方式

测试可靠性是指运行应用程序，以便在部署系统之前发现并移除失败。因为通过应用程序的可选路径的不同组合非常多，所以在一个复杂的应用程序中不可能找到所有的潜在失败。但是，可测试在正常使用情况下最可能的方案，然后验证该应用程序是否提供预期的服务。如果时间允许，可采用更复杂的测试以揭示更微小的缺陷。

1. 组件压力测试

压力测试是指模拟巨大的工作负荷以查看应用程序在峰值使用情况下如何执行操作。利用组件压力测试，可隔离构成组件和服务，推断出它们公开的导航方法、函数方法和接口方法以及创建调用这些方法的测试前端。

这里是在隔离的情况下,对每个组件施加远超过正常应用程序将经历的压力。例如,以尽可能快的速度使用 1 000 000 次循环,查看是否有暴露的问题。

2. 集中压力测试

对每个单独的组件进行压力测试后,应对带有其所有组件和支持服务的整个应用程序进行压力测试。集中压力测试主要关注于其他服务、进程以及数据结构(来自内部组件和其他外部应用程序服务)的交互。

集中压力测试从最基础的功能测试开始,需要知道编码路径和用户方案、了解用户试图做什么以及确定用户运用您的应用程序的所有方式。在日程和预算允许的范围内,应始终尽可能延长测试时间,并查看应用程序在较长时期内的运行情况。

3. 真实环境测试

在隔离的受保护的测试环境中可靠的软件,在真实环境的部署中可能并不可靠。虽然隔离测试在早期的可靠性测试进程中是有用的,但真实环境的测试才能确保并行应用程序不会彼此干扰。这种测试经常发现与其他应用程序之间的意外的导致失败的交互。

需要确保应用程序能够在真实环境中运行,即能够在具有所有预期客户事件配置文件的服务器空间中,使用最终配置条件运行。测试计划应包括在最终目标环境中或在尽可能接近目标环境的环境中运行应用程序。这一点通常可通过部分复制最终环境或小心地共享最终环境来完成。

4. 随机破坏测试

测试可靠性的一个最简单的方法是使用随机输入。这种类型的测试通过提供虚假的不合逻辑的输入,努力使应用程序发生故障或挂起。输入可以是键盘或鼠标事件、程序消息流、Web 页、数据缓存或任何其他可强制进入应用程序的输入情况。应该使用随机破坏测试测试重要的错误路径,并公开软件中的错误。这种测试通过强制失败以便可以观察返回的错误处理来改进代码质量。

随机测试故意忽略程序行为的任何规范。如果该应用程序中断,则未通过测试;如果该应用程序不中断,则通过测试。这里的要点是随机测试可高度自动化,因为它完全不关心基础应用程序应该如何工作。

10.6.3 可靠性测试数学模型

假设系统 S 投入测试或运行后,工作一段时间 t_1 后,软件出现错误,系统被停止并进行修复,经过 T_1 时间后,故障被排除,又投入测试或运行。假设 $t_1, t_2, \cdots, t_n$ 是系统正常的工作时间,$T_1, T_2, \cdots, T_n$ 是维护时间,如图 10-5 所示。

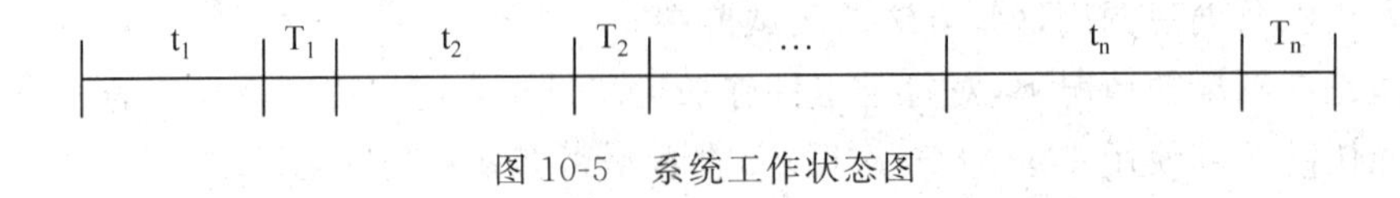

图 10-5　系统工作状态图

1）故障率（风险函数）

$$\lambda = \frac{\text{总失效时间}}{\text{总工作时间}} = \frac{n}{\sum_{i=1}^{n} t_i}$$

2）维修率

$$\mu = \frac{\text{总失效次数}}{\text{总维护时间}} = \frac{n}{\sum_{i=1}^{n} T_i}$$

3）平均无故障时间

$$\text{MTBF} = \frac{\text{总工作时间}}{\text{总失效次数}} = \frac{\sum_{i=1}^{n} t_i}{n} = \frac{1}{\lambda}$$

4）平均维护时间

$$\text{MTTR} = \frac{\text{总维护时间}}{\text{总失效次数}} = \frac{\sum_{i=1}^{n} T_i}{n} = \frac{1}{\mu}$$

5）有效度

$$A = \frac{\text{总工作时间}}{\text{总工作时间} + \text{总维护时间}} = \frac{\text{MTBF}}{\text{MTBF} + \text{MTTR}} = \frac{\mu}{\lambda + \mu}$$

6）可靠性

$$R(t) = e^{-\int_0^t \lambda(t)\,dt}$$

例如某个系统的使用情况如图 10-6 所示。

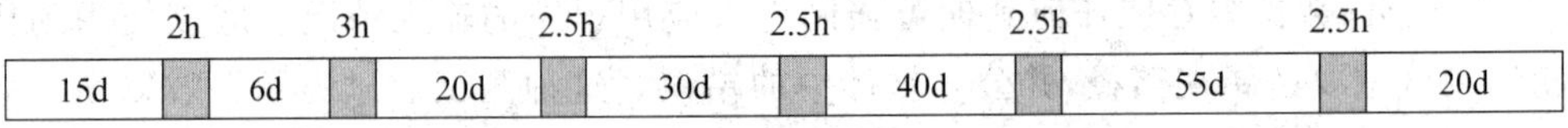

15d	2h	6d	3h	20d	2.5h	30d	2.5h	40d	2.5h	55d	2.5h	20d

图 10-6　某个系统的使用情况

根据题意，n＝6，t＝186d＝1488h（每天 8h），T＝15h，则：MTBF＝248h，λ＝0.004h^{-1}，MTTR＝2.5h，μ＝0.4，A＝0.99。

10.7　兼容性测试

系统出现异常有时候是由于系统的兼容性问题引起的，兼容性测试主要是检验被测应用和系统的兼容性。兼容性测试既要关注对操作系统和数据库等的兼容性问题，也要关注在不同的硬件环境下的运行情况。

10.7.1 兼容性测试概述

1. 兼容性测试的含义

兼容性测试(Compatibility Test)是指检查软件之间以及软件与硬件之间是否能够正确地进行交互和共享信息,即兼容性的测试。一般来说,兼容性指能同时容纳多个方面,在计算机术语上兼容是指几个硬件之间、几个软件之间或是软硬件之间的相互配合程度。

兼容性测试是指测试软件在特定的硬件平台上、不同的应用软件之间、不同的操纵系统平台上、不同的网络等环境中是否能够很友好地运行的测试。

2. 兼容性测试的核心内容

(1) 测试软件是否能在不同的操作系统平台上兼容,或测试软件是否能在同一操作平台的不同版本上兼容;

(2) 软件本身能否向前或向后兼容;

(3) 测试软件能否与其他相关的软件兼容;

(4) 数据兼容性测试,主要是指数据能否共享等。

3. 兼容性测试的主要目的

兼容性测试的主要目的是为了兼容第三方软件,确保第三方软件能正常运行。具体表现如下:

(1) 待测项目在不同的操作系统平台上正常运行,包括待测试项目能在同一操作系统平台的不同版本上正常运行;

(2) 待测项目能与相关的其他软件或系统“协调工作”;

(3) 待测项目能在指定的硬件环境中正常运行;

(4) 待测项目能在不同的网络环境中正常运行。

4. 兼容性测试的作用

(1) 兼容性测试能够进一步提高产品的质量;

(2) 兼容性测试能使软件与尽可能多的其他软件“和平共处”,尽可能达到平台无关性;

(3) 兼容性测试能尽可能地保证软件存在的价值,它是衡量一个软件质量的重要指标;

(4) 兼容性测试能使软件产品的市场更广阔。

10.7.2 兼容性测试分类

兼容性测试主要可以分为三大类:硬件兼容性测试、软件兼容性测试、数据兼容性测试。下面先介绍硬件兼容性、软件兼容性和数据兼容性。

硬件兼容性指与整机兼容、与外设兼容等；软件兼容性指操作系统/平台的兼容性、应用软件之间的兼容性、不同浏览器的兼容性、数据库的兼容性等；数据兼容性指不同版本间的数据兼容、不同软件间的数据兼容。

不同版本之间的兼容性需要考虑测试平台和应用软件多个版本之间是否能够正常工作。现在要测试一个流行的操作系统的新版本，当前操作系统上可能有数几十上百万现有程序，则新操作系统的目标是与它们百分之百兼容。因为不可能在一个操作系统上测试所有的软件程序，因此需要决定哪些是最重要的、必须进行的。对于测试新应用软件也一样，需要决定在哪个平台版本上测试，以及和什么应用程序一起测试。

除此以外，还有向前和向后兼容性测试的问题，向后兼容是指可以使用软件的以前版本，向前兼容是指可以使用软件的未来版本。

另外，大多数的浏览器允许很多的自定义，如图 10-7 所示，可以在“安全”选项中做选择，不同的选择项对于网站的运行将有不同的影响，测试时需要加以考虑。

图 10-7 IE 浏览器的属性

例 10-3 Microsoft Windows 认证软件问题的兼容性测试，需要测试如下内容。

- 支持三键以上的鼠标；
- 支持在 C 盘和 D 盘以外的磁盘上安装；
- 支持超过 DOS 8.3 格式文件名长度的文件名；
- 不能读、写，或者以其他形式使用旧系统中的 win.ini、system.ini、autoexec.bat 和 config.sys 文件；
- 平台兼容性测试：Windows 98、Windows 2000、Windows XP、Windows 2003 和 Windows 2010。

如图 10-8 所示的 Windows XP 的命令窗口就是 DOS 操作系统留下的，虽然现在不用了，但系统还提供了执行DOS应用程序的窗口。

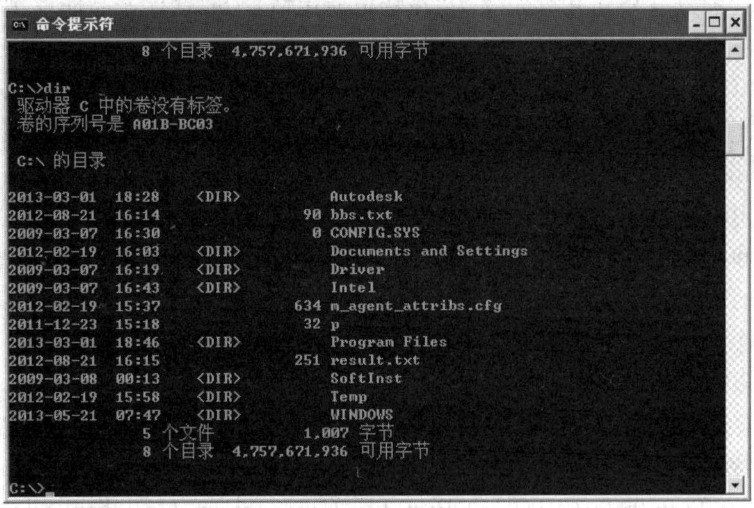

```
命令提示符
            8 个目录  4,757,671,936 可用字节

C:\>dir
 驱动器 C 中的卷没有标签。
 卷的序列号是 A01B-BC03

 C:\ 的目录

2013-03-01  18:28    <DIR>          Autodesk
2012-08-21  16:14                90 bbs.txt
2009-03-07  16:30                 0 CONFIG.SYS
2012-02-19  16:03    <DIR>          Documents and Settings
2009-03-07  16:19    <DIR>          Driver
2009-03-07  16:43    <DIR>          Intel
2012-02-19  15:37               634 m_agent_attribs.cfg
2011-12-23  15:18                32 p
2013-03-01  18:46    <DIR>          Program Files
2012-08-21  16:15               251 result.txt
2009-03-08  00:13    <DIR>          SoftInst
2012-02-19  15:58    <DIR>          Temp
2013-05-21  07:47    <DIR>          WINDOWS
            5 个文件          1,007 字节
            8 个目录  4,757,671,936 可用字节

C:\>_
```

图 10-8　Windows XP 的命令窗口

例 10-4　浏览器测试。浏览器是 Web 客户端最核心的构件，测试来自不同厂商的浏览器。

例如：

- ActiveX 是 Microsoft 为 Internet Explorer 而设计的产品；
- JavaScript 是 Sun 为 Netscape 设计的 Java 产品；
- 浏览器的测试就是要测试 Netscape 对 ActiveX，以及 Explorer 对 JavaScript 兼容性的测试。

10.8　可用性测试

可用性测试是一种面向用户的测试。可用性测试既要关注系统功能，如直观性、灵活性、舒适性、正确性和用户友好性等，也要关注系统文档如用户文档、用户协议、测试脚本和测试报告等。

10.8.1　可用性测试概述

1. 可用性测试的含义

可用性测试(Usability Testing)是指选取有代表性的用户尝试对产品进行典型操作，同时观察员和开发人员在一旁观察、聆听、做记录，用来改善易用性的一系列方法。该产品可能是一个网站、软件或者其他任何产品，它可能尚未成型。

可用性测试时测试人员为用户提供一系列操作场景和任务让他们去完成，这些场景和任务与产品或服务密切相关。通过观察来发现完成过程中出现了什么问题，用户喜欢或不喜欢哪些功能和操作方式，原因是什么，并针对存在问题提出改进的建议。

ISO/IEC 9126-1 将可用性定义为“在特定使用情景下，软件产品能够被用户理解、学习、使用、能够吸引用户的能力”（ISO/IEC 9126-1. Software engineering-Product quality-Part 1：Quality model[S]. International Standards Organization，2001.）。ISO/IEC 9126-1 阐述了在产品开发过程中软件质量的六个方面，依次为功能性（Functionality）、可靠性（Reliability）、可用性（Usability）、有效性（Efficiency）、维护性（Maintainability）、移植性（Portability）。ISO/IEC 9126-1 将“使用质量（Quality in Use）”作为广义的目标：满足目标用户和支持用户的使用质量，功能性、可靠性、可用性和有效性决定着目标用户在特定情景中的使用质量，支持用户则关心维护性和移植性方面的质量。目前 ISO/IEC 9126-1 有两个作用：首先是作为具体软件设计活动的一部分（可用性定义），其次是提供软件满足用户需求的最终目标。

ISO 9241-11 将可用性定义为“特定的用户在特定的使用情景下，有效性、效率、用户满意度达到特定的目标”（ISO 9241-11. Ergonomic Requirements for Office Work with Visual Display Terminals（VDT's）-Part 11：Guidance on Usability[S]. International Standards Organization，1998.）。ISO 9241-11 将可用性概括为几个方面：有效性（Effectiveness），用户使用系统完成各种任务所达到的精度（Accuracy）和完整性（Completeness）；效率（Efficiency），用户按照精度和完整度完成任务所耗费的资源，资源包括智力、体力、时间、材料或经济资源；满意度（Satisfaction），用户使用该系统的主观反应，描述了使用产品舒适度和认可程度。

2. 可用性测试的起源和历史发展

可用性最早来源于人因工程。人因工程又称工效学（Ergonomics），起源于二战时期，设计人员研发新式武器时研究如何使用机器、人的能力限度和特性，从而诞生了工效学，这是一门涉及多个领域的学科，包括心理学、人体测量学、环境医学、工程学、统计学、工业设计、计算机等。

第一次有记录的可用性测试出现在 1981 年。当时施乐公司下属的帕罗奥多研究中心的一个员工记录了该公司在 Xerox Star 工作站的开发过程中引入了可用性测试的经过。不过由于一共只有大约 25 000 套左右的销售成绩，Xerox Star 系统被认为是一个典型的商业失败案例。

1984 年，美国财务软件公司 Intuit Inc. 在其个人财务管理软件 Quicken 的开发过程中引入了可用性测试的环节。Suzanne E. Taylor 在其 2003 年的业界畅销书 *Inside Intuit* 中提到“在第一次可用性测试实例中，该做法后来已成为行业惯例，LeFevre 从街上召集了一些人来同时试用 Quicken 进行测试，每次测试之后程序设计师都能够对软件加以改进”。该公司的创立者之一的 Scott Cook 也曾经表示“我们在 1984 年做了可用性测试，比其他的人早了 5 年的时间。进行可用性测试和在已售人群中进行可用性测试是不大一样的，而且例行公事地去进行和把它作为核心设计流程中的一环也是很不一样的”。

经过几十年的发展和应用，可用性测试已经成为产品设计开发和改进维护各个阶段必不可少的重要环节。它的价值在于初期及早地发现产品中可能会存在的问题，在开发或投产之前提供改进方案，从而节约设计开发成本。而在产品的销售疲软或使用过程中出现问题却无法及时、精确地找到问题关键时，可用性测试可以在很大程度上提高解决问题的效率。通过可用性测试不但可以获知用户对产品的认可程度，还可以获知一些隐含的用户行为规律。

10.8.2 可用性测试方法

所谓可用性测试，即是对软件的可用性进行测试，检验其是否达到可用性标准。目前的可用性测试方法超过 20 种，按照参与可用性测试的人员划分，可以分为专家测试和用户测试；按照评估所处于的软件开发阶段，可以将可用性测试划分为形成性测试和总结性测试。形成性测试是指在软件开发或改进过程中，请用户对产品或原型进行测试，通过测试后收集的数据来改进产品或设计直至达到所要求的可用性目标。形成性测试的目标是发现尽可能多的可用性问题，通过修复可用性问题实现软件可用性的提高，总结性测试的目的是横向测试多个版本或者多个产品，输出测试数据进行对比。网站可用性测试包含的步骤有：定义明确的目标和目的，安装测试环境，选择合适的受众，进行测试和报告结果。

1. 认知预演

认知预演(Cognitive Walkthroughs)是由 Wharton 提出，该方法首先要定义目标用户、代表性的测试任务、每个任务正确的行动顺序、用户界面，然后进行行动预演并不断地提出问题，包括用户能否建立达到任务目的，用户能否获得有效的行动计划，用户能否采用适当的操作步骤，用户能否根据系统的反馈信息评价是否完成任务，最后进行评论，如要达到什么效果、某个行动是否有效、某个行动是否恰当、某个状况是否良好。该方法的优点在于能够使用任何低保真原型，包括纸原型。该方法的缺点在于评价人不是真实的用户，不能很好地代表用户。

2. 启发式评估

启发式评估(Heuristic Evaluation)由 Nielsen 和 Molich 提出，由多位评价人(通常 4～6 人)根据可用性原则反复浏览系统各个界面，独立评估系统，允许各位评价人在独立完成评估之后讨论各自的发现，共同找出可用性问题。该方法的优点在于专家决断比较快、使用资源少，能够提供综合评价，评价机动性好，但是也存在不足之处：一是会受到专家的主观影响；二是没有规定任务，会造成专家评估的不一致；三是评价后期阶段由于评价人的原因造成信度降低；四是专家评估与用户的期待存在差距，所发现的问题仅能代表专家的意见。

3. 用户测试法

用户测试法(User Test)就是让用户真正地使用软件系统，由实验人员对实验过程进行观察、记录和测量。这种方法可以准确地反馈用户的使用表现、反映用户的需求，是一种非常有效的方法。用户测试可分为实验室测试和现场测试。实验室测试是在可用性测试实验室里进行的，而现场测试是由可用性测试人员到用户的实际使用现场进行观察和测试。用户测试之后评估人员需要汇编和总结测试中获得的数据，例如完成时间的平均值、中间值、范围和标准偏差，用户成功完成任务的百分比；对于单个交互，用户做出各种不同倾向性悬着的直方图表示等。然后对数据进行分析，并根据问题的严重程度和紧急程度排序撰写最终测试报告。

可用性测试的文档主要包括：

- 日程安排文档；
- 用户背景资料文档；
- 用户协议；
- 测试脚本；
- 测试前问卷；
- 测试后问卷；
- 任务卡片；
- 测试过程检查文档；
- 过程记录文档；
- 测试报告；
- 影音资料。

测试人员应当关注的可用性问题包括：

- 过分复杂的功能或者指令；
- 困难的安装过程；
- 错误信息过于简单，例如"系统错误"；
- 语法难于理解和使用；
- 非标准的 GUI 接口；
- 用户被迫去记住太多的信息；
- 难以登录；
- 帮助文本上下文不敏感或者不够详细；
- 和其他系统之间的连接太弱；
- 默认不够清晰；
- 接口太简单或者太复杂；
- 语法、格式和定义不一致；
- 没有给用户提供所有输入的清晰的认识。

10.8.3 可用性测试的必备要素

1. 直观性

直观性是可用性测试首先要考虑的要素，如图 10-9 所示的 Windows 的"日期和时间 属性”对话框就非常直观。

图 10-9 Windows 的“日期和时间 属性”对话框

2. 灵活性

灵活性满足用户灵活选择的操作。如图 10-10 所示的 Windows 的“计算器”程序的标准型和科学型两种方式转换就很灵活。

图 10-10 Windows 的计算器

3. 舒适性

舒适性主要强调界面友好、美观，如操作过程顺畅、色彩运用恰当、按钮的立体感以及增加动感等。

4. 实用性

实用性是考量每一个具体特性对软件是否具有实际价值、是否有助于用户的实际业务需求实现。

5. 一致性

一致性是一个关键属性。软件操作的不一致会使用户从一个程序转换到另一个程序时感到不习惯,当然,同一个程序中存在不一致问题就更糟糕了。

6. 正确性

正确性是各种测试都应该考虑的事情。

7. 符合标准和规范

符合标准和规范是软件必须做到的事情。如果符合各种标准和规范自然会符合其他要素。

10.8.4 可用性测试的注意事项

1. 测试的是产品,而不是使用者

对一些用户而言,“测试”有负面的含义。我们要努力确保他们不认为测试是针对他们的。我们要让用户明白,他们正在帮助我们测试原型或网站。我们是邀请参加者为我们提供帮助,与此同时我们还应该思考该网站能在多大程度上符合那些典型用户的目标,而不是关注用户在这个任务中做得多好。

2. 更多地依靠用户的表现,而不是他们的偏好

通过测试我们可以测量到用户的表现,以及他们的偏好。用户的表现包括是否成功完成,所用时间,产生的错误等。偏好包括用户自我报告的满意度和舒适度。一些设计人员认为,如果他们的设计能迎合用户的喜好,用户在该网站上就会有良好的表现。但证据并不支持这一点。事实上,用户的表现以及他们对产品的偏好并非一一对应。

3. 把掌握的测试结果应用起来

可用性测试不仅仅是用于核对项目进度的一个里程碑,要知道,当最后一个参与者完成任务时,可用性测试还没有结束。整个团队必须仔细研究结果,设定优先次序,基于结果对或者网站原型进行修改。

4. 基于用户体验,找出问题的最佳解决方法

制造任何产品,包括大部分网站和软件,需要考虑许多不同的用户的工作方式、体验、问题以及需要。大多数项目,包括设计或修改网站,都要处理时间、预算和资源等方面的限制。平衡各个方面对大部分项目来说都是一个重大的挑战。

5. 可用性与实用性的区别

可用性是指产品在特定使用环境下为特定用户用于特定用途时所具有的有效性、效

率和用户主观满意度。有效性是用户完成特定任务时所具有的正确和完整程度;效率是用户完成任务的正确完整程度与所用资源(如时间)之间的比率;满意度是用户在使用产品过程中具有的主观满意和接受程度。可用性体现的是用户在使用过程中所实际感受到的产品质量,即使用质量;而实用性体现的是产品功能,即产品本身所具有的功能模块。与实用性相比,可用性重视人的因素,重视产品是要被最终用户使用的。

10.9 安装测试

安装测试就是检验可以成功安装系统的能力。安装测试既要考虑在不同硬件环境下的安装,也要考虑在不同操作系统的安装,还要考虑卸载情况。

10.9.1 安装测试的含义

安装测试(Installation Testing)确保该软件在正常情况和异常情况的不同条件下,首次安装、升级,完整的或自定义的安装都能进行。异常情况包括磁盘空间不足、缺少目录创建权限等。核实软件在安装后可立即正常运行。安装测试包括测试安装代码以及安装手册。安装手册提供如何进行安装,安装代码提供安装一些程序能够运行的基础数据。

安装测试不仅要考虑在不同的操作系统上运行,还要考虑与现有软件系统的配合使用问题,并有相应的提示界面供用户参考,安装完毕并实现其功能。若事先没有正确地安装测试,导致软件安装错误或失败,则软件根本就谈不上正确地执行,因此安装测试就显得相当重要。

安装测试的目的就是要验证系统成功安装的能力,并保证程序安装后能正常运行,因此清晰且简单的安装过程是系统文档中最重要的部分。

10.9.2 安装测试的三个主要方面

1. 安装时需要考虑的问题

(1) 应参照安装手册中的步骤进行安装,主要考虑到安装过程中所有的默认选项和典型选项的验证。安装前应先备份测试机的注册表。

(2) 软件安装后是否能够正常运行,安装后的文件夹及文件是否写到了指定的目录中。

(3) 软件安装测试应在不同运行环境下进行验证,如操作系统、数据库、硬件环境、网络环境等。

(4) 软件安装各个选项的组合是否符合概要设计说明。

(5) 软件安装向导的 UI 测试。

(6) 软件安装过程是否可以取消,单击取消后,写入的文件是否如概要设计说明处理。

(7) 软件安装过程中意外情况的处理是否符合需求。

(8) 安装过程是否是可以回溯的,即是否可以单击“上一步”按钮重新选择。

(9) 软件安装过程中是否支持快捷键,快捷键的设置是否符合用户要求。

(10) 检测安装该程序是否对其他的应用程序造成影响。

(11) 安装有自动安装和手工配置之分,应测试不同的安装组合的正确性,最终使所有组合均能安装成功。

(12) 检查安装后能否产生正确或是多余的目录结构和文件,以及文件属性是否正确。

(13) 至少要在一台笔记本上进行安装测试,台式机和笔记本硬件的差别会造成其安装时出现问题。

(14) 对某些软件要考虑客户端的安装、服务器端的安装、数据库的安装及单机版和网络版的安装。

2. 卸载时需要考虑的问题

(1) 直接删除安装文件夹,卸载的提示是否与概要设计说明一致;

(2) 测试使用系统自带的添加删除程序卸载的情况;

(3) 测试软件自带的卸载程序;

(4) 测试卸载后文件是否全部删除,包括安装文件夹、注册表、系统环境变量;

(5) 卸载过程中出现的意外情况的测试,如死机、断电、重启等;

(6) 卸载是否支持取消功能,单击取消后软件卸载的情况;

(7) 软件自带卸载程序的 UI 测试;

(8) 如果软件有调用系统文件,当卸载文件时,是否有相应的提示。

3. 升级时需要考虑的问题

(1) 测试升级后的功能是否与需求说明一样;

(2) 测试与升级模块相关的模块的功能是否与需求一致;

(3) 升级安装意外情况的测试,如死机、断电、重启等;

(4) 升级界面的 UI 测试;

(5) 不同系统间的升级测试。

10.9.3 安装和卸载程序测试内容

1. 用户安装选项测试

在用户安装程序过程中,包括如下安装选项。

- 完全安装:安装程序所有文件和组件。
- 典型安装:通常是默认的选项。它安装大多数但不是所有的应用程序文件和组件。

- 扩展安装：将会安装所有的文件和组件，另外要安装通常在CD中或者产品提供商那里的其他一些文件或组件。
- 最小安装：这个安装过程只安装运行应用程序必需的最少数量的文件。这种安装选项可节省磁盘空间。
- 自定义安装：这个安装过程提供安装组件选项，可以让用户选择他们希望安装的程序功能模块；同时可让用户选择安装路径。
- 命令行安装：该安装过程主要是命令行的方式提供选项。
- 客户端/服务端选项：有些程序是C/S接口，如大多数网络版杀毒软件，在安装过程中会让用户选择安装客户端程序还是服务端程序。

2. 用户卸载选项测试

在用户卸载程序过程中，包括如下卸载选项：完全卸载、部分卸载等。当卸载完成后，观察安装目录或共享文件是否存在。

- 完全卸载：运行卸载程序，检查是否能够成功卸载；
- 部分卸载：选择要进行卸载的部件和应用程序，运行卸载程序，检查是否成功卸载。

10.10 容错性测试

容错性测试是检查软件在异常条件下的行为。容错性好的软件能确保系统不发生无法预料的事故；当系统出错时，能够在指定时间间隔内修正错误并重新启动系统。

10.10.1 容错性测试的含义

容错性测试(Fault Tolerance Testing)也称负面测试(Negative Test)、例外测试(Exception Test)，主要检查系统的容错能力，检查软件在异常条件下自身是否具有防护性的措施或者某种灾难性恢复的手段。

容错性测试包括两个方面：

- 输入异常数据或进行异常操作，以检验系统的保护性。如果系统的容错性好，系统只给出提示或内部消化掉，而不会导致系统出错甚至崩溃。
- 灾难恢复性测试。通过各种手段，让软件强制性地发生故障，然后验证系统已保存的用户数据是否丢失，系统和数据是否能尽快恢复。

对于自动恢复需验证重新初始化、检查点、数据恢复和重新启动等机制的正确性；对于人工干预的恢复系统，还需估测平均修复时间，确定其是否在可接受的范围内。容错性好的软件能确保系统不发生无法预料的事故。

10.10.2 容错性测试

从容错性测试的概念可以看出，当软件出现故障时如何进行故障的转移与恢复有用的数据是十分重要的。

1. 故障转移与数据恢复

故障转移是确保测试对象在出现故障时能成功完成故障的转移，并能从导致意外数据损失或数据完整性破坏的各种硬件、软件和网络故障中恢复。数据恢复可确保：对于必须持续运行的系统，一旦发生故障，备用系统将不失时机地代替发生故障的系统，以避免丢失任何数据或事务。容错性测试是一种对抗性的测试过程。在这种测试中，将把应用程序或系统置于模拟的异常条件下，以产生故障。例如设备输入输出故障或无效的数据库指针和关键字等。然后调用恢复进程并监测和检查应用程序和系统，核实系统和数据已得到了正确的恢复。

2. 测试目标

容错性测试的目标是确保恢复进程将数据库、应用程序和系统正确地恢复到预期的已知状态。测试中将包括以下各种情况：

- 客户机断电、服务器断电。
- 通过网络服务器产生的通信中断或控制器被中断。
- 断电或与控制器的通信中断周期未完成(数据过滤进程被中断，数据同步进程被中断)。
- 数据库指针或关键字无效，数据库中的数据元素无效或遭到破坏。

3. 测试范围

分别执行或模拟以下操作：

- 不接打印机，但进行打印操作。
- 客户机断电和服务器断电。
- 网络通信中断，如可以断开通信线路的连接，关闭网络服务器或路由器的电源。
- 控制器被中断、断电或与控制器的通信中断，模拟与一个或多个控制器及设备的通信，或实际取消这种通信。

10.11 配置测试

一个软件系统是在一定的配置环境下才可以正常工作，配置项内容包括硬件配置、软件配置和网络配置。

10.11.1 配置测试的含义

配置测试(Configuration Testing)是指在不同的系统配置下能否正确工作,配置包括软件、硬件、网络等。配置测试主要是针对硬件,其测试过程是测试目标软件在具体硬件配置情况下是否出现问题,目的是发现硬件配置可能出现的问题。有时会与兼容性测试或安装测试一起进行。硬件配置分为以下几类：PC、组件、外围设备、接口、选项和内存、设备驱动等。

10.11.2 配置测试方法

配置测试的理想状况：所有生产厂家都严格遵照一套标准来设计硬件,那么所有使用这些硬件的软件就能正常运行。然而,实际情况是：标准并没有被严格遵守,一般都是由各个组织或公司自行定义规范。

在进行配置测试之前,有两项准备工作需要提前完成。

第一项是分离配置缺陷。配置缺陷不是普通的缺陷,这里有一个简单有效的办法来进行判断,即在另外一台有完全不同配置的计算机上一步步执行导致问题的相同操作,如果缺陷没有产生,就极有可能是特定的配置问题,在独特的硬件配置下才会暴露出来。

第二项是计算配置测试工作量。例如要测试一个游戏软件,需要考虑其画面、音效、多机操作等,如果要进行完整的配置测试,要检查所有的配置及其组合,工作量十分巨大。

计划配置测试时一般采用的过程如下：

- 确定所需的硬件类型；
- 确定哪些硬件型号和驱动程序可以使用；
- 确定可能的硬件特性、模式和选项；
- 将硬件配置缩减到可以控制的范围内；
- 明确使用硬件配置的软件的特性；
- 设计在每种配置中执行的测试用例；
- 反复测试直到对结果满意为止。

10.12 冒烟测试

冒烟测试是微软首先提出来的一个概念,微软关于冒烟测试的描述是,开发人员在个人版本的软件上进行测试,以确定新的程序代码不出故障。这种测试强调程序的主要功能进行的验证,也称版本验证测试、提交测试。

10.12.1 冒烟测试概述

1. 冒烟测试的来源

冒烟测试源自硬件行业。对一个硬件或硬件组件进行更改或修复后，直接给设备加电。如果没有冒烟，则该组件就通过了测试。在软件中，在检查了代码后，冒烟测试是确定和修复软件缺陷的最经济有效的方法。冒烟测试设计用于确认代码中的更改会按预期运行，且不会破坏整个版本的稳定性。

冒烟测试的名称可以理解为该种测试耗时短，仅用一袋烟工夫足够了。也有人认为是形象地类比新电路板基本功能检查。任何新电路板焊好后，先通电检查，如果存在设计缺陷，电路板可能会短路，从而冒烟。

2. 冒烟测试的含义

冒烟测试(Smoke Testing)在测试中发现问题，找到了一个缺陷，然后开发人员会来修复这个缺陷。这时想知道这次修复是否真的解决了程序的缺陷，或者是否会对其他模块造成影响，就需要针对此问题进行专门测试，这个过程就被称为冒烟测试。在很多情况下，做冒烟测试是开发人员在试图解决一个问题时，造成了其他功能模块一系列的连锁反应，原因可能是只集中考虑了一开始的那个问题，而忽略其他的问题，这就可能引起了新的缺陷。冒烟测试的优点是节省测试时间，防止系统失败；缺点是覆盖率比较低。

10.12.2 冒烟测试的应用和内容

1. 冒烟测试的应用

冒烟测试的对象是每一个新编译的需要正式测试的软件版本，目的是确认软件基本功能正常，可以进行后续的正式测试工作。冒烟测试的执行者是版本编译人员。

在一般软件公司，软件在编写过程中，内部需要编译多个版本，但是只有有限的几个版本根据项目开发计划需要执行正式测试，这些需要执行的中间测试版本，在刚刚编译出来后，软件编译人员需要进行基本性能确认测试，例如是否可以正确安装/卸载，主要功能是否实现，是否存在严重死机或数据严重丢失等缺陷。如果通过了该测试，则可以根据正式测试文档进行正式测试。否则，就需要重新编译版本，再次执行版本可接收确认测试，直到成功。

2. 冒烟测试的内容

在冒烟测试前，进行侧重于代码中的所有更改的代码检查。代码检查是验证代码质量并确保代码无缺陷和错误的最有效、最经济的方法。冒烟测试确保通过代码检查或风险评估标识的主要的关键区域或薄弱区域已通过验证，因为如果失败，测试就无法继续。

由于冒烟测试特别关注更改过的代码，因此必须与编写代码的开发人员协同工作。

必须了解以下内容：

(1) 代码中进行了什么更改。若要理解该更改，必须理解使用的技术；开发人员可以提供相关说明。

(2) 更改对功能有何影响。

(3) 更改对各组件的依存关系有何影响。

10.13 GUI软件测试

随着图形界面的Windows操作系统替代命令环境DOS操作系统，GUI软件测试就逐渐提上了日程。GUI软件测试相当于一种系统的外观测试，一个好的GUI环境用户可以很快接受，而一个不好的GUI用户则很难接受其产品。

10.13.1 GUI软件测试概述

1. GUI软件测试的含义

20世纪末，计算机操作由命令行界面发展到图形用户界面，图形用户界面的广泛流行是当今计算机技术的重大成就之一，它极大地方便了非专业用户的使用，人们不再需要死记硬背大量的命令，而可以通过窗口、菜单方便地进行操作。

图形用户界面(Graphical User Interface，GUI)是计算机软件与用户进行交互的主要方式。GUI软件测试是指对使用GUI的软件进行的软件测试。GUI的存在为用户的操作带来了极大的方便，同时，也使得GUI软件更复杂、更难以测试。GUI软件的测试由于其凸现出来的重要性，已日渐引起学术界和工业界的兴趣和重视。然而，目前关于GUI软件测试的研究还处于初级阶段，很多问题还没有解决，GUI软件测试依然需要较高的人工成本，目前的技术还不能满足保证软件质量的实际需求。一般来说，当一个软件产品完成GUI设计后，就确定了它的外观架构和GUI元素，GUI本身的测试工作就可以进行。

2. GUI软件的主要特点

1) WIMP

W(Windows)指窗口，是用户或系统的一个工作区域。一个屏幕上可以有多个窗口。

I(Icons)指图符，系形象化的图形标志，易于人们理解。

M(Menu)指菜单，可供用户选择的功能提示。

P(Pointing Devices)指鼠标器等，便于用户直接对屏幕对象进行操作。

2) 用户模型

GUI采用了不少桌面办公方式，使应用者共享一个直观的界面框架。由于人们熟悉办公桌的情况，因而对计算机显示的图符的含义容易理解，如文件夹、收件箱、画笔、工作簿、时钟等，使得软件更加美观，易于被用户所接受。

3）直接操作

用户操作简便、直观。过去的界面不仅需要记忆大量命令，而且需要指定操作对象的位置，如行号、空格数、X及Y的坐标等。采用GUI后，用户可直接对屏幕上的对象进行操作，如拖动、删除、插入以及放大和旋转等。用户执行操作后，屏幕能立即给出反馈信息或结果，因而称为“所见即所得”（What You See Is What You Get）。用视、点（鼠标）代替了记、击（键盘），给用户带来了方便。

4）操作的连续性和可逆性

GUI能够在有限面积内显示更丰富的信息；操作的连续性和可逆性能够避免许多无意义的或者错误的用户输入。

因此，越来越多的软件利用GUI来与用户进行交互，GUI软件已成为计算机软件的主流。深入人们日常工作和生活的各种办公软件、财务软件、Internet浏览器、Web应用程序，都是GUI软件。

与不带GUI的软件相比，GUI软件具有很多特性。

（1）GUI软件接收到的输入是作用于GUI上的各种事件。

（2）GUI软件所能接收的输入受到GUI本身结构和状态的限制。GUI本身具有特定的层次结构，同时也具有自身的状态。GUI软件运行中，用户需要根据这些信息来进行软件操作。

（3）GUI软件的输出形式多样，可能是图形界面上的变化、图像、文字或者若干个事件。

（4）软件的运行结果不仅仅决定于当前时刻的输入，与软件的初始状态和之前的用户操作都有关系。

（5）GUI软件运行对操作系统依赖性很强。GUI软件运行过程中经常会调用操作系统的功能，这使得外部设备的状态，操作系统的状态都会对GUI软件的运行产生影响。GUI软件与操作系统之间的界限变得模糊，许多功能是通过操作系统的接口函数与软件代码的交互实现的。

10.13.2 GUI软件测试方法

GUI软件测试由于其重要性及其独有的难点，已逐渐引起学术界和软件产业界的兴趣和重视。

1. GUI软件测试的难点

1）测试用例需要专门的定义

测试用例严格来说包括软件输入及其期望输出，但通常也将软件输入称为测试用例。而GUI软件的状态与测试历史相关，软件运行的结果与软件初始状态、测试历史和当前测试输入都有关系，难以用简单的数据结构表示；测试的期望输出也变得很复杂。这使得测试用例的定义变成一个首要问题，有了明确的测试用例的定义才能够进行进一步的研究。同时，测试用例的定义对测试的效率也会产生直接影响。

2）测试用例的生成变得复杂

GUI 软件的测试输入是事件序列，而这些事件的发生没有固定的顺序，因此 GUI 软件的输入域非常庞大或者无穷。另一方面，GUI 软件的输入受到 GUI 的结构和状态的限制，在其输入域上的很多事件序列是无效的，无法正确执行或者不会得到软件的响应。如何获得有效的测试用例成为生成 GUI 测试用例的关键。

3）测试用例的自动执行变得困难

GUI 软件的输入和输出是交替进行的，而且测试输入受到 GUI 结构和状态的限制，这些特点使得自动测试时需要时刻监视 GUI 的结构和状态。

4）需要新的测试覆盖准则

软件接收到事件后即调用相应的代码来响应该事件。由于事件的发生没有固定的顺序，而软件的运行又与测试历史相关，使得 GUI 软件的控制流和数据流都变得极其复杂，直接应用现有的覆盖准则成本比较高，所以需要研究针对 GUI 测试的覆盖准则来指导测试用例的生成和判断测试的充分性。

5）GUI 软件的操作界面的不确定性

很多 GUI 软件为用户提供了若干快捷键、快捷方式等，这些界面的元素会对用户操作习惯产生重大影响，在软件可靠性研究中需要考虑到 GUI 对操作界面的影响。

2. 现有的 GUI 软件测试方法

近年来有不少学者和研究机构对 GUI 的测试进行了研究，从测试的各个角度提出了很多方法，从软件测试的各个环节来研究软件测试。下面介绍现有的一些 GUI 软件测试方法。

1）GUI 测试覆盖准则

软件测试覆盖准则是一个被关注很久的课题，是指测试中对测试需求覆盖程度的要求。而测试覆盖率是用来定量描述对测试需求覆盖程度的度量。可以说覆盖准则是各种软件测试技术的核心。常用的覆盖准则包括语句覆盖准则、分支覆盖准则、条件覆盖准则、路径覆盖准则、状态覆盖准则、数据流覆盖准则等。这些覆盖准则多是在 20 世纪 90 年代之前被定义的，都不是针对 GUI 软件测试的。在 GUI 软件测试中，由于其输入是事件序列，而这个序列是由用户决定的，具有很大的随意性和随机性，这使得 GUI 软件的控制流图和数据流图比传统非 GUI 软件要复杂很多，导致这些传统的覆盖准则难以使用。因此有必要专门为 GUI 软件测试定义新的覆盖准则。

目前，针对 GUI 测试覆盖准则的相关研究主要包括以下几项。

(1) Memon 等提出了基于事件的测试覆盖准则。他们将被测 GUI 按照窗口划分为若干模块，将作用在每个模块内 GUI 部件上的事件归为一类，按照这些事件能够被执行的先后关系创建事件流图（Event-Flow Graph）。不同 GUI 部分之间的相互调用则使用整体树（Integrated Tree）来表示。在这两种模型基础上，他们定义了若干种模块内覆盖准则（Intra-Component Coverage Criteria）和模块间覆盖准则（Inter-Component Coverage Criteria）。模块内覆盖准则指标包括事件覆盖准则、事件交互覆盖准则、长度为 n 的事件序列覆盖准则等，这些覆盖准则实际上是要求测试用例集覆盖事件流图上的顶点、边以及长度为 n 的路径，反映了对这一 GUI 模块测试的充分性。而模块间测试覆盖准则包括调用覆盖准则、调用-关闭覆盖准则以及长度为 n 的跨模块事件序列覆盖准则，这些覆盖准则要求对 GUI 模块间的调用进行测试。实际上，在 Memon 等的后续工作中，原本定义于模块内的事件覆盖率和事件交互覆盖率也被应用到模块间，是比较常用的 GUI 测试覆盖率。

（2）McMaster 等提出了一种用于 GUI 软件回归测试的调用堆栈覆盖准则（Call Stack Coverage）。在软件的运行过程中，内存中有一个称为调用堆栈的数据结构，这个堆栈中的数据反映了软件中函数被调用的顺序，如果两个测试用例被执行时其调用堆栈中内容相同，则说明这两个测试用例调用函数的顺序一致。调用堆栈覆盖准则将函数调用顺序相似的测试用例看作等价。在进行回归测试时，受测试成本限制，可能无法运行现有的所有测试用例，因此需要对测试用例集进行缩减，使用调用堆栈覆盖率时，需要逐一分析测试用例的调用堆栈，分析器函数调用顺序，如果一个测试用例的函数调用顺序与前面的测试用例一致，则将这个测试用例看作冗余。

2）GUI 测试用例生成

当前国内外学者针对 GUI 测试用例生成的问题已经提出了若干种方法，如录制/回放技术、基于有限状态自动机生成测试用例、基于 UML 生成 GUI 测试用例、基于事件流图生成测试用例。

（1）录制/回放技术。

HP WinRunner、IBM Rational 这类 GUI 测试工具中提供了测试用例录制/回放机制，可以将用户在被测 GUI 软件上的操作录制为测试脚本，而在进行测试时回放这些脚本。这是工业界应用比较广的一种测试用例生成方法。然而这类方法需要人工设计并录制测试用例，可以说仅仅是人工测试的辅助工具。

（2）基于有限状态自动机生成测试用例。

有限状态自动机（Finite State Machine，FSM）是一种能够描述交互式系统的数学模型。GUI 软件作为一种交互式系统，也可以使用 FSM 进行建模。基于 FSM 的测试用例生成主要有以下几种方法。

Belli 在文献中使用 FSM 对 GUI 软件与用户的操作以及软件缺陷进行了建模，并给出算法将 FSM 转换为等价正则表达式，然后利用这些等价正则表达式生成 GUI 测试用例。Chen 等以被测软件 GUI 上的 GUI 部件属性为状态，事件作为输出，GUI 部件属性的变化作为输出，构建 FSM，通过 FSM 上的路径搜索得到输入序列作为测试用例。

上述方法直接使用 FSM 对 GUI 进行建模，由于存在状态爆炸的问题，难以处理较大的 GUI 软件，FSM 模型的创建难度也比较大。Shehady 等使用带变量的有限状态自动机（Variable Finite State Machine，VFSM，有的文献也称扩展有限状态自动机，即 Extended Finite State Machine，EFSM）来对 GUI 软件进行建模。VFSM 可以通过定义变量大大减少状态空间中状态的数量。文中创建 VFSM 时是以当前窗口作为状态，将测试中操作的或关注的变量加入自动机中；然后给出算法，将 VFSM 转化为 FSM，再由 FSM 生成事件序列作为 GUI 测试用例。但这种方法依然难以应用于大的 GUI 软件，创建 VFSM 难度也比较大，需要很高的人力成本。

White 等提出了一种使用多个 FSM 对被测 GUI 软件进行建模的方法，以缩小 FSM 的规模，减少生成测试用例的个数。这种方法首先将在用户操作后产生的 GUI 上可观察的变化作为一个响应(responsibility)；再对每个响应人工地辨识出一系列 GUI 部件，通过对这些部件的操作可以产生这个响应，这样的一系列 GUI 部件成为一个完全交互序列(Complete Interaction Sequence,CIS)；然后对每一个 CIS 建立一个 FSM；下一步是利用文中给出的方法将 FSM 中相对独立的状态子集组合成一个超状态；最后利用变换后的 FSM 生成测试用例。

上述基于 FSM 生成测试用例的方法的主要问题在于需要对被测 GUI 软件手工建立 FSM 模型，这是一个难度和工作量都很大的工作。

(3) 基于 UML 生成 GUI 测试用例。

UML(Unified Modeling Language，统一建模语言)是用来对软件系统进行可视化建模的一种语言。在软件开发过程中，人们常用 UML 来编写设计文档。

Vieira 等中提出利用 UML 用例图和活动图来生成 GUI 测试用例的方法。这种方法首先要人工对 UML 进行标注，然后根据标注后的 UML 文档生成测试操作。这类方法使用的前提是具有完善的 UML 软件设计文档或 UML 软件规约(Specification)，具有较大的局限性；所生成的测试用例还需要人工转化为测试脚本，或者人工施加到被测软件上。

(4) 基于事件流图生成测试用例。

事件流图是 Memon 等提出的一种描述事件间跟随关系的模型。所谓跟随是指在测试中一个事件能够在另一个事件施加后被施加到被测软件上。事件流图中的路径就是在测试中可以运行的"可行"测试用例序列。在文献中，Memon 等使用遍历算法在事件流图上查找特定的路径来作为 GUI 测试用例。这种方法没有明确的目标，会生成大量冗余测试用例。

3) GUI 的手工测试和自动化测试

(1) GUI 的手工测试。

按照软件产品的文档说明设计测试用例，依靠人工单击的方式输入测试数据，然后把实际运行结果与预期的结果相比较后，得出测试结论。但是，随着软件产品的功能越来越复杂，越来越完善，一般一套软件包括丰富的用户界面，每个界面里又有相当数量的对象元素，所以 GUI 测试完全依靠手工测试方法是难以达到测试目标的。

(2) GUI 的自动化测试。

首先选择一个能够完全满足测试自动化需要的测试工具，其次是使用编程语言，如 Java、C++ 等编写自动化测试脚本。但是，任何一种工具都不能够完全支持众多不同应用的测试，常用的做法是使用一种主要的自动化测试工具，并且使用编程语言编写自动化测试脚本以弥补测试工具的不足。自动化测试的引入大大提高了测试的效率和准确性，而且专业测试人员设计的脚本可以在软件生命周期的各个阶段重复使用。

10.13.3 GUI 常见的要素

GUI 常见的要素为：符合标准和规范、直观性、一致性、灵活性、舒适性、正确性和实用性。

1. 界面设计符合标准和规范

标准和规范详细说明了软件对用户应该有什么样的外观和感觉。以苹果公司和微软公司为例，苹果公司有 *Macintosh Human Interface Guideline*，微软公司有 *Microsoft Windows User Experience*。图 10-11 所示为几个广泛使用的提示标志。

图 10-11　几个提示标志

以微软的著名的字处理软件 Word 和演示文稿软件 PowerPoint 为例，它们的窗口界面充分体现了其规范性，如图 10-12 和图 10-13 所示。

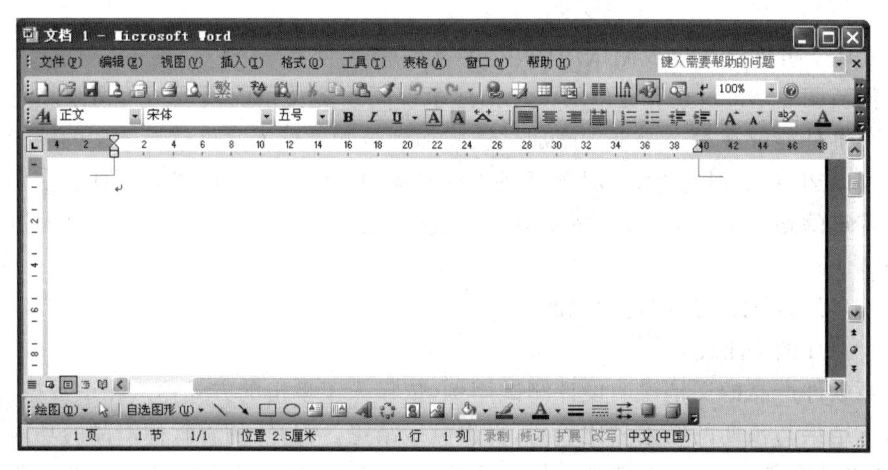

图 10-12　字处理软件 Word 界面

在软件设计的范围内，可以通过以下方法来减少用户输入的工作量。

(1) 对共同的输入内容设置默认值(缺省值)。

(2) 改动填入已输入过的内容或需要重复输入的内容。

(3) 如果输入内容是来自一个有限的备选集，可以采用列表选择或指定方式。

2. 界面设计的直观性

- 用户界面洁净、不拥挤，功能或期待的响应明显且出现在预期的地方；
- 组织和布局合理，允许用户轻松地从一个功能转到另一个功能，下一步做什么明显，任何时刻都可以决定放弃、退回或退出，输入得到确认等；

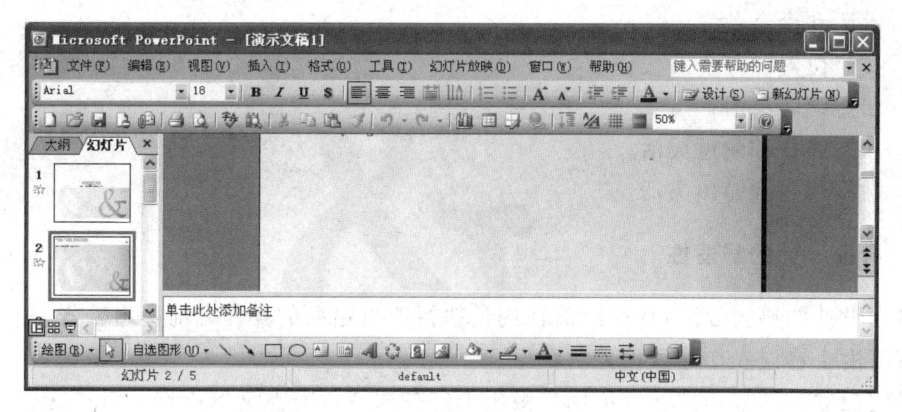

图 10-13　演示文稿软件 PowerPoint 界面

- 没有多余功能，软件整体或局部不能做得太多或其太多特性把工作复杂化了，不使人感到信息太庞杂；
- 及时的出错处理和帮助功能，系统要给用户提供反馈，弹出式信息或声音提示等；数据内容应当根据它们的使用频率，或它们的重要性，或它们的输入次序进行组织。

界面设计的直观性如图 10-14 所示。

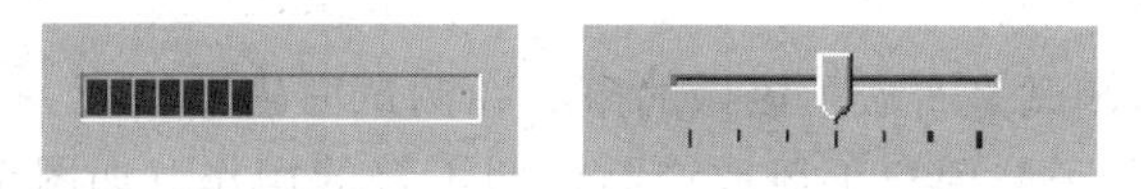

图 10-14　界面设计的直观性

(1) 明确的输入：只有当用户按下输入的确认键时，才确认输入。这有助于在输入过程中一旦出现错误能及时纠错。

(2) 明确的动作：在表格项之间自动地跳跃/转换并不总是可取的，尤其是对于不熟练的用户，往往会被搞得无所适从，要使用 Tab 键或 Enter 键控制在表格单元间的移动。

(3) 明确的取消：如果用户中断了一个输入序列，已经输入的数据不要马上丢弃。这样才能对一个也许是错误的取消动作进行重新思考。

(4) 确认删除：为避免错误的删除动作可能造成的损失，在输入删除命令后，必须进行确认，然后才执行删除操作。例如，界面出现确认要把文件放入回收站吗？通过单击是/否按钮来确认。

(5) 允许编辑：在一个文件输入过程中或输入完成后，允许用户对其编辑，以修改正在输入的数据或修改以前输入的数据。

(6) 提示输入的范围：应当显示有效回答的集合及其范围。

(7) 提供恢复：应允许用户恢复输入以前的状态。这在编辑和修改错误的操作中经常用到。

3. 界面设计的一致性和灵活性

- 快捷键和菜单选项；

- 术语和命令；
- 按钮位置和等价的按键；
- 状态跳转灵活；
- 状态终止和跳过灵活；
- 数据输入和输出灵活。

4. 界面设计的舒适性

界面设计的错误处理，程序应该在用户执行严重错误的操作之前提出警告，并且允许用户恢复由于错误操作导致丢失的数据。

对用户输入的容错性。避免用户做出未经授权或没有意义的操作。对可能引起致命错误或系统出错的输入字符或动作要加限制或屏蔽。对错误的或可能发生严重后果的操作要有补救措施，如取消操作、支持可逆性处理。通过补救措施用户可以回到原来的正确状态。对可能造成等待时间较长的操作应该提供取消功能。

数据表格设计的规则。数据输入很容易出错。出错的原因可能是忽略了某一项，或在某一项的输入中键入了不正确的数据，或是数字或字符敲错。数据验证是要检查是否所有必需的项目都已填充，数据输入是否正确、是否合理。

5. 界面设计的正确性和实用性

测试正确性就是测试是否做了该做的事。在测试时需要注意，有没有多余的或遗漏的功能，功能是否执行了与用户手册或产品说明不符的操作。如图 10-15 所示的“字体”对话框体现了界面设计的正确性和实用性。

图 10-15 “字体”对话框

实用性不是指软件本身是否实用，而仅指具体特性是否实用。在审查文档、准备测试或实际测试时，看到的特性是否具有实际价值。

10.13.4 GUI基本测试内容

GUI(图形用户界面)对软件测试提出了有趣的挑战,因为GUI开发环境有可复用的构件,开发用户界面更加省时而且更加精确。同时,GUI的复杂性也增加了,从而加大了设计和执行测试用例的难度。因为现在GUI设计和实现有了越来越多的类似,所以也就产生了一系列的测试标准。下列问题可以作为常见GUI测试的指南。

1. 窗口

- 窗口是否基于相关的输入和菜单命令适当地打开?
- 窗口能否改变大小、移动和滚动?
- 窗口中的数据内容能否用鼠标、功能键、方向键和键盘访问?
- 当被覆盖并重新调用后,窗口能否正确地再生?
- 需要时能否使用所有窗口相关的功能?
- 所有窗口相关的功能是可操作的吗?
- 是否有相关的下拉式菜单、工具条、滚动条、对话框、按钮、图标和其他控制可为窗口使用,并适当地显示?
- 显示多个窗口时,窗口的名称是否被适当地表示?
- 活动窗口是否被适当地加亮?
- 如果使用多任务,是否所有的窗口被实时更新?
- 多次或不正确按鼠标是否会导致无法预料的副作用?
- 窗口的声音和颜色提示和窗口的操作顺序是否符合需求?
- 窗口是否正确地被关闭?

2. 下拉式菜单和鼠标操作

- 菜单条是否显示在合适的语境中?
- 应用程序的菜单条是否显示系统相关的特性(如时钟显示)?
- 下拉式操作能正确工作吗?
- 菜单、调色板和工具条是否工作正确?
- 是否适当地列出了所有的菜单功能和下拉式子功能?
- 是否可以通过鼠标访问所有的菜单功能?
- 文本字体、大小和格式是否正确?
- 是否能够用其他的文本命令激活每个菜单功能?
- 菜单功能是否随当前的窗口操作加亮或变灰?
- 菜单功能是否正确执行?
- 菜单功能的名字是否具有自解释性?
- 菜单项是否有帮助,是否语境相关?
- 在整个交互式语境中,是否可以识别鼠标操作?

- 如果要求多次单击，是否能够在语境中正确识别？
- 光标、处理指示器和识别指针是否随操作恰当地改变？

3. 数据项

- 字母数字数据项是否能够正确回显，并输入到系统中？
- 图形模式的数据项(如滚动条)是否正常工作？
- 是否能够识别非法数据？
- 数据输入消息是否可理解？

10.13.5 GUI测试常见错误

1. 录入界面

(1) 输入字段要完整，且要与列表字段相符合(参照数据库进行检查)。

(2) 必填项一律在后面用 * 表示(必填项为空，在处理之前要有相关的提示信息)。

(3) 字段需要做校验，如果校验不对，在处理之前要有相关的提示信息。包括长度校验；数字、字母、日期等的校验；范围的校验。

(4) 录入字段的排序按照流程或使用习惯，字段特别多时需要进行分组显示。

(5) 下拉框不选值的时候应该提供默认值。

(6) 相同字段的录入方式应该统一(手动输入、点选、下拉选择、参照)。

(7) 录入后自动计算的字段要随着别的字段修改更新(如折扣变化后，总金额也变)。

(8) 日期参照应该既能输入，又能从文本框选择。

2. 界面格式

(1) 字体颜色、大小、对齐方式、加粗的一致性。

(2) 文本框、按钮、滚动条、列表等控件的大小、对齐、位置的一致性。

(3) 不同界面显示相同字段的一致性(如列表界面和编辑界面)。

(4) 界面按钮显示要求(查询、新增、删除顺序)。

(5) 列表的顺序排列应该统一(按照某些特定条件排序)。

(6) 下拉框中的排列顺序需要符合使用习惯或者是按照特定的规则排定。

(7) 所有弹出窗口居中显示或者最大化显示。

(8) 人员、时间的默认值一般取当前登录人员和时间。

(9) 对于带有单位的字段，需要字段的标签后面添加单位。

3. 功能问题

(1) 按钮功能的实现(如返回按钮能否返回)。

(2) 信息保存提交后系统给出“保存/提交成功”提示信息，并自动更新显示。

(3) 所有有提交按钮的页面都要有“保存”按钮(每个界面风格一致)。

(4) 选择记录后单击“删除”按钮要提示“确实要删除吗?”。
(5) 需要考虑删除的关联性,即删除某一个内容需要同时删除其关联的某些内容。
(6) 界面只读的时候(查询、统计、导入)等,应该不能编辑。

10.14 文档测试

文档测试就是对交付给用户的系统文档进行检验,通过文档测试可以保证文档的准确性,文档测试要求测试人员站在用户的角度评价文档的文字、说明、操作步骤等内容是否正确。

10.14.1 文档测试的含义

20世纪80年代,许多应用软件仅仅有一个叫Readme的文本文件,进行文档测试未免有点小题大做。但30年过去了,现在的软件文档已成为软件的一个重要组成部分,而且种类繁多,对文档的测试也变得必不可少。

1. 基本概述

文档测试(Documentation Testing)是提交给用户的文档进行验证,目标是验证软件文档是否正确记录系统的开发全过程的技术细节。通过文档测试可以改进系统的可用性、可靠性、可维护性和安装性。

2. 文档内容

1) 测试方案
主要设计怎么测试什么内容和采用什么样的方法,经过分析,在这里可以得到相应的测试用例表。
2) 测试执行策略
主要包括哪些可以先测试,哪些可以放在一起测试等。
3) 测试用例
主要根据测试用例列表,写出每一个用例的操作步骤、紧急程度、预置结果和备注信息。
4) 缺陷描述报告
主要包括测试环境的介绍,预置条件,测试人员,问题重现的操作步骤和当时测试的现场信息。
5) 整个项目的测试报告
从设计和执行的角度上来对此项目测试情况的介绍,从分析中总结此次设计和执行做的好的地方、需要努力的地方和对此项目的一个质量评价。

3. 文档测试的重要性

对于用户来说,软件文档是软件的一部分,所以文档的错误也是软件缺陷。错误的解释可能会引导用户无法完成某些软件已具有的功能。如果安装文档不正确，用户无法进行安装，肯定是软件的缺陷。

好的文档能达到提高易用性、提高可靠性、降低技术支持费用的目的，从而提高了产品的整体质量。用户通过文档可以掌握具体的使用方法，这提高了产品的易用性，避免了用户在摸索使用中一些不可预期的操作，也就相对避免了一些不可预期的错误的发生，从而提高了产品的可靠性。当用户在遇到问题时，多数会向朋友或同事询问解决方法，再就是通过帮助文档或请求公司帮助。约30%的用户通过文档解决了问题，也就避免了公司提供费用不菲的技术支持。

4. 文档测试的三类文件

文档测试有三大类，分别是开发文件、用户文件、管理文件。

(1) 开发文件：可行性研究报告、软件需求说明书、数据要求说明书、概要设计说明书、详细设计说明书、数据库设计说明书、模块开发卷宗。

- 系统定义的目标是否与用户的要求一致。
- 系统需求分析阶段提供的文档资料是否齐全。
- 文档中的所有描述是否完整、清晰、准确地反映用户要求。
- 与所有其他系统成分的重要接口是否都已经描述。
- 被开发项目的数据流与数据结构是否足够、确定。
- 所有图表是否清楚，在不补充说明时能否理解。
- 主要功能是否已包括在规定的软件范围之内，是否都已充分说明。
- 软件的行为和必须处理的信息、必须完成的功能是否一致。
- 设计的约束条件或限制条件是否符合实际。
- 是否考虑了开发的技术风险。
- 是否考虑过软件需求的其他方案。
- 是否考虑过将来可能会提出的软件需求。
- 是否详细制定了检验标准，它们能否对系统定义是否成功进行确认。
- 有没有遗漏、重复或不一致的地方。
- 用户是否审查了初步的用户手册或原型。
- 项目开发计划中的估算是否受到了影响。
- 接口：分析软件各部分之间的联系，确认软件的内部接口与外部接口是否已经明确定义。模块是否满足高内聚低耦合的要求，模块作用范围是否在其控制范围之内；确认该软件设计在现有的技术条件下和预算范围内是否能按时实现。
- 实用性：确认该软件设计对于需求的解决方案是否实用。
- 技术清晰度：确认该软件设计是否以一种易于翻译成代码的形式表达。
- 可维护性：从软件维护的角度出发，确认该软件设计是否考虑了方便未来的维护。
- 质量：确认该软件设计是否表现出良好的质量特征。
- 各种选择方案：看是否考虑过其他方案，比较各种选择方案的标准是什么。

- 限制：评估对该软件的限制是否实现，是否与需求一致。
- 其他具体问题：对于文档、可测试性、设计过程等进行评估。

(2) 用户文件：用户手册、操作手册。

- 把用户文档作为测试用例选择依据。
- 确切地按照文档所描述的方法使用系统。
- 测试每个提示和建议，检查每条陈述。
- 查找容易误导用户的内容。
- 把缺陷并入缺陷跟踪库。
- 测试每个在线帮助超链接。
- 测试每条语句，不要想当然。
- 表现的像一个技术编辑而不是一个被动的评审者。
- 首先对整个文档进行一般的评审，然后进行详细的评审。
- 检查所有的错误信息。
- 测试文档中提供的每个样例。
- 保证所有索引的入口有文档文本。
- 保证文档覆盖所有关键用户功能。
- 保证阅读类型不是太技术化。
- 寻找相对比较弱的区域，这些区域需要更多的解释。

(3) 管理文件：项目开发计划、测试计划、测试分析报告、开发进度月报、项目开发总结报告。

软件测试中的文档测试主要是对相关的设计报告和用户使用说明进行测试，对于设计报告主要是测试程序与设计报告中的设计思想是否一致；对于用户使用说明进行测试时，主要是测试用户使用说明书中对程序操作方法的描述是否正确，重点是用户使用说明中提到的操作例子要进行测试，保证采用的例子能够在程序中正确完成操作。

具体来说，文档的种类如下。

- 联机帮助文档或用户手册：联机帮助文档是人们最容易想到的文档。用户手册是随软件发布而印制的小册子，通常是简单的软件使用入门指导书。而详细的帮助指导内容通常以联机帮助文档的形式出现，有索引和搜索功能，用户可以方便、快捷地查找所需信息。微软的联机帮助文档内容非常全面。多数情况下联机帮助文档已成为软件的一部分，有时也在网站上发布。
- 指南和向导：是程序和文档融合在一起形成的，可以引导用户一步一步完成任务的一种工具，如 Microsoft Office 助手。
- 安装、设置指南：简单的可以是一页纸，复杂的可以是一本手册。
- 示例及模板：例如，某些系统提供给用户填写的表单模板。
- 错误提示信息：常常被忽略，但属于文档。一个较特殊的例子是，服务器系统运行时检测到系统资源达到临界值或受到攻击时，给管理员发送的警告邮件。
- 用于演示的图像和声音。
- 授权/注册登记表及用户许可协议。

- 软件的包装、广告宣传材料、标签和不干胶条。有些用户会认真对待，并很好地利用它，因为错误或缺少必要的信息可能带来麻烦。甚至标签上的信息等均为文档测试的内容。
- 授权/注册登记表。
- 最终用户许可协议、用来解释使用软件的法律条款。

5. 注意事项

(1) 仔细阅读，跟随每个步骤，检查每个图形，尝试每个示例。
(2) 检查文档的编写是否满足文档编写的目的。
(3) 内容是否齐全、正确。
(4) 内容是否完善。
(5) 标记是否正确。

10.14.2 文档性测试方法

1. 文档走查

文档走查是通过阅读文档，来检查文档的质量。走查最有效的工具是检查单，检查单的设计有两条原则：横向分块，将文档分为若干部分，划分的基本单位是文档的章节；纵向分类，将同一类错误，设计在一个检查单中，只检查规定的检查项。

2. 数据校对

数据校对只需检查文档中数据所在部分，而不必检查全部文档。检查的数据主要有边界值、程序的版本、硬件配置、参数默认值等。其中边界值校对通过查阅设计文档，检查用户文档中的边界值，例如所需内存最小值，数据表示范围等。如果设计文档中没有给出明确值，需要测试人员测试这些值。

3. 操作流程检查

程序的操作流程主要有安装/卸载操作过程、参数配置操作过程、功能操作和向导功能。对这些操作流程的检查如同程序的测试，需要运行程序，检查的方法是对比文档是否符合程序的执行流程，检查文档的描述是否准确和易于理解。

操作流程检查与程序测试相似，但是测试人员不需要编写测试用例，文档的输入/输出就是测试输入/输出，如果程序执行的结果与文档不一致，需要进一步确认是文档的错误还是程序的错误。

4. 引用测试

文档之间的相互引用，如术语、图、表和示例等，是缺陷的多发处。加之文档中究竟有多少处引用，事先并不清楚。因此，测试起来比较困难。引用是单向指针，适用追踪法，即从文档开始处，逐项检查引用的正确性。

5. 可用性测试

本项测试只针对文档的可用性，不涉及整个软件的可用性，软件可用性测试是更复杂的问题。这项测试又分为两种策略：一是由软件专家进行测试，要求测试者是软件专家，对被测试软件的功能非常熟悉，掌握相应领域知识，专家依靠他们的经验和知识完成测试；二是由用户测试，选择一些对软件不熟悉但具有操作软件必需领域知识的人员来承担，他们以用户加初学者的身份测试文档的可用性。

6. 链接测试

与引用测试类似，但是链接测试是专用于测试电子文档中的超链接。当超链接关系复杂时，这项测试也较复杂，需要借助于有向图，否则可能迷失在链接中。测试方法是为每个链接在有向图中画一条有向边，直到所有的链接都反映到有向图中，如果有失败的链接或不正确的链接，就找到了缺陷。

10.15 网站测试

1. 网站测试的含义

网站测试是指的当一个网站制作完上传到服务器之后针对网站的各项性能所做的检测工作。它与软件测试有一定的区别，其除了要求外观的一致性以外，还要求其在各个浏览器下的兼容性，以及在不同环境下的显示差异。如图 10-16 所示就是一个普通的网站首页，包含简单的文字、图片和链接。

2. 网站测试的主要内容

1）性能测试

（1）连接速度测试。

用户连接到 Web 应用系统的速度根据上网方式的变化而变化，上网方式或是电话拨号，或是宽带上网。当下载一个程序时，用户可以等较长的时间，但如果仅仅访问一个页面就不会这样。如果 Web 系统响应时间太长(例如超过 10s)，用户就会因没有耐心等待而离开。

另外，有些页面有超时的限制，如果响应速度太慢，用户可能还没来得及浏览内容，就需要重新登录了。而且，连接速度太慢，还可能引起数据丢失，使用户得不到真实的页面。

（2）负载测试。

负载测试是为了测量 Web 系统在某一负载级别上的性能，以保证 Web 系统在需求范围内能正常工作。负载级别可以是某个时刻同时访问 Web 系统的用户数量，也可以是在线数据处理的数量。例如负载测试需要测量 Web 应用系统能允许多少个用户同时在线，如果超过了这个数量，会出现什么现象，Web 应用系统能否处理大量用户对同一个页面的请求等。

图 10-16 一个网站首页

(3) 压力测试。

压力测试是测试系统的限制和故障恢复能力。负载测试应该安排在 Web 系统发布以后,在实际的网络环境中进行测试。因为一个企业内部员工,特别是项目组人员总是有限的,而一个 Web 系统能同时处理的请求数量将远远超出这个限度,所以,只有放在 Internet 上,接受负载测试,其结果才是正确可信的。

进行压力测试是指实际破坏一个 Web 应用系统,测试系统的反映。压力测试是测试系统的限制和故障恢复能力,也就是测试 Web 应用系统会不会崩溃,在什么情况下会崩溃。黑客常常提供错误的数据负载,直到 Web 应用系统崩溃,接着当系统重新启动时获得存取权。

2) 功能测试

(1) 链接测试。

链接是 Web 应用系统的一个主要特征,它是在页面之间切换和指导用户去一些不知道地址的页面的主要手段。链接测试可分为三个方面:首先,测试所有链接是否按指示的那样确实链接到了该链接的页面;其次,测试所链接的页面是否存在;最后,保证 Web 应用系统上没有孤立的页面,所谓孤立页面是指没有链接指向该页面,只有知道正确的 URL 地址才能访问。

链接测试可以自动进行,现在已经有许多工具可以采用。链接测试必须在集成测试阶段完成,也就是说,在整个 Web 应用系统的所有页面开发完成之后进行链接测试。

(2) 表单测试。

当用户给 Web 应用系统管理员提交信息时,就需要使用表单操作,例如用户注册、登录、信息提交等。在这种情况下,必须测试提交操作的完整性,以校验提交给服务器的信息的正确性。例如，用户填写的出生日期与工作经历是否恰当、填写的所属省份与所在城市是否匹配等。如果使用了默认值，还要检验默认值的正确性。如果表单只能接受指定的某些值，则也要进行测试。例如，只能接受某些字符，测试时可以跳过这些字符，看系统是否会报错。如图 10-17 所示就是一个表单，需要填写用户信息，提交后可以申请免费的 163 邮箱。

图 10-17 一个表单

表单测试用例如表 10-4 所示。

表 10-4 表单测试用例

测试用例号	操作描述	数据	期望结果	实际结果
ST1	用 Tab 键从一个格跳转到另一个格		按正确的顺序移动	一致/不一致
ST2	输入数据所能接收的最长字符串		能接收输入	一致/不一致
ST3	输入数据超出所能接收的最长字符串		拒绝接收输入的字符	一致/不一致
ST4	在某个可选区域中不填写内容		在用户正确填写其他内容的同时接收表单	一致/不一致
ST5	在某个必填区域中不填写内容		表单页面弹出提示要求用户必须填写	一致/不一致
…	…	…	…	…

(3) Cookies 测试。

Cookies 通常用来存储用户信息和用户在某应用系统的操作，当一个用户使用

Cookies 访问了某一个应用系统时，Web 服务器将发送关于用户的信息，把该信息以 Cookies 的形式存储在客户端计算机上，这可用来创建动态和自定义页面或者存储登录等信息。

如果 Web 应用系统使用了 Cookies，就必须检查 Cookies 是否能正常工作。测试的内容可包括 Cookies 是否起作用、是否按预定的时间进行保存、刷新对 Cookies 有什么影响等。

Cookies 测试用例如表 10-5 所示。

表 10-5 Cookies 测试用例

测试用例号	操作描述	数据	期望结果	实际结果
ST1	测试 Cookies 打开和关闭		Cookies 在打开时是否起作用	一致/不一致
…	…	…	…	…

(4) 设计语言测试。

Web 设计语言版本的差异可以引起客户端或服务器端严重的问题，例如使用哪种版本的 HTML 等。当在分布式环境中开发时，开发人员都不在一起，这个问题就显得尤为重要。除了 HTML 的版本问题外，不同的脚本语言，例如 Java、JavaScript、ActiveX、VBScript 等也要进行验证。

(5) 数据库测试。

在 Web 应用技术中，数据库起着重要的作用，数据库为 Web 应用系统的管理、运行、查询和实现用户对数据存储的请求等提供空间。在 Web 应用中，最常用的数据库类型是关系型数据库，可以使用 SQL 对信息进行处理。

在使用了数据库的 Web 应用系统中，一般情况下，可能发生两种错误，分别是数据一致性错误和输出错误。数据一致性错误主要是由于用户提交的表单信息不正确而造成的，而输出错误主要是由于网络速度或程序设计问题等引起的。针对这两种情况，可分别进行测试。

3) 可用性测试

(1) 导航测试。

导航描述了用户在一个页面内操作的方式，在不同的用户接口控制之间，例如按钮、对话框和窗口等；或在不同的连接页面之间。通过考虑下列问题，可以决定一个 Web 应用系统是否易于导航，以及导航是否直观：Web 系统的主要部分是否可通过主页存取？Web 系统是否需要站点地图、搜索引擎或其他的导航帮助？

在一个页面上放太多的信息往往起到与预期相反的效果。Web 应用系统的用户趋向于目的驱动，很快地扫描一个 Web 应用系统，看是否有满足自己需要的信息，如果没有，就会很快地离开。很少有用户愿意花时间去熟悉 Web 应用系统的结构，因此，Web 应用系统导航帮助要尽可能地准确。

导航的另一个重要方面是 Web 应用系统的页面结构、导航、菜单、连接的风格是否一致。确保用户凭直觉就知道 Web 应用系统里面是否还有内容，内容在什么地方。Web

应用系统的层次一旦确定，就要着手测试用户导航功能，让最终用户参与这种测试，效果将更加明显。

(2) 图形测试。

在Web应用系统中，适当的图片和动画既能起到广告宣传的作用，又能起到美化页面的功能。一个Web应用系统的图形可以包括图片、动画、边框、颜色、字体、背景、按钮等。图形测试的内容有：

① 要确保图形有明确的用途，图片或动画不要胡乱地堆在一起，以免浪费传输时间。Web应用系统的图片尺寸要尽量地小，并且要能清楚地说明某件事情，一般都链接到某个具体的页面。

② 验证所有页面字体的风格是否一致。

③ 背景颜色应该与字体颜色和前景颜色相搭配。

④ 图片的大小和质量也是一个很重要的因素，一般采用JPG或GIF压缩。

(3) 内容测试。

内容测试用来检验Web应用系统提供信息的正确性、准确性和相关性。

信息的正确性是指信息是可靠的还是误传的。例如，在商品价格列表中，错误的价格可能引起财政问题甚至导致法律纠纷；信息的准确性是指是否有语法或拼写错误。这种测试通常使用一些文字处理软件来进行，例如使用Microsoft Word的“拼音与语法检查”功能。

(4) 整体界面测试。

整体界面是指整个Web应用系统的页面结构设计，是给用户的一个整体感。例如，当用户浏览Web应用系统时是否感到舒适，是否凭直觉就知道要找的信息在什么地方？整个Web应用系统的设计风格是否一致？

对整体界面的测试过程，其实是一个对最终用户进行调查的过程。一般Web应用系统采取在主页上做一个调查问卷的形式，来得到最终用户的反馈信息。对所有的可用性测试来说，都需要有外部人员的参与，最好是最终用户的参与。

4) 安全性测试

安全性测试是对网站的安全性可能存在的漏洞测试、攻击性测试、错误性测试；对电子商务的客户服务器应用程序、数据、服务器、网络、防火墙等进行测试。网站的安全性测试区域主要有：

(1) 现在的Web应用系统基本采用先注册后登录的方式。因此，必须测试有效和无效的用户名和密码，要注意到是否大小写敏感，可以试多少次的限制，是否可以不登录而直接浏览某个页面等。

(2) Web应用系统是否有超时的限制，也就是说，用户登录后在一定时间内没有单击任何页面，是否需要重新登录才能正常使用。

(3) 服务器端的脚本常常构成安全漏洞，这些漏洞又常常被黑客利用。所以，还要测试没有经过授权就不能在服务器端放置和编辑脚本的问题。

(4) 为了保证Web应用系统的安全性，日志文件是至关重要的。需要测试相关信息是否写进了日志文件、是否可追踪。

(5) 加密处理,以检查信息的完整性。

5) 兼容性测试

(1) 平台测试。

市场上有很多不同的操作系统类型,最常见的有 Windows、UNIX、Macintosh、Linux 等。Web 应用系统的最终用户究竟使用哪一种操作系统,取决于用户系统的配置。这样,就可能会发生兼容性问题,同一个应用可能在某些操作系统下能正常运行,但在另外的操作系统下可能会运行失败。因此,在 Web 系统发布之前,需要在各种操作系统下对 Web 系统进行兼容性测试。

(2) 浏览器测试。

浏览器是 Web 客户端最核心的构件,来自不同厂商的浏览器对 ActiveX、JavaScript、Java、plug-ins 或不同的 HTML 规格有不同的支持。例如,ActiveX 是 Microsoft 的产品,是为 Internet Explorer 而设计的;JavaScript 是 Netscape 的产品;Java 是 Sun 的产品等。另外,框架和层次结构风格在不同的浏览器中也有不同的显示,甚至根本不显示。不同的浏览器对安全性和 Java 的设置也不一样。测试浏览器兼容性的一个方法是创建一个兼容性矩阵。在这个矩阵中,测试不同厂商、不同版本的浏览器对某些构件和设置的适应性。

10.16 恢复测试

在介绍恢复测试之前,需要先介绍软件的恢复性。许多基于计算机的软件系统必须在一定的时间内从错误中恢复过来,然后继续运行。也就是说在某些情况下,一个软件系统应该是在运行过程中出现错误时能自动或人工进行恢复,不能使整个系统的功能都停止运作,否则就会造成严重损失。因此,软件可恢复失败包括两个方面:一是软件系统没有自动地恢复到原来的性能,这意味着恢复需要人工干预;二是即使是人工干预后,也不能恢复到原来的设计性能,例如软件所涉及的数据出现某种程度的损坏或丢失。

10.16.1 恢复测试的含义

目前,对高可靠性软件测试特别是可恢复测试方案,许多测试人员还缺乏真正的认识。因此,对需要高可恢复的软件如何实施可恢复测试,在技术和经验上仍是一个颇不成熟的领域。随着软件系统应用环境的复杂性的增加,软件出错的概率越来越大了,软件面临着一个非常关键的需求就是在系统出错后能进行恢复。目前用户最大的抱怨是很多系统缺少自动恢复功能,出现错误后许多的恢复过程都要人工干预来完成,说明恢复测试仍然很不成熟,需要特别加强。

1. 恢复测试的定义

恢复测试(Recovery Testing)是指采取各种人工干预方式强制性地使软件出错,使其不能正常工作,进而检验系统的恢复能力。恢复测试通过测试一个系统从灾难中能否很好地恢复,如遇到系统崩溃、硬件损坏或其他灾难性问题。恢复测试时通过人为地让软件(或者硬件)出现故障来检测系统是否能正确地恢复,通常关注恢复所需的时间以及恢复的程度。

恢复测试通常需要关注恢复所需的时间以及恢复的程度。恢复测试主要检查系统的容错能力。当系统出错时,能否在指定时间间隔内修正错误并重新启动系统。恢复测试首先要采用各种办法强迫系统失败,然后验证系统是否能尽快恢复。对于自动恢复需验证重新初始化(Reinitialization)、检查点(Checkpointing)、数据恢复(Data Recovery)和重新启动(Restart)等机制的正确性;对于人工干预的恢复系统,还需估测平均修复时间,确定其是否在可接受的范围内。

随着网络应用、电子商务、电子政务越来越普及,系统恢复性也显得越来越重要,恢复性对系统的稳定性、可靠性影响很大。但恢复测试很容易被忽视,因为恢复测试相对来说是比较难的,一般情况下是很难设想出让系统出错和发生灾难性的错误,这需要足够的时间和精力,也需要更多的设计人员、开发人员的参与。

2. 容错测试与恢复测试的区别

容错测试一般是输入异常数据或进行异常操作,以检验系统的保护性。如果系统的容错性好的话,系统会给出提示或内部消化掉,而不会导致系统出错甚至崩溃。而恢复测试是通过各种手段,让软件强制性地发生故障,然后验证系统已保存的用户数据是否丢失、系统和数据是否能很快恢复。因此,恢复测试和容错测试是互补的关系,恢复测试也是检查系统的容错能力的方法之一,但不能只重视其中之一而忽略其他。

3. 故障转移测试和恢复测试的关系

故障转移测试(Failover Testing)指当主机软硬件发生灾难时,备份机器是否能够正常启动,使系统可以正常运行,这对于电信,银行等领域的软件是十分重要的。因此,故障转移是确保测试对象在出现故障时,能成功地将运行的系统或系统某一关键部分转移到其他设备上继续运行,即备用系统将不失时机地“顶替”发生故障的系统,以避免丢失任何数据或事务,不影响用户的使用。

故障转移测试和恢复测试也是一种互补关系的测试,它们共同可确保测试对象能成功完成故障转移,并能从导致意外数据损失或数据完整性破坏的各种硬件、软件或网络故障中恢复。因此,两者的关系一个是测试备用系统能否及时工作,另一个是测试系统能否恢复到正确运行状态。

10.16.2 恢复测试的主要内容和步骤

1. 恢复测试的基本内容

通过恢复测试,一方面使系统具有异常情况的抵抗能力,另一方面使系统测试质量可控制。因此,恢复测试包括以下几种情况。

(1) 硬件及有关设备故障。

测试对于硬件及设备故障是否有有效的保护及恢复能力,系统是否具有诊断、故障报告及指示处理方法的能力,是否具备冗余及自动切换能力,故障诊断方法是否合理和及时。例如,设备掉电后的可恢复程度。

(2) 软件系统故障。

测试系统的程序及数据是否有足够可靠的备份措施,在系统遭破坏后是否具有重新恢复正常工作的能力,对系统故障是否有自动检测和诊断的功能。故障发生时,是否能对操作人员发出完整的提示信息和指示处理方法能力;是否具有自动隔离局部故障,进行系统重组和降级使用使系统不中断运行;若系统局部故障,可否在系统不中断的情况下运行;在异常情况时是否具有记录故障前后的状态、搜集有用信息的能力。

(3) 数据和通信故障。

数据和通信故障测试是测试数据处理周期未完成时的恢复程度,例如数据交换或同步进程被中断,异常终止或提前终止的数据库进程,其后有没有操作异常等情况。测试有没有纠正通信传输错误的措施,有没有恢复到与其他系统通信发生故障前原状的措施。

2. 恢复测试的步骤

(1) 制订恢复测试计划,并准备好可恢复测试用例和恢复测试规程。

(2) 进行软件可恢复测试。在此过程中,要用文档记录好在恢复性测试期间所出现的问题并跟踪直到结束。

(3) 将可恢复测试结果写成文档,说明测试所揭露的软件能力、缺陷和不足,以及可能给软件运行带来的影响。

(4) 说明能否通过测试和测试结论,并提交恢复测试分析报告。

10.16.3 恢复测试中要注意的地方

1. 对恢复测试给予足够的重视和关注

目前,许多测试人员还缺乏足够的重视和关注。例如,许多测试人员认为只要有制定的恢复测试方案,有获得所需的硬件和软件,配置了系统,然后也有测试故障转移和灾难恢复响应系统,一切按照预期计划进行就行了。但是大多数的测试人员只会在常规环境下进行恢复测试,并没有想尽一切可能的办法在更多的不同环境下进行恢复测试,结果并没有确保自己进行了足够的恢复测试。

2. 制订明确的测试计划和测试制度

如果没有制订明确的测试计划和需要遵循的测试制度,那么测试就会敷衍了事,根本无法满足可恢复测试的要求,那么完成测试目标也成了空中楼阁。

3. 确保测试过程和文档的一致性

恢复测试应包括程序不同环境下的表现、书面需求分析文档、联机帮助、界面资源等。

因此，当进行恢复测试活动时，应确保测试手册、联机帮助、测试分析报告和应用程序测试需求的完整性和一致性。

4. 最好用真实数据进行测试

用真实数据进行真实测试是可恢复测试中最棘手的部分。因为在没有用真实数据测试时，就很难评价系统进行可恢复或故障转移过程中的各种技术指标的有效性。用真实数据进行测试往往会得到让人意想不到的结果。

10.17 协议测试

1984年，国际标准化组织ISO提出了开放式系统互连ISO/OSI参考模型。1993年1月1日，TCP/IP被宣布为Internet上唯一正式的协议，为Internet的发展铺平了道路。协议就是计算机网络和分布式系统中各种通信实体之间相互交换信息所必须遵守的一组规则。

协议测试(Protocol Testing)是用来保证协议实现的正确性和有效性的重要手段。协议测试已经成为计算机网络和分布式系统协议工程学中最活跃的领域之一。近年来，协议一致性测试技术得到了很好的发展和完善。

协议测试一般包括四方面的测试。

(1) 一致性测试(Conformance Testing)：检测所实现的系统与协议规范符合程度，以及测试协议实现是否严格遵循相应的协议描述。

(2) 性能测试(Performance Testing)：检测协议实体或系统的性能指标(数据传输率、联接时间，执行速度、吞吐量、并发度等)，即用实验的方法来观测被测协议实现的各种性能参数。

(3) 互操作性测试(Interoperability Testing)：检测同一协议不同实现版本之间或同一类协议不同实现版本之间互通能力和互连操作能力。

(4) 健壮性测试(Robustness Testing)：检测协议实体或系统在各种恶劣环境下运行的能力(信道被切断、通信技术掉电、注入干扰报文等)。

性能测试和健壮性测试前面已用比较多的篇幅进行了介绍，下面主要介绍一致性测试和互操作性测试。

10.17.1 一致性测试

一致性测试是协议测试的一个重要方面，一致性测试开展最早，也形成了很多有价值的成果，是性能测试、互操作性测试和健壮性测试的基础，是协议开发人员首要关心的问题，它测试协议的实现是否符合协议规范。一致性测试是一种黑盒测试，不涉及协议的内部实现，只是从外面的行为来判断协议的实现是否符合要求。1991年，国际标准化组织ISO制订的国际标准ISO 9646，即OSI协议一致性测试的方法和框架，用自然语言描述了基于OSI七层参考模型的协议测试过程、概念和方法。

10.17.2 互操作性测试

协议测试系统是对协议进行有效测试的有机的、完整的统一体。协议一致性测试目的是检测IUT(Implementation Under Test,被测实现)是否能够按照协议标准的规定实现了它的功能,但是并不验证IUT与其他系统的互操作性,所以一致性测试无法检查出IUT在与其他系统互连时功能上的不正确性。因此必须能够对IUT互连时的互操作性功能进行检测。在互操作规程测试中,既可以存在专门的测试系统,也可以不存在。当没有专门的测试系统存在时,互操作的测试过程只是简单地将两个被测系统互连在一起,由测试人员或测试程序对两个系统的行为进行控制和观察。这种互操作性测试方法有许多缺陷。当被测试系统由多层协议组成时,测试系统无法对内部协议层的行为进行观察,也无法得到像协议一致性测试中那样详尽的测试报告,所以当发现功能上的问题时,就无法准确地定位是哪一层协议实现有错误。而且在这种测试结构下,只能观察到被测系统向高层提供的服务,却无法对底层的信息交换进行监测,从而无法观察到被测系统对底层不正常行为的反应。所以这种不带专用测试系统的互操作规程测试只能达到互连通性测试的目的,而不能成为严格意义上的"互操作性测试"。由于协议的互操作性测试没有像一致性测试那样的国际标准,因此各种互操作系统所使用的方法都不相同,而其测试效率也差别很大。

互操作性测试的主要过程与一致性测试有许多相似的地方,主要如下:

(1) 通过分析在实际网络环境下的协议标准,定义测试目的,制定抽象测试集。

(2) 根据测试集开发互操作性测试可执行测试集。

(3) 执行互操作测试,每个测试项的测试结果与一致性测试一样,也分为测试通过、测试失败和测试无结论三种。

(4) 对测试结果进行分析,产生测试报告。

10.18 验收测试

验收测试阶段,相关的用户或独立测试人员根据测试计划和结果对系统进行测试和接收。它让系统用户决定是否接收系统。它是一项确定产品是否能够满足合同或用户所规定需求的测试。这是管理性和防御性控制。

10.18.1 验收测试概述

1. 验收测试的含义

验收测试(Acceptance Testing)是部署软件之前的最后一个测试操作,是在软件产品完成了功能测试和系统测试之后、产品发布之前所进行的软件测试活动。它是技术测试的最后一个阶段,也称交付测试。验收测试的目的是确保软件准备就绪,并且可以让最终用户将其用于执行软件的既定功能和任务。

验收测试是向未来的用户表明系统能够像预定要求那样工作。经集成测试后，已经按照设计把所有的模块组装成一个完整的软件系统，接口错误也已经基本排除了，接着就应该进一步验证软件的有效性，这就是验收测试的任务，即软件的功能和性能如同用户所合理期待的那样。

2. 验收测试的相关标准

通过综合测试之后，软件已完全组装起来，接口方面的错误也已排除，软件测试的最后一步——验收测试即可开始。验收测试应检查软件能否按合同要求进行工作，即是否满足软件需求说明书中的确认标准。

实现软件确认要通过一系列黑盒测试。验收测试同样需要制订测试计划和过程，测试计划应规定测试的种类和测试进度，测试过程则定义一些特殊的测试用例，旨在说明软件与需求是否一致。无论是计划还是过程，都应该着重考虑软件是否满足合同规定的所有功能和性能，文档资料是否完整、准确，人机界面和其他方面(例如，可移植性、兼容性、错误恢复能力和可维护性等)是否令用户满意。验收测试的结果有两种可能，一种是功能和性能指标满足软件需求说明的要求，用户可以接受；另一种是软件不满足软件需求说明的要求，用户无法接受。项目进行到这个阶段才发现严重错误和偏差一般很难在预定的工期内改正，因此必须与用户协商，寻求一个妥善解决问题的方法。

3. 配置复审

验收测试的另一个重要环节是配置复审。复审的目的在于保证软件配置齐全、分类有序，并且包括软件维护所必需的细节。

10.18.2 α测试和β测试

验收测试既可以是非正式的测试，也可以是有计划、有系统的测试。有时，验收测试长达数周甚至数月，不断暴露错误，导致开发延期。一个软件产品，可能拥有众多用户，不可能由每个用户验收，此时多采用称为α、β测试的过程，用来发现那些似乎只有最终用户才能发现的问题。α测试是指软件开发公司组织内部人员模拟各类用户对即将面市软件产品(称为α版本)进行测试，试图发现错误并修正。α测试的关键在于尽可能逼真地模拟实际运行环境和用户对软件产品的操作，并尽最大努力涵盖所有可能的用户操作方式。经过α测试调整的软件产品称为β版本。紧随其后的β测试是指软件开发公司组织各方面的典型用户在日常工作中实际使用β版本，并要求用户报告异常情况、提出批评意见。然后软件开发公司再对β版本进行改错和完善。β测试一般包括功能度、安全可靠性、易用性、可扩充性、兼容性、效率、资源占用率、用户文档八个方面。

实施验收测试的常用策略有三种，分别是正式验收、非正式验收或β测试。

1. 正式验收测试

正式验收测试是一项管理严格的过程，它通常是系统测试的延续。计划和设计这些测试的周密和详细程度不亚于系统测试。选择的测试用例应该是系统测试中所执行测试用例的子集。不要偏离所选择的测试用例方向,这一点很重要。在很多组织中,正式验收测试是完全自动执行的。

对于系统测试,活动和工件是一样的。在某些组织中,开发组织(或其独立的测试小组)与最终用户组织的代表一起执行验收测试。在其他组织中,验收测试则完全由最终用户组织执行,或者由最终用户组织选择人员组成一个客观公正的小组来执行。

这种测试形式的优点:

- 要测试的功能和特性都是已知的。
- 测试的细节是已知的并且可以对其进行评测。
- 这种测试可以自动执行,支持回归测试。
- 可以对测试过程进行评测和监测。
- 可接受性标准是已知的。

这种测试形式的缺点:

- 要求大量的资源和计划。
- 这些测试可能是系统测试的再次实施。

2. 非正式验收测试

在非正式验收测试中,执行测试过程的限定不像正式验收测试中那样严格。在此测试中,确定并记录要研究的功能和业务任务,但没有可以遵循的特定测试用例。测试内容由各测试员决定。这种验收测试方法不像正式验收测试那样组织有序,而且更为主观。

大多数情况下,非正式验收测试是由最终用户组织执行的。

非正式验收测试的优点:

- 要测试的功能和特性都是已知的。
- 可以对测试过程进行评测和监测。
- 可接受性标准是已知的。
- 与正式验收测试相比,可以发现更多由于主观原因造成的缺陷。

非正式验收测试的缺点:

- 要求资源、计划和管理资源。
- 无法控制所使用的测试用例。
- 最终用户可能沿用系统工作的方式,并可能无法发现缺陷。
- 最终用户可能专注于比较新系统与遗留系统,而不是专注于查找缺陷。
- 用于验收测试的资源不受项目的控制,并且可能受到压缩。

3. β测试

在这三种验收测试策略中,β测试需要的控制是最少的。在β测试中,采用的细节多少、数据和方法完全由各测试员决定。各测试员负责创建自己的环境、选择数据,并决定要研究的功能、特性或任务。各测试员负责确定自己对于系统当前状态的接受标准。β测试由最终用户实施,通常开发(或其他非最终用户)组织对其管理很少或不进行管理。β

测试是所有验收测试策略中最主观的。

β测试的优点：

- 测试由最终用户实施。
- 大量的潜在测试资源。
- 提高客户对参与人员的满意程度。
- 与正式或非正式验收测试相比，可以发现更多由于主观原因造成的缺陷。

β测试的缺点：

- 未对所有功能和/或特性进行测试。
- 测试流程难以评测。
- 最终用户可能沿用系统工作的方式，并可能没有发现或没有报告缺陷。
- 最终用户可能专注于比较新系统与遗留系统，而不是专注于查找缺陷。
- 用于验收测试的资源不受项目的控制，并且可能受到压缩。
- 可接受性标准是未知的。
- 需要更多辅助性资源来管理β测试员。

当α测试达到一定可靠性时，开始β测试，β测试是整个测试的最后阶段。产品的所有手册和文档也应该在此阶段完全定稿。α、β测试的过程如图10-18所示。

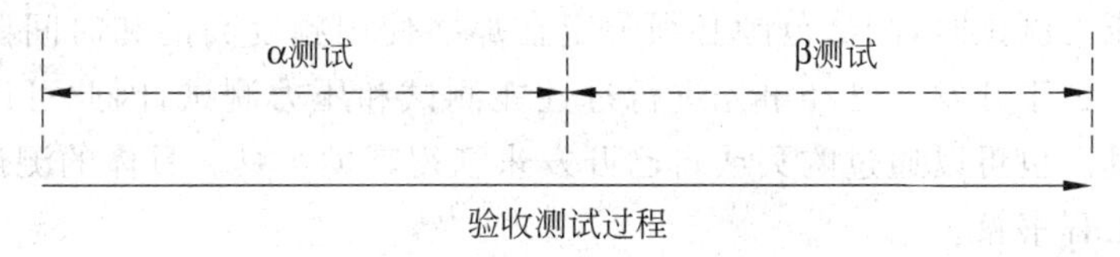

图10-18 α、β测试的过程

10.18.3 验收测试的过程和主要内容

用户验收测试是软件开发结束后，用户对软件产品投入实际应用以前进行的最后一次质量检验活动。它要回答开发的软件产品是否符合预期的各项要求，以及用户能否接受的问题。由于它不只是检验软件某个方面的质量，而是要进行全面的质量检验，并且要决定软件是否合格，因此验收测试是一项严格的正式测试活动，需要根据事先制订计划，进行软件配置评审、功能测试、性能测试等多方面检测。

用户验收测试可以分为两个大的部分：软件配置审核和可执行程序测试。其大致顺序可分为文档审核、源代码审核、配置脚本审核、测试程序或脚本审核、可执行程序测试。要注意的是，在开发方将软件提交用户方进行验收测试之前，必须保证开发方本身已经对软件的各方面进行了足够的正式测试。

1. 验收测试的过程

（1）软件需求分析：了解软件功能和性能要求、软硬件环境要求等，并特别要了解软件的质量要求和验收要求。

（2）编制《验收测试计划》和《项目验收准则》：根据软件需求和验收要求编制测试计划，制定需测试的测试项，制定测试策略及验收通过准则，并经过客户参与的计划评审。

（3）测试设计和测试用例设计：根据《验收测试计划》和《项目验收准则》编制测试用例，并经过评审。

（4）测试环境搭建：建立测试的硬件环境、软件环境等。

（5）测试实施：测试并记录测试结果。

（6）测试结果分析：根据验收通过准则分析测试结果，做出验收是否通过及测试评价。

（7）测试报告：根据测试结果编制缺陷报告和验收测试报告，并提交给客户。

2. 测试内容

测试内容通常可以包括安装（升级）、启动与关机、功能测试（正例、重要算法、边界、时序、反例、错误处理）、性能测试（正常的负载、容量变化）、压力测试（临界的负载、容量变化）、配置测试、平台测试、安全性测试、恢复测试（在出现掉电、硬件故障或切换、网络故障等情况时，系统是否能够正常运行）、可靠性测试等。

性能测试和压力测试一般情况下是在一起进行，通常还需要辅助工具的支持。在进行性能测试和压力测试时，测试范围必须限定在那些使用频度高的和时间要求苛刻的软件功能子集中。由于开发方已经事先进行过性能测试和压力测试，因此可以直接使用开发方的辅助工具。也可以通过购买或自己开发来获得辅助工具。具体的测试方法可以参考相关的软件工程书籍。

如果执行了所有的测试案例、测试程序或脚本，用户验收测试中发现的所有软件问题都已解决，而且所有的软件配置均已更新和审核，可以反映出软件在用户验收测试中所发生的变化，用户验收测试就完成了。

3. 验收测试用例的设计

（1）验收测试的目的主要是验证软件功能的正确性和需求的符合性。软件研发阶段的单元测试、集成测试、系统测试的目的是发现软件错误，将软件缺陷排除在交付给客户之前，而验收测试是与客户共同参与的，旨在确认软件符合需求规格的验证活动。这是组织和编写验收测试用例的出发点。

（2）验收测试用例所覆盖的范围应该只是软件功能的子集，而不是软件的所有功能。在V模型中验收测试与需求分析阶段是相对应的，因此，验收测试用例与软件需求规格说明书之间具有可追溯性。一个软件产品可能使用在多个项目中，因而可能具有复杂多样的功能，验收测试不可能也没有必要把研发阶段所有的测试用例都重新执行一遍。

（3）验收测试用例应当是粗粒度的、结构简单的、条理清晰的，而不应当过多地描述软件内部实现的细节。验收测试预期结果的描述，要从用户可以直观感知的方面体现，而不是针对内部数据结构的展示。因此，需要用黑盒测试的方法，尽量屏蔽软件的内部结构。

（4）验收测试用例的组织应当面向用户，从用户使用和业务场景的角度出发，而不是从开发者实现的角度出发。使用用户习惯的业务语言来描述业务逻辑，根据业务场景来组织测试用例和流程，适当迎合用户的思维方式和使用习惯，便于用户的理解和认同。

（5）设计验收测试用例应当充分把握用户的关注点。在保证系统完整性的基础上，把用户关心的主要功能点和性能点作为测试的重点，其他的功能点可以忽略。

（6）验收测试用例可以适当地展示软件的某些独有特性，引导和激发用户的兴趣，达到超出用户预期效果的目的。适当展示软件在某些方面的独特功能，能够为软件增色，特别是在针对招标入围、设备选型、系统演示等目的的测试活动中，可以弥补软件在其他方面的不足，取得额外的效果。

10.19 思考题

1. 简述什么是系统测试。
2. 简述什么是性能测试，性能测试时主要测试哪些方面。
3. 简述什么是压力测试，压力测试与性能测试的联系与区别。
4. 简述什么是容量测试，容量测试与压力测试的区别。
5. 什么是安全性测试？
6. 什么是可靠性测试？
7. 什么是健壮性测试？
8. 什么是兼容性测试？
9. 什么是可用性测试？
10. 什么是安装测试？
11. 什么是容错性测试？
12. 什么是配置测试？
13. 什么是冒烟测试？
14. 什么是GUI？简述GUI软件的主要特点。
15. 什么是文档测试？
16. 什么是网站测试？
17. 什么是恢复测试？
18. 什么是协议测试？
19. 什么是验收测试？
20. 简述什么是α测试和β测试，简述验收测试的过程。

第 11 章　软件测试自动化

对于一个软件开发项目而言，软件测试工作的任务量是非常大的，需要投入大量的时间和精力，而完全的手工测试已经满足不了软件开发的需求，软件测试自动化应运而生。根据相关数据的统计，软件测试时间会占到整个软件开发时间的 40%左右，还有一些可靠性较高的软件中，所测试的时间占到了开发时间的 60%左右甚至更多。可是在整个测试软件的过程中，是非常有可能运用到计算机来进行自动化工作的，这是因为有些测试的操作十分复杂的，还有的是非智力创造性的，这些都是需要细致的工作，而计算机就是最适合来代替人们去完成相应的任务。本章介绍了软件测试自动化基础、软件测试自动化的实施、软件测试自动化工具的选择与比较等内容。

11.1　软件测试自动化的基础

软件研发的发展过程，就像社会发展的过程一样，从刚开始的手工磨坊式，逐步发展到现在的分工协作、流程化、工程化。从 20 世纪 90 年代起，针对软件测试的自动化就已经开始，并且相应的工具层出不穷。总体来说，按照时间段及特点，软件测试自动化可以分为以下几个阶段：

第一阶段，软件测试自动化始于 20 世纪 90 年代初，通过硬件的方式录入、键盘输入并播放，但缺少检查点的功能，测试脚本很难维护。

第二阶段，在 20 世纪 90 年代末开始已经由硬件转变成透过软件录制/播放(capture/playback)的方式产生测试脚本(script)，并且也增加了检查点的功能，可以对软件做验证，测试的范围也比硬件方式的自动化方式大了许多。比较大的问题是当软件有变动时，测试脚本也需要同步更新，这对测试人员来说是一大挑战，测试人员常常将整个测试脚本再重新录制一遍。

第三阶段，为了解决上述问题，21 世纪初开始的软件测试自动化，我们称之为测试框架(Test Framework)，主要把测试脚本给抽象化(Abstraction)，让非技术人员即使不懂测试脚本，在不会写程序的情况下，也可以使用自动化测试工具建立自动化测试。代表性的测试工具是 Rational Robot 和 LoadRunner。

11.1.1　软件测试自动化的概念

人们在手工测试时发现其有很多局限性：

(1) 通过手工测试无法做到覆盖所有代码路径。

(2) 简单的功能性测试用例在每一轮测试中都不能少，而且具有一定的机械性、重复性，工作量往往较大。

(3) 许多与时序、死锁、资源冲突、多线程等有关的错误,通过手工测试很难捕捉到。

(4) 进行系统负载、性能测试时,需要模拟大量数据或大量并发用户等各种应用场合时,这些很难通过手工测试来进行。

(5) 进行系统可靠性测试时,需要模拟系统运行十年、几十年,以验证系统能否稳定运行,这也是手工测试无法模拟的。

(6) 如果有大量(成百上千)的测试用例,需要在短时间内(半天或一天)完成,手工测试几乎不可能做到。

软件测试自动化(Automated Software Testing)是用自动化测试工具来进行全部或部分测试。这类测试一般不需要人干预,通常在GUI、性能等测试和功能测试中用得较多。通过录制测试脚本,然后执行这个测试脚本来实现测试过程的自动化。软件测试自动化是软件测试的一个重要组成部分,它能完成许多手工测试无法实现或难以实现的测试。正确、合理的实施自动测试,能够快速、全面的对软件进行测试,从而提高软件质量,节省经费,缩短软件发布周期。

自动化是通过人们的开发以及在相应领域上使用的一些工具,尤其是在测试中的重复以及烦琐的活动。软件测试自动化是可以执行一些人们手工测试中比较难以测试的工作,例如,在一万个用户的一个联机的系统中,用手工以及还有操作的测试是不可能实现的,但运用自动化测试工具可以模拟一万个用户的输入。所用的自动回放测试是可以通过客户端用户来实现的,随时有可能运行用户的脚本,这些工作即使是一些不了解相关内容的技术人员也可以胜任。很好地利用资源可以将烦琐的任务程序化,例如,可以减少重复地输入一些相同的测试内容,进而就会大大提高测试的准确性,还可以调动测试人员的积极性,极大地减少了测试人员的工作量,帮助测试人员解脱出来。

如表11-1所示显示了手工测试和自动测试的比较结果,此表以1750个测试案例和700个错误为例。

表11-1 手工测试和自动测试比较

测试步骤	手工测试/h	自动测试/h	使用工具后改进的百分比/%
测试计划制定	32	40	−25
测试程序开发	262	117	55
测试执行	466	23	95
测试结果分析	117	58	50
错误状态/纠正监视	117	23	80
产生报告	96	16	83
总持续时间	1090	277	75

通过表11-1可以看到,软件测试自动化后比手工测试在很多方面有了改善,在测试执行、产生报告和错误状态/纠正监视等方面的优势明显。

11.1.2 软件测试自动化的特点

软件测试自动化的优点很多，但软件测试自动化不是万能的，它不能完全替代手工测试。在软件版本还没有稳定的情况下，不要开展软件测试自动化。

1. 软件测试自动化的优点

1）回归测试更方便

这是软件测试自动化的主要特点，特别是在程序修改比较频繁时，效果是非常明显的。由于回归测试的动作和用例是完全设计好的，测试期望的结果也是完全可以预料的，将回归测试自动运行，可以极大地提高测试效率，缩短回归测试时间。

2）可以进行更多的测试

自动化的一个明显的好处是可以在较少的时间内运行更多的测试。

3）可以完成一些手工测试困难或不可能进行的测试

对于像大量用户的测试，不可能同时让足够多的测试人员同时进行测试，但是却可以通过软件测试自动化模拟同时有许多用户，从而达到测试的目的。

4）可以更好地利用资源

将烦琐的任务自动化，可以提高准确性和测试人员的积极性，将测试技术人员解脱出来投入更多精力设计更好的测试用例。有些测试不适合于自动测试，仅适合于手工测试，将可自动测试的测试自动化后，可以让测试人员专注于手工测试部分，提高手工测试的效率。

5）具有一致性和可重复性

由于测试是自动执行的，每次测试的结果和执行内容的一致性是可以得到保障的，从而达到测试可重复的效果。

6）测试速度快

软件测试自动化的速度手工是无法相比的，可以加快测试进度从而加快产品发布进度。

7）增加信任度

软件测试自动化过程中可以避免一些人为的疏忽和错误，一个好的软件测试自动化计划完成后，可以增加软件产品的信任度。

8）可以降低成本

软件测试自动化可以通过减少手工测试，降低测试成本。

此外，软件测试自动化的优点还有提高测试覆盖率、永不疲劳、提高测试的可靠性和提高编程技能等。

2. 软件测试自动化的缺点

1）不可能完全取代手工测试

软件测试自动化不能取代手工测试，不可以解决遇到的全部问题，不要期望完全的纯自动化测试。

2）手工测试可能发现的更多的缺陷

手工测试比自动测试发现的缺陷更多。据公开的报道，软件测试自动化缺陷发现率为15%，而人工软件测试缺陷发现率为85%。

3）对于测试的效率提高有效

测试自动化可以减少测试的时间和成本，但是不一定能够提高测试的有效性。

4）软件测试自动化具有局限性

由于软件测试自动化不能处理一些意外的情况，因此测试工具测试是具有局限性的。

5）测试的效果有限

如果缺乏测试经验，测试的组织差、文档少或不一致，则自动测试的效果比较差。

6）维护时的限制更多

由于自动测试比手动测试更脆弱，因此维护起来会受到更多的限制。

7）对于突发情况处理困难

在软件测试自动化过程中出现了异常，机器不会主动地去判断，也就是说软件测试自动化对于突发情况处理比较困难。

8）软件测试自动化没有想象力

由于测试工具本身并无想象力，不可能主动发现缺陷，没有人类的想象力和创造力，因此，对于GUI测试或易用性测试的能力有限。

11.2 软件测试自动化的实施

下面从五个方面论述如何实施软件测试自动化，分别是改进软件测试的过程、明确定义需求、了解产品的可测试性、可延续性的设计和面对不断的挑战。

1. 改进软件测试的过程

软件测试自动化能够使测试过程简单并有效率，使测试过程更为快捷，没有延误。运行在计算机上的软件测试自动化脚本只是软件测试自动化的一个方面而已。

例如，很多测试小组都是在回归测试环节开始采用测试自动化的方法。回归测试需要频繁地执行，再执行，去检查曾经执行过的有效的测试用例没有因为软件的变动而执行失败。回归测试需要反复执行，并且单调乏味。怎样才能做好回归测试文档化的工作呢？通常的做法是采用列有产品特性的列表，然后对照列表检查。这是个很好的开始，回归测试检查列表可以告诉测试人员应该测试哪些方面。

在开始测试自动化之前，需要完善上面提到的回归测试检查表，并且确保已经采用了确定的测试方法，指明测试中需要什么样的数据，并给出设计数据的完整方法。如果测试掌握了基本的产品知识，这会更好。确认可以提供上面提到的文档后，需要明确测试设计的细节描述，还应该描述测试的预期结果，这些通常被忽略，建议测试人员知道。太多测试人员没有意识到他们缺少什么，并且由于害怕尴尬而不敢去求助。这样一份详细的文档给测试小组带来立竿见影的效果，因为，现在任何一个具有基本产品知识的人根据文档可以开展测试执行工作了。在开始更为完全意义上的测试自动化之前，必须已经完成了测试设计文档。测试设计是测试自动化最主要的测试需求说明。不过，这时候千万不要走极端，去过分细致地说明测试执行的每一个步骤，只要确保那些有软件基本操作常识的人员可以根据文档完成测试执行工作即可。但是不要假定他们理解那些存留在你头脑中的软件测试执行的想法，把这些测试设计的思路描述清楚就可以了。

针对改进软件测试过程，一个建议是改进被测试的产品，使它更容易被测试，有很多改进措施既可以帮助用户更好地使用产品，也可以帮助测试人员更好地测试产品。稍后将讨论软件测试自动化的可测试需求。这里只是给出产品的改进点，这样对手工测试大有帮助。

一些产品非常难安装，测试人员在安装和卸载软件上花费大量的时间。这种情况下，与其实现产品安装的软件测试自动化，还不如改进产品的安装功能。采用这种解决办法，最终的用户会受益。另外一个处理方法是考虑开发一套自动安装程序，该程序可以和产品一同发布。事实上，现在有很多专门制作安装程序的商用工具。

另一些产品改进需要利用工具在测试执行的日志中查找错误。采用人工方法，在日志中一页一页地查询报错信息很容易会让人感到乏味，那么可以采用自动化方法。如果了解日志中记录的错误信息格式，写出一个错误扫描程序是很容易的事情。如果不能确定日志中的错误信息格式就开始动手写缺陷扫描程序，很可能面临的是一场灾难。修改缺陷信息的格式，使其适合日志扫描程序，便于扫描工具能够准确地扫描到所有的缺陷信息。这样，在测试中就可以使用扫描工具了。

2. 明确定义需求

开发管理、测试管理和测试人员实现软件测试自动化的目标常常是有差别的。除非三者之间达成一致，否则很难定义什么是成功的软件测试自动化。

当然，不同的情况下，有的软件测试自动化目标比较容易达到，有的则比较难以达到。测试自动化往往对测试人员的技术水平要求很高，测试人员必须能充分地理解软件测试自动化，从而通过软件测试自动化不断发现软件的缺陷。不过，软件测试自动化不利于测试人员不断地积累测试经验。不管怎样，在开始软件测试自动化之前应该确定软件测试自动化成功的标准。

手工测试人员在测试执行过程中的一些操作能够发现不引人注意的问题。他们计划并获取必要的测试资源，建立测试环境，执行测试用例。测试过程中，如果有什么异常的情况发生，手工测试人员可以立刻关注到。他们对比实际测试结果和预期测试结果，记录测试结果，复位被测试的软件系统，准备下一个软件测试用例的环境。他们分析各种测试用例执行失败的情况，研究测试过程可疑的现象，寻找测试用例执行失败的过程，设计并执行其他的测试用例帮助定位软件缺陷。接下来，他们写缺陷报告单，保证缺陷被修改，并且总结所有的缺陷报告单，以便其他人能够了解测试的执行情况。

定义软件测试自动化项目的需求要求我们全面、清楚地考虑各种情况，然后给出权衡后的需求，并且可以使测试相关人员更加合理地提出自己对软件测试自动化的期望。通过定义软件测试自动化需求，距离成功的软件测试自动化近了一步。

3. 了解产品的可测试性

软件产品一般会用到下面三种不同类别的接口：命令行接口 CLIs、应用程序接口 API、图形用户接口 GUI。有些产品会用到所有三类接口，有些产品只用到一类或者两类接口，这些是测试中所需要的接口。从本质上看，API 接口和命令行接口比 GUI 接口容易实现自动化，去找一下被测产品是否包括 API 接口或者命令行接口。有时，这两类接口隐藏在产品的内部，如果确实没有，需要鼓励开发人员在产品中提供命令行接口或者 API 接口，从而支持产品的可测试性。

有几个原因导致 GUI 软件测试自动化比预期的要困难。第一个原因是需要手工完成部分脚本。绝大多数软件测试自动化工具都有"录制回放"或者"捕捉回放"功能，这确实是个很好的方法。可以手工执行测试用例，测试工具在后台记住你的所有操作，然后产生可以用来重复执行的测试用例脚本。这是一个很好的方法，但是很多时候却不能奏效。

第二个原因，把 GUI 软件测试自动化和被测试的产品有机地结合在一起需要面临技术上的挑战。经常要采用众多专家意见和最新的 GUI 接口技术才能使 GUI 测试工具正常工作。这个主要的困难也是 GUI 软件测试自动化工具价格昂贵的主要原因之一。

第三个原因，GUI 设计方案的变动会直接带来 GUI 软件测试自动化复杂度的提高。在开发的整个过程中，图形界面经常被修改或者完全重设计，这是出了名的事情。一般来讲，第一个版本的图形界面都很糟糕。如果处在图形界面方案不停变动的时候，就开展 GUI 软件测试自动化是不会有任何进展的，你只能花费大量的时间修改测试脚本，以适应图形界面的变更。

无论要支持图形界面接口、命令行接口还是应用程序接口，如果能尽可能早地在产品设计阶段提出产品的可测试性设计需求，未来的测试工作中很可能成功。尽可能早地启动软件测试自动化项目，提出可测试性需求，会走向软件测试自动化成功之路。

4. 可延续性的设计

软件测试自动化是一个长期的过程，为了与产品新版本的功能和其他相关修改保持一致，软件测试自动化需要不停地维护和扩充。软件测试自动化设计中考虑自动化在未来的可扩充性是很关键的，不过，软件测试自动化的完整性也是很重要的。如果软件测试自动化程序报告测试用例执行通过，测试人员应该相信得到的结果，测试执行的实际结果也应该是通过了。其实，有很多存在问题的测试用例表面上执行通过了，实际上却执行失败了，并且没有记录任何错误日志，这就是失败的自动化。这种失败的自动化会给整个项目带来灾难性的后果，而当测试人员构建的测试自动化采用了很糟糕的设计方案或者由于后来的修改引入了错误，都会导致这种失败的测试自动化。失败的自动化通常是由于没有关注软件测试自动化的性能或者没有充分的自动化设计导致的。

5. 面对不断的挑战

软件测试自动化不是全能的，手工测试是永远无法完全替代的。

有些测试受测试环境的影响很大，往往需要采用人工方法获取测试结果，分析测试结果。因此,很难预先知道设计的测试用例有多大的重用性。软件测试自动化还需要考虑成本问题,因此,千万不要陷入一切测试都采用自动化方法的错误观念中。

需要保证给予测试自动化持续不断的投入。但是,在开展软件测试自动化时,测试自动化应该及时地提供给测试执行人员,这个不成问题,但是如何保证需求变更后,能够及时提供更新后的软件测试自动化就是个大问题了。如果软件测试自动化与需求变更无法同步,那么软件测试自动化的效果就无法保证,测试人员就不愿意花费时间学习如何使用新的测试工具和如何诊断测试工具上报的错误。识别项目计划中的软件发布日期,然后把这个日期作为里程碑,并计划达到这个里程碑。当达到这个里程碑后,自动化工程师应该做什么呢?如果自动化工程师关注当前产品版本的发布,他需要为测试执行人员提供帮助和咨询。但是,一旦测试执行人员知道如何使用软件测试自动化,软件测试自动化工程师可以考虑下一个版本的测试自动化工作,包括改进测试工具和相关的库。当开发人员开始设计产品下一个版本中的新特性时,如果考虑了软件测试自动化需求,那么软件测试自动化师的设计工作就很好开展了。采用这种方法,软件测试自动化工程师可以保持与开发周期同步,而不是与测试周期同步。如果不采用这种方法,在产品版本升级的过程中,软件测试自动化无法得到进一步的改进。

持续在自动化方面投入,你会面临不断的挑战,当软件测试自动化成为测试过程可靠的基础后,软件测试自动化会变得容易起来。

11.3 软件测试自动化工具的选择与比较

随着人们对测试工作的重视以及测试工作的不断深入,越来越多的公司开始使用自动化测试工具。如果能够正确地选择和使用自动化测试工具,就会提高测试的效率和测试质量,降低测试成本。由于一些商用的自动化测试工具十分昂贵,因此在选择自动化测试工具时,要把各种因素考虑进去,只有这样才能做出正确的选择。

软件开发的各个阶段都有软件测试自动化工具,又有针对不同的测试技术,如白盒测试和黑盒测试的工具。软件测试自动化工具国内外有很多,可以将工具分为白盒测试工具、黑盒测试工具和测试管理工具三大类。

11.3.1 常用软件测试自动化工具

1. QTP

QTP 的全名是 HP QuickTest Professional Software,它是一种自动测试工具。使用 QTP 的目的是用它来执行重复的手动测试,主要用于回归测试和测试同一软件的新版本。因此在测试前要考虑好如何对应用程序进行测试,例如要测试哪些功能、操作步骤、输入数据和期望的输出数据等。

QuickTest 针对的是 GUI 应用程序,包括传统的 Windows 应用程序,以及现在越来越流行的 Web 应用。它可以覆盖绝大多数的软件开发技术,简单高效,并具备测试用例可重用的特点。其中包括创建测试、插入检查点、检验数据、增强测试、运行测试、分析结果和维护测试等方面。

QTP可以实现测试自动化，减少手工测试的劳动强度，减少人为错误，它具有很高的可靠性，可以进行系统测试。

2. WinRunner

Mercury Interactive公司的WinRunner是一种企业级的功能测试工具，用于检测应用程序是否能够达到预期的功能及正常运行。通过自动录制、检测和回放用户的应用操作，WinRunner能够有效地帮助测试人员对复杂的企业级应用的不同发布版进行测试，提高测试人员的工作效率和质量，确保跨平台的、复杂的企业级应用无故障发布及长期稳定运行。

WinRunner的特点：与传统的手工测试相比，能快速、批量地完成功能点测试；能针对相同测试脚本，执行相同的动作，从而消除人工测试所带来的理解上的误差；此外，它还能重复执行相同动作，测试工作中最枯燥的部分可交由机器完成；它支持程序风格的测试脚本，一个高素质的测试工程师能借助它完成流程极为复杂的测试，通过使用通配符、宏、条件语句、循环语句等，还能较好地完成测试脚本的重用；它针对于大多数编程语言和Windows技术，提供了较好的集成、支持环境，这对基于Windows平台的应用程序实施功能测试而言带来了极大的便利。

企业级应用包括Web应用系统、ERP系统、CRM系统等。这些系统在发布之前、升级之后都要经过测试，确保所有功能都能正常运行，没有任何错误。如何有效地测试不断升级更新且不同环境的应用系统，是每个公司都会面临的问题。

WinRunner的主要功能：轻松创建测试、插入检查点、检验数据、增强测试、运行测试、分析结果、维护测试。

3. Rational Robot

Rational Robot是业界最顶尖的功能测试工具，它甚至可以在测试人员学习高级脚本技术之前帮助其进行成功的测试。它集成在测试人员的桌面IBM Rational Test Manager上，在这里测试人员可以计划、组织、执行、管理和报告所有测试活动，包括手动测试报告。这种测试和管理的双重功能是自动化测试的理想开始。

Rational Robot可以对在各种独立开发环境中开发的应用程序，创建、修改并执行功能测试、分布式功能测试、回归测试以及整合测试，记录并回放能识别业务应用程序对象的测试脚本，可以快速、有效地跟踪、报告与质量保证测试相关的所有信息，并将这些信息绘制成图表。

Rational Robot是一个面向对象的软件测试工具，主要针对Web、ERP和C/S进行功能自动化测试，可以降低在功能测试上的人力和物力的投入成本和风险。测试包括可见的和不可见的对象。Rational Robot可以开发运用三种测试脚本：用于功能测试的GUI脚本、用于性能测试的VU以及VB脚本。

Rational Robot的主要功能：

- 执行完整的功能测试，记录和回放遍历应用程序的脚本以及测试在查证点处的对象状态。
- 执行完整的性能测试。通过 Rational Robot 与 Rational Test Manager 的协作可以记录和回放脚本，这些脚本帮助断定多用户系统在不同负载情况下是否能够按照用户定义的标准运行。
- 在 SQA Basic、VB、VU 多种环境下创建并编辑脚本。Rational Robot 编辑器提供有色代码命令，并在集成脚本开发阶段提供键盘帮助。
- 测试微软 IDE 环境下 VB、HTML、Java、Oracle Forms、PowerBuilder、Delphi、开发的应用程序以及用户界面上看不见的那些对象。
- 脚本回放阶段收集应用程序诊断信息。Rational Robot 与 Rational Purify Quantify PureCoverage 集成，可以通过诊断工具回放脚本，并在日志中查看结果。

4. QACenter

QACenter 是黑盒测试工具，它可以帮助测试人员创建一个快速、可重用的测试过程。该测试工具能够自动帮助管理测试过程，快速分析和调试程序，能够针对回归测试、强度测试、单元测试、并发测试、集成测试、移植测试容量和负载测试建立测试用例，自动执行测试并产生相应的测试文档。

QACenter 测试工具主要包括以下几个模块。

1）QARun

QARun 主要用于 C/S 系统中对客户端的功能测试。在功能测试中，主要包括对系统的 GUI 进行测试以及对客户端事务逻辑进行测试。QARun 的测试实现方法是通过鼠标移动、键盘单击活动操作被测系统，得到相应的脚本，并对脚本进行编辑和调试。在记录过程中针对被测系统中所包含的功能点进行基线的建立，也就是说在插入检查点的同时建立期望输出值。一般情况下，检查点在 QARun 提示目标系统执行一系列事件之后被执行，检查点可以确定实际结果与期望结果是否相同。

2）QALoad

QALoad 是强负载下应用的性能测试工具。它主要检测系统负载能力，支持范围广、测试内容多。该工具能够帮助测试人员、开发人员和系统管理人员对于分布式系统的被测程序进行有效的负载测试。负载测试能够模拟大量的用户并发活动，从而发现大用户负载下对 C/S 系统的影响。

3）QADirector

QADirector 是测试的组织设计和创建以及管理工具。它提供应用系统管理框架，使开发者和 QA 工作组将所有测试阶段组合在一起，从而最有效地使用现有测试资料、测试方法和应用测试工具。QADirector 使用户能够自动地组织测试资料，建立测试过程，以便对多种情况和条件进行测试；按正确的次序执行多个测试脚本，记录、跟踪、分析和记录测试结果，并与多个并发用户共享测试信息。

5. Test Partner

Test Partner是一个自动化的功能测试工具,它专为测试基于微软、Java和Web技术的复杂应用而设计。它使测试人员和开发人员都可以使用可视的脚本编制和自动向导来生成可重复的测试,用户可以调用VBA的所有功能,并进行任何水平层次和细节的测试。Test Partner的脚本开发采用通用的、分层的方式来进行。没有编程知识的测试人员也可以通过Test Partner的可视化导航器来快速创建测试并执行。通过可视的导航器录制并回放测试,每一个测试都将被展示为树状结构,以清楚地显现测试通过应用的路径。

6. Telelogic TAU

Telelogic TAU第二代包含三个最新的、最强大的技术用来加速大规模软件开发和测试:标准一,统一建模语言;标准二,测试语言TTCN-3;标准三,模型驱动构架Model Driven Architecture。这三个新的业界标准结合成Telelogic TAU的已经过认可的软件开发平台,形成了一个系统,一个一流的稳定可靠的工具解决方案。Telelogic TAU第二代是系统与软件开发解决方案的一个突破,它把业界从使用了太长时间的手工、易出错、以代码为中心的方法中释放出来,自然而然地迈向下一步,一个更加可视化、自动化及可靠的开发方法。Telelogic TAU/Tester是基于通用测试语言TTCN-3,用于自动化的系统和集成测试的强大工具。Telelogic TAU/Tester以现代化的开发工具为基础,提供高层测试功能,支持整个测试生命周期,加速自动化测试。Telelogic TAU/Tester可使用户特别关注于测试的开发,因为TTCN-3语言是独立于开发语言或测试设备的,且是抽象和可移植的。

7. LoadRunner

Mercury Interactive的LoadRunner是一种适用于企业级系统、各种体系架构的自动负载测试工具,通过模拟实际用户的操作行为和实行实时性能监测,帮助更快地查找和发现问题,预测系统行为并优化系统性能。通过使用LoadRunner,企业能最大限度地缩短测试时间,优化性能和加速应用系统的发布周期。此外,LoadRunner能支持广泛的协议和技术,为一些特殊环境提供特殊的解决方案。

LoadRunner的主要功能如下。

- 轻松创建虚拟用户。LoadRunner可以记录下客户端的操作,并以脚本的方式保存,然后建立多个虚拟用户,在一台或几台主机上模拟上百或上千虚拟用户同时操作的情景,同时记录下各种数据,并根据测试结果分析系统瓶颈,输出各种定制压力测试报告。
- 使用Virtual User Generator,能简便地创立起系统负载。该引擎能生成虚拟用户,以虚拟用户的方式模拟真实用户的业务操作行为。利用虚拟用户,在不同的操作系统的机器上同时运行上万个测试,从而反映出系统真正的负载能力。
- 创建真实的负载。LoadRunner能建立持续且循环的负载,限定负载又能管理和驱动负载测试方案，而且可以利用日程计划服务来定义用户在什么时候访问系统以产生负载，使测试过程高度自动化。

- 分析结果以精确定位问题所在。测试完毕后，LoadRunner收集、汇总所有的测试数据，提供高级的分析和报告工具，以便迅速查找到问题并追溯缘由。

8. TestDirector

TestDirector是一款测试管理软件。可以使用它来规范科学的测试管理流程，建立起针对项目的测试方案和计划，消除组织机构间、地域间的障碍，让测试人员、开发人员或其他的IT人员通过一个中央数据仓库，在不同地方就能交互测试信息。TestDirector将测试过程流水化——从测试需求管理，测试计划，测试日程安排，测试执行到出错后的错误跟踪——仅在一个基于浏览器的应用中便可完成，而不需要每个客户端都安装一套客户端程序。

(1) 需求管理。程序的需求驱动整个测试过程。TestDirector的Web界面简化了这些需求管理过程，以此可以验证应用软件的每一个特性或功能是否正常。通过提供一个比较直观的机制将需求和测试用例、测试结果和报告的错误联系起来，从而确保能达到最高的测试覆盖率。

(2) 测试计划的制订。其Test Plan Manager指导测试人员如何将应用需求转换为具体的测试计划，组织起明确的任务和责任，并在测试计划期间为测试小组提供关键要点和Web界面来协调团队间的沟通。

(3) 人工与自动测试的结合。多数的测试项目需要人工与自动测试结合，启用一个自动化切换机制，能让测试人员决定哪些重复的人工测试可转变为自动脚本以提高测试速度。TestDirector还能简化将人工测试切换到自动测试脚本的转换，并可立即启动测试设计过程。

(4) 安排和执行测试。一旦测试计划建立后，TestDirector的测试实验室管理为测试日程制订提供一个基于Web的框架。其Smart Scheduler能根据测试计划中创立的指标对运行着的测试执行监控，能自动分辨是系统还是应用错误，然后将测试切换到网络的其他机器。使用Graphic Designer图表设计，可以很快地将测试分类以满足不同的测试目的，如功能性测试、负载测试、完整性测试等。

(5) 缺陷管理。TestDirector的出错管理直接贯穿作用于测试的全过程，从最初发现问题，到修改错误，再到验证修改结果。利用出错管理，测试人员只需进入一个URL，就可汇报和更新错误，过滤整理错误列表并做趋势分析。

(6) 图形化和报表输出。TestDirector常规化的图表和报告帮助对数据信息进行分析，还以标准的HTML或Word形式提供生成和发送正式测试报告。测试分析数据还可简便地输入到标准化的报告工具，如Excel、ReportSmith、CrystalReports和其他类型的第三方工具。

9. AdventNet QEngine

AdventNet QEngine是一个应用广泛且独立于平台的自动化软件测试工具，可用于

Web 功能测试、Web 性能测试、Java 应用功能测试、Java API 测试、SOAP 测试、回归测试和 Java 应用性能测试，支持对于使用 HTML、JSP、ASP、. NET、PHP、JavaScript/VBScript、XML、SOAP、WSDL、e-commerce、传统 C/S 等开发的应用程序进行测试。此工具用 Java 开发，因此便于移植和提供多平台支持。

10. SilkTest

SilkTest 是业界领先的用于对企业级应用进行功能测试的产品，可用于测试 Web、Java 或传统的 C/S 结构。SilkTest 提供了许多功能，使用户能够高效率地进行软件自动化测试。这些功能包括测试的计划和管理，直接的数据库访问及校验，灵活、强大的脚本语言，内置的恢复系统(Recovery System)，以及具有使用同一套脚本进行跨平台、跨浏览器和技术进行测试的能力。

11. PureCoverage

PureCoverage 是一个面向 VC、VB 或者 Java 开发的测试覆盖程度检测工具，它可以自动检测测试完整性和那些无法达到的部分。PureCoverage 的主要功能如下：

- 即时代码测试百分比显示；
- 未测试，测试不完整的函数，过程或者方法的状态表示；
- 在源代码中定位未测试的特定代码行。

PureCoverage 默认显示未测试代码为红色，已测试代码为蓝色，而死状态行(通常是函数，过程或者方法中的非活动代码部分)为黑色。

12. JUnit

JUnit 是一个基于 Java 语言的单元测试框架，成为 xUnit 中最出色的一个，主要用来进行 Java 的单元测试。其特点是设计精巧、功能强大。

JUnit 作为单元测试框架，共有六个包，其中最核心的三个包是 junit. framework、junit. runner 和 junit. textui。junit. framework 是测试构架，包含了 JUnit 测试类所需的所有基类；Junit. runner 负责测试驱动的全过程；junit. textui 负责文字方式的用户交互。

JUnit 用于单元级测试的开放式框架，具有如下优势：

- JUnit 完全免费。JUnit 是公开源代码，可以进行二次开发。
- 使用方便。JUnit 可以快速地撰写测试并检测程序代码，随着程序代码增加测试用例，JUnit 执行测试类似编译程序代码一样容易。
- JUnit 检验结果并提供立即回馈。JUnit 自动执行并且检查结果，执行测试后获得简单回馈，不需要人工检查测试结果报告。
- JUnit 合成测试系列的层级架构。JUnit 把测试组织成测试系列，允许组合多个测试并自动地回归整个测试系列，JUnit 与 Ant 结合实施增量开发和自动化测试。
- JUnit 提升软件的稳定性。JUnit 使用小版本发布，控制代码更改量。同时，引入了重构概念，提高软件代码质量。
- 与 IDE 的集成。与 Java 相关的 IDE 环境集成，形成测试及开发代码之间无缝连接。

还有一些非商业性的开源测试工具,如表11-2所示。

表11-2 开源测试工具

工具名	介绍
JUnit	单元测试工具
Selenium、Abbot	功能测试工具
JMeter	性能测试工具
DBprobe	数据库测试工具
Wireshark、Ethereal、Netcat、Snort	网络监控工具

11.3.2 白盒测试工具

白盒测试工具一般是针对代码进行测试的工具,测试中发现的缺陷可以定位到代码级。白盒测试的主要内容包括词法分析与语法分析。根据测试原理的不同,又可以分为静态测试工具和动态测试工具。

1. 静态测试工具

所谓静态测试就是不运行测试而直接对代码进行分析的测试。静态测试工具一般是对代码进行语法扫描,找出不符合编码规范的地方,根据某种质量模型评价代码的质量,生成系统的调用关系图等。

静态测试工具的代表有Telelogic公司的LogiScope软件、PR公司的PRQA软件等。

2. 动态测试工具

动态测试主要采用"插桩"的方式,即向代码生成的可执行文件中插入一些监测代码,运行框架程序,统计程序运行时的数据。可以针对所有类的成员函数进行测试,也可以只针对类的公共接口函数进行测试。动态测试工具与静态测试工具最大的不同就是动态测试工具要求被测系统实际运行。

有代表性的动态测试工具有Compuware公司的Numega系列、ParaSoft的JavaSolution、C/C++ Solution系列和开源测试框架JUnit。

一些白盒测试工具如表11-3、表11-4和表11-5所示。

表11-3 IBM公司的白盒测试工具

工具名	支持语言环境	介绍
Purify	VC/C++、Java	内存错误检测
PureCoverage	VC、VB、Java	测试覆盖程度检测
Quantify	VC、VB、Java	测试性能瓶颈检测

表 11-4 Compuware公司的白盒测试工具

工具名	支持语言环境	介绍
FailSafe	VB	自动缺陷处理和恢复系统
TrueCoverage	C++、Java、VB	函数调用次数、所占比率统计和稳定性跟踪
SmartCheck	VB	函数调用次数、所占比率统计和稳定性跟踪
TrueTime	C++、Java、VB	代码运行效率检查和组件性能的分析

表 11-5 ParaSoft公司的白盒测试工具

工具名	支持语言环境	介绍
Jtest	Java	代码分析和动态类、组件测试
C++ Test	C、C++	代码分析和动态测试
CodeWizard	C、C++	代码静态分析
Insure++	C、C++	实时性能监控和分析优化

11.3.3 黑盒测试工具

黑盒测试工具的原理是利用脚本的录制(Record)/回放(Playback),模拟用户的操作,然后将被测系统的输出记录下来与预先给定的标准结果比较。黑盒测试工具可以大大减轻黑盒测试的工作量,在迭代开发的过程中,能够很好地进行回归测试。

有代表性的黑盒测试工具有IBM Rational公司的Robot、TeamTest,Compuware公司的QACenter、WinRunner;另外,专用于性能测试的工具有Radview公司的WebLoad、Microsoft公司的WAS等。一些黑盒测试工具如表11-6所示。

表 11-6 一些黑盒测试工具

工具名	公司	网址
Robot	IBMRational	http://www.rational.com
TeamTest	IBMRational	http://www.rational.com
QACenter	Compuware	http://www.mercuryinteractive.com
WinRunner	Compuware	http://www.mercuryinteractive.com
LoadRunner	Compuware	http://www.mercuryinteractive.com
Silkperformer	Segue	http://www.segue.com
SilkTest	Segue	http://www.segue.com
WAS	Microsoft	http://www.microsoft.com

黑盒测试工具又分为功能测试工具和性能测试工具。

1. 功能测试工具

功能测试工具主要用于检测被测程序能否达到预期的功能要求并能正常运行。在回归测试中使用功能测试工具,可以大大减轻测试人员的工作量,提高测试效果。功能测试工具不太适合于版本变动较大的软件。

主流的黑盒功能测试工具包括 Mercury Interactive 公司的 WinRunner、QTP,IBM Rational 公司的 TeamTest、Robot 和 Compuware 公司的 QACenter 等。

2. 性能测试工具

性能测试工具主要用于确定软件和系统性能。一般通过模拟上千万用户实施并发负载及实时性能监测的方式来确认和查找问题。LoadRunner 就是一款著名的性能测试工具。

11.3.4 测试管理工具

测试管理工具是指帮助完成制订测试计划,跟踪测试运行结果等的工具。测试管理工具主要对软件缺陷、测试计划、测试用例、测试实施进行管理。一个小型软件项目可能有数千个测试用例要执行,使用捕获/回放工具可以建立测试并使其自动执行,但仍需要测试管理工具对成千上万个杂乱无章的测试用例进行管理。

有代表性的测试管理工具有 IBM Rational 公司的 Test Manager、Compuware 公司的 TrackRecord 等。

缺陷跟踪工具是测试管理工具中使用最多的。选择缺陷跟踪工具的方法如下:

(1) 使用 Word、Excel 等类型的文档处理软件;

(2) 自行设计开发一套管理软件;

(3) 购买商业性的软件;

(4) 下载一套适合自己的开源软件,自行配置和维护。

11.3.5 软件测试自动化中的问题、对策和工具的选择

软件测试自动化过程中普遍存在着一些问题:

- 不正确的观念或不现实的期望,对期望过高;
- 缺乏具有良好素质、经验的测试人才;
- 测试工具本身的问题影响测试的质量,测试工具良莠不齐;
- 测试脚本的质量低劣,影响测试的效果;
- 使用软件测试工具的人没有进行充分的、有效的培训;
- 盲目引入测试工具,不考虑公司的实际情况。

在避免软件测试自动化中存在着问题的同时,需要采取响应的对策:

- 对软件测试自动化有一个正确的认识;

- 找准测试自动化的切入点；
- 把测试脚本开发纳入整个软件开发体系；
- 测试手动和自动化缺一不可；
- 测试自动化依赖测试流程和测试用例；
- 尽量做到降低测试自动化的投入、提高产出。

在选择软件测试自动化工具的时候，可以从以下三个方面来考虑：

1. 工具的功能

软件测试自动化工具的功能是选择工具的核心。除了基本的功能之外，以下功能需求也可以作为选择自动化测试工具的参考：报表功能、自动化测试工具的集成能力和操作系统及开发工具的兼容性等。

(1) 报表功能。测试工具生成的结果最终由人来进行解释，查看最终报告的人不一定对测试熟悉，因此，测试工具能否生成结果报表，以什么形式提供报表是需要考虑的因素之一。

(2) 测试工具的集成能力。测试工具的引入是一个伴随测试过程改进而进行的长期过程，因此，测试工具的集成能力也是必须考虑的因素，这里的集成包括两方面的含义：测试工具能否和开发工具进行良好的集成、测试工具能否和其他测试工具进行良好的集成。

(3) 和操作系统及开发工具的兼容性。测试工具是否可以跨平台，是否适用于公司目前使用的开发工具，这些问题也是选择一个测试工具时应该考虑的问题。

2. 工具的价格

购买任何产品都需要考虑价格因素。除了考虑基本价格成本外，还应考虑价格中是否包括安装、运输、培训、维护和技术支持等。

3. 对工具进行评估

对工具进行评估主要从以下几点来考虑：需要使用多种工具加以评估、自动化测试工具的实际性能是否和自动化测试工具文档中声明的一致、分析使用自动化测试工具的结果得出评估报告。

11.4 LoadRunner

LoadRunner 最早是由 MI 公司开发的一种预测系统行为和性能的工业标准级负载测试工具，目前是 HP 公司的软件测试自动化工具中的拳头产品。通过以模拟上千万用户实施并发负载及实时性能监测的方式来确认和查找问题，LoadRunner 能够对整个企业架构进行测试。通过使用 LoadRunner，企业能最大限度地缩短测试时间，优化性能和加速应用系统的发布周期。LoadRunner 的安装界面如图 11-1 所示。

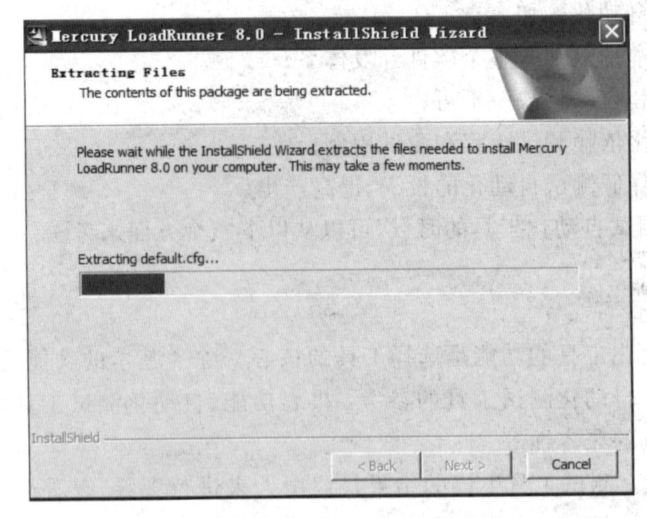

图 11-1 LoadRunner 的安装界面

1. LoadRunner 的主要功能

1）轻松创建虚拟用户

LoadRunner 可以记录下客户端的操作，并以脚本的方式保存，然后建立多个虚拟用户，在一台或几台主机上模拟上百或上千虚拟用户同时操作的情景，同时记录下各种数据，并根据测试结果分析系统瓶颈，输出各种定制压力测试报告。

2）创建真实的负载

LoadRunner 能建立持续且循环的负载，限定负载又能管理和驱动负载测试方案，而且可以利用日程计划服务来定义用户在什么时候访问系统以产生负载，使测试过程高度自动化。

3）定位性能问题

LoadRunner 内含集成的实时监测器，在负载测试过程的任何时候，可以观察到应用系统的运行性能，实时显示交易性能数据和其他系统组件的实时性能。

4）分析结果精确定位问题所在

测试完毕后，LoadRunner 收集、汇总所有的测试数据，提供高级的分析和报告工具，以便迅速查找到问题并追溯缘由。

除此以外，LoadRunner 完全支持基于 Java 平台应用服务器 Enterprise Java Beans 的负载测试，支持无限应用协议 WAP 和 I-mode，支持 Media Stream 应用，可以记录和重放任何流行的多媒体数据流格式来诊断系统的性能问题，查找缘由、分析数据的质量。

LoadRunner 内含集成的实时监测器，在负载测试过程中的任何时候，都可以观察到应用系统的运行性能。这些被动监测器将实时显示交易性能数据，如反应时间，和其他系统组件包括应用服务器、Web 服务器、网络设备及数据库等的即时性能。这样，使用者就可以在测试过程中从客户和服务器的双方面评估这些系统组件的运行性能，从而更快地发现问题。

当测试运行结束后,LoadRunner 收集汇总所有的测试数据,提供高级分析和汇报数据,这样便能迅速查找到性能问题并追溯原因。

2. LoadRunner 的测试过程

(1) 录制测试脚本。

(2) 完善测试脚本。

- 插入事务。插入事务的"开始点"后,应在需要定义事务的操作后面插入事务的"结束点"。
- 插入集合点。插入集合点是为了衡量在加重负载的情况下服务器的性能情况。在 LoadRunner 中可在提交数据操作前面加入集合点,这样当虚拟用户运行到提交数据的集合点时,LoadRunner 就会检查同时有多少用户运行到集合点。
- 插入注释。插入注释最好是在录制过程中。
- 参数化输入。参数化输入可更真实模拟实际环境,可使脚本的长度变短。
- 插入函数。VuGen 中可以使用 C 语言中比较标准的函数和数据类型,语法和 C 语言相同。
- 插入 Text/Imag 检查点。在进行压力测试时,为了检查 Web 服务器返回的网页是否正确,VuGen 允许插入 Text/Imag 检查点,这些检查点验证网页上是否存在指定的 Text 或者 Imag,还可以在比较大的压力测试环境中测试被测的网站功能是否保持正确。

(3) 配置 Run-Time Settings。选择 Vuser→Running Time,打开如图 11-2 所示的 Run-Time Settings 对话框。

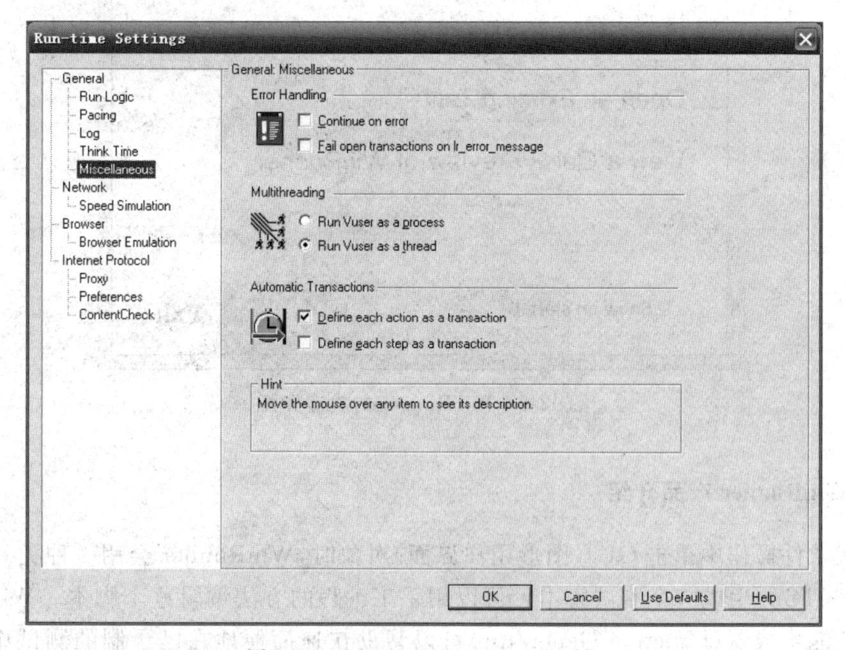

图 11-2 Run-Time Settings 对话框

(4) 运行测试脚本。单击 OK 按钮,VuGen 先编译脚本,检查是否有语法等错误。如果有错误,VuGen 将会提示错误。双击错误提示,VuGen 能够定位到出现错误的那一行。为了验证脚本的正确性,还可调试脚本,如在脚本中加断点等。

11.5 WinRunner

MI 公司的 WinRunner(WR)是基于 MS Windows 的功能测试工具。由于 C/S 结构的软件功能增加越来越快,QA 部门测试难度越来越大,手工测试已经跟不上这种发展趋势。WinRunner 可以帮助自动处理从测试开发到测试执行的整个过程。测试者可以创建可修改和可复用的测试脚本,而不用担心软件功能模块的变更。测试者只需要在下班后让计算机自动执行这些脚本,就能轻而易举地发现软件中的错误,从而确保软件的质量。

在 WinRunner 启动时,可以选择支持 ActiveX control、PowerBuilder、VB 或 Web Test 的插件,WinRunner 的欢迎界面和 WinRunner Add-in Manager 界面如图 11-3 和图 11-4 所示。其他插件需要单独再向 MI 公司购买,推荐不要同时载入所有的插件。

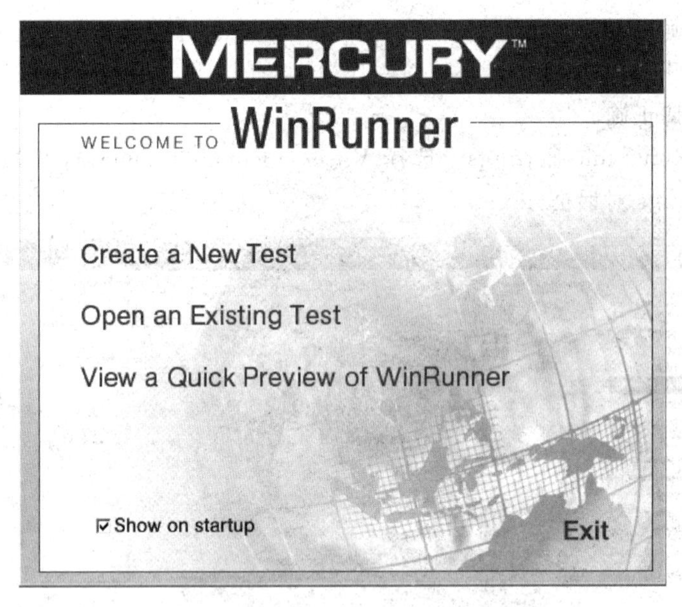

图 11-3 WinRunner 的欢迎界面

1. WinRunner 产品介绍

当在软件操作中单击 GUI(图形用户界面)对象时,WinRunner 会用一种类 C 的测试脚本语言(TSL)生成一个测试脚本。可以用手工编程的方法编辑这个脚本。WinRunner 包括的功能生成器(Function Generator)可以帮助快速简便地在已录制的测试中添加功能。WinRunner 包括两种录制测试的模式:

图 11-4 WinRunner Add-in Manager 界面

1）环境判断模式(Context Sensitive Mode)

这种模式根据选取的GUI对象(如窗体、清单、按钮等)把对软件的操作动作录制下来,并忽略这些对象在屏幕上的物理位置。每一次对被测软件进行操作,测试脚本中的脚本语言会描述选取的对象和操作动作。

当进行录制时,WinRunner会对选取的每个对象做唯一描述并写入GUI map(映射)中。GUI map和测试脚本被分开保存维护。当软件用户界面发生变化时,只需更新GUI map。这样一来,环境感应模式的测试脚本将非常容易地被重复使用。

执行测试只需要回放测试脚本。WinRunner模拟一个用户使用鼠标选取对象、用键盘输入数据。WinRunner从GUI map中读取对象描述,并在被测软件中查找符合这些描述的对象。WinRunner可以在同一个窗体中找到这些对象,即使它们的位置发生过变化。

2）模拟模式(Analog Mode)

这种模式记录鼠标单击、键盘输入和鼠标在二维平面上(X轴和Y轴)的精确运动轨迹。执行测试时,WinRunner让鼠标根据轨迹运动。这种模式对于那些需要追踪鼠标运动的测试非常有用,例如画图软件。

2. WinRunner的测试过程

WinRunner的主界面如图11-5所示,其测试过程分六个步骤:创建GUI map、创建测试、调试测试、执行测试、查看测试结果、报告发现的错误。

1）创建GUI map

使用RapidTest Script wizard回顾软件用户界面,并系统地把每个GUI对象的描述添加到GUI map中。也可以在录制测试时,通过单击对象把对单个对象的描述添加到

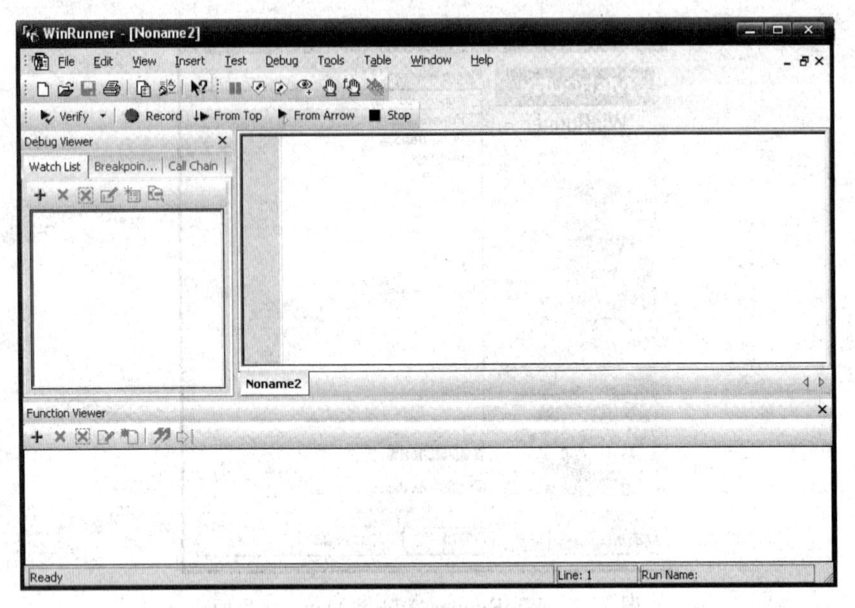

图 11-5 WinRunner 的主界面

GUI map 中。

2）创建测试

可以通过录制、编程或同时使用两者的方式创建测试脚本。录制测试时，在需要检查软件反应的地方插入检查点。可以插入检查点来检查 GUI 对象、位图(Bitmap)和数据库。在这个过程中，WinRunner 捕捉数据，并作为期望结果(被测软件的期望反应)储存下来。

3）调试测试

可以先在调试模式(Debug Mode)下运行脚本。你也可以设置中断点(Breakpoint)，监测变量，控制 WinRunner 识别和隔离错误。调试结果被保存在 Debug folder 中，一旦调试结束就可以删除。

4）执行测试

在检验模式(Verify Mode)下测试被测软件。WinRunner 在脚本运行中遇到检查点后，就把当前数据和前期捕捉的期望值进行比较。如果发现有不符合，就记录下来作为实测结果。

5）查看测试结果

测试是成功还是失败由测试者来认定。每次测试结束，WinRunner 会把结果显示在报告中。报告会详述测试执行过程中发生的所有主要事件，如检查点、错误信息、系统信息或用户信息。

如果在检查点有不符合的情况被发现，可以在 Test Results(测试结果)窗口查看预期结果和实测结果。如果是位图不符合，也可以查看用于显示预期值和实测结果之间差异的位图。

6）报告发现的错误

如果由于测试中发现错误而造成测试运行失败，可以直接从 Test Results 窗口报告有关错误的信息。这些信息通过 Email 发送给测试经理(QA Manager),用来跟踪这个错误直到被修复。

具体操作步骤如下：

(1) 选择“开始”→“程序”→WinRunner,启动 WinRunner 软件。

(2) 在工具栏上单击 Record 按钮录制脚本。

(3) 对被录制的软件进行操作。

(4) 按 Ctrl+F3 键停止录制。

(5) 在 WinRunner 中记录下脚本。在工具栏上单击 Save 按钮保存脚本。

(6) 在工具栏上单击 From Top 按钮从开始运行脚本。

11.6 AutoRunner

这一部分介绍的一款国产测试软件 AutoRunner,它是上海泽众软件科技有限公司的产品。AutoRunner 是一款自动化测试工具。

1. AutoRunner 产品介绍

AutoRunner 是黑盒测试工具,可以用来执行重复的手工测试,主要用于功能测试、回归测试的自动化。它采用数据驱动和参数化的理念,通过录制用户对被测系统的操作,生成自动化脚本,然后让计算机执行自动化脚本,达到提高测试效率、降低人工测试成本的目的。

AutoRunner 产品可以对以下类型对象进行 GUI 功能性测试：

(1) Windows 类型对象,一般为用 C++ /Delphi/VB/VFP/PB/. NetForm 等技术开发的桌面程序。

(2) IE 网页对象,一般性的网站,如大的门户类网站。

(3) Java 对象,一般为用 AWT/Swing/SWT 等技术开发的桌面程序。

(4) Flex 对象,网页的内容是用 Flex 开发的。

(5) Silverlight 对象,网页的内容是用 Silverlight 开发的。

(6) WPF 对象,一般为用 WPF 技术开发的桌面程序。

(7) QT 对象,一般为用 QT 技术开发的桌面程序。

产品特点：

- 使用 Java/BeanShell 语言作为脚本语言,使脚本更简单,更少,更易于理解。
- 采用关键字提醒、关键字高亮的技术,提高脚本编写的效率。
- 提供了强大的脚本编辑功能。
- 支持同步点。
- 支持校验点。
- 支持参数化,同时支持数据驱动的参数化。
- 支持测试过程的错误提示功能。
- 允许用户在某个时刻从被测试系统中获取对象各种的信息,如一个对话框上的按钮的名字等属性信息。

- 通过设置对象的识别权重，可以在各种情况下有效识别对象。
- AutoRunner3.0 新增了许多命令函数，有利于测试人员进行各种功能测试，熟练掌握这些命令函数，能够让测试人员编写出更简练、更高效的测试脚本。

2. AutoRunner 的测试过程

下面通过一个简单的计算器的例子对 AutoRunner 的测试过程有一个直观的了解。项目操作如下。

(1) 启动 AutoRunner，如图 11-6 所示。新建项目或导入项目。选择"文件"→"新建"→"项目"，弹出"输入"对话框，如图 11-7 所示。

图 11-6 AutoRunner 的启动

图 11-7 "输入"对话框

(2) 新建脚本或导入脚本。选择"文件"→"新建"→"脚本"，新建 ex3_1 脚本，如图 11-8 所示。

(3) 程序脚本录制。以录制 Windows 中自带的计算器为例，详细的介绍录制 Windows 程序脚本的过程。

- 创建脚本。创建一个名为 ex3_1. bsh 的脚本(脚本名可任取)，或双击脚本打开。
- 录制脚本。先打开要录制的计算器程序。选择"开始"→"运行"，输入 calc 按 Enter 键即可，弹出如图 11-9 所示的"计算器"对话框。

选择"录制"→"开始录制"，或者是直接单击工具栏上的"录制"按钮，之后会弹出一个如下图 11-10 所示的对话框，询问附加记录信息。

软件将进入录制阶段，此阶段里软件界面会被隐藏，并在屏幕的右下角显示一个录制信息窗口，显示出当前的录制相关信息。图 11-11 所示的是单击计算器上的数字键 1 和 2、一个等号键和一个加号键的录制信息，这里并没有选择上记录击键和记录时间。

- 停止录制。录制完成后，单击面板左上角的"停止"按钮，结束录制，此时在脚本里会看到面板上的脚本，同时在对象库中能看到每个对象的具体属性信息(单击工具栏的最后一个按钮，打开对象库面板)。

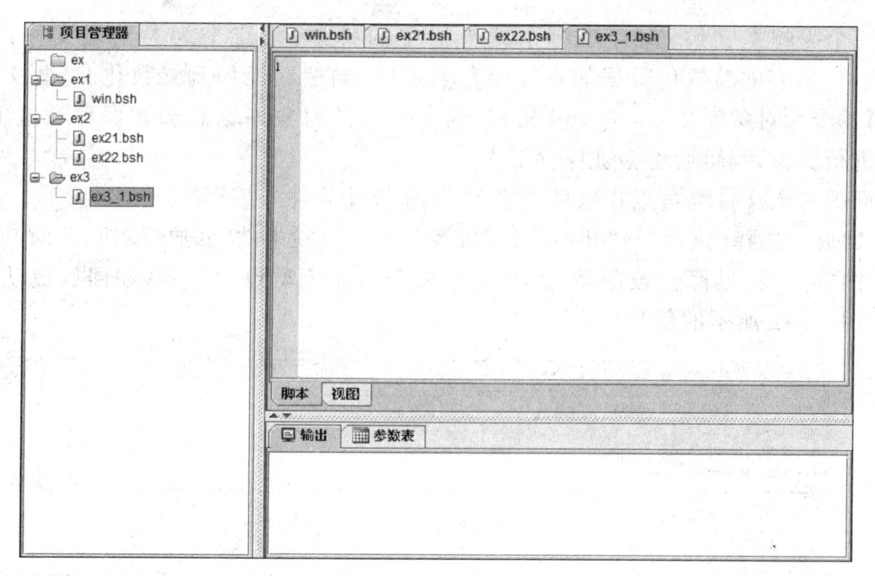

图 11-8 新建 ex3_1 脚本

图 11-9 “计算器”对话框

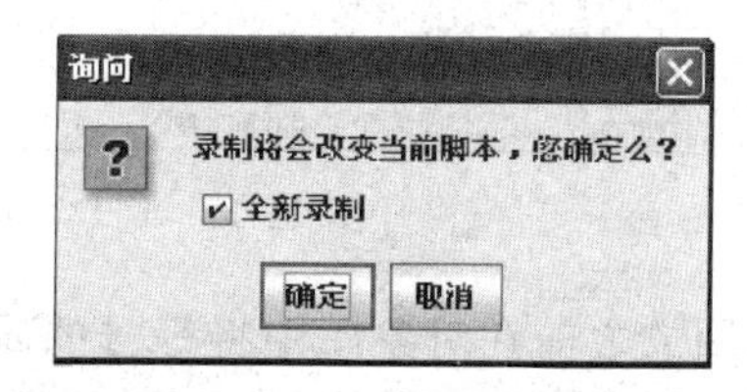

图 11-10 “询问”对话框

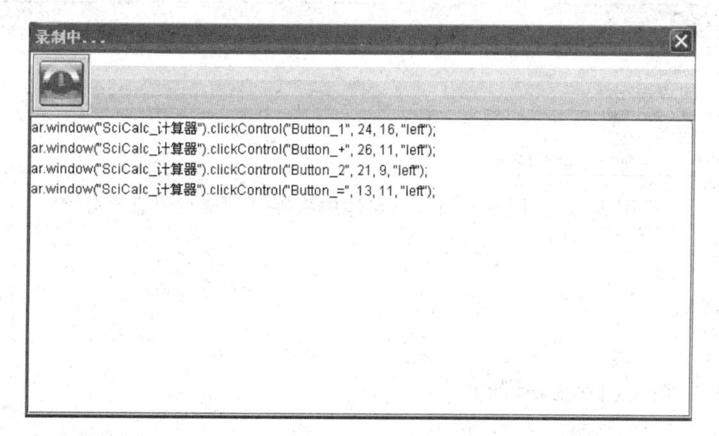

图 11-11 录制计算器

- 生成文件。在录制好脚本后，在项目目录下会存在 ex3_1.bsh、ex3_1.xls 和 ex3_1.xml 三个文件。

第一个为脚本文件，保存了脚本编辑器中的脚本；第二个为参数表文件，是一个Excel表格，所有的参数化数据都将被保存到这里，当然在没用到参数化时，此文件中无数据；第三个为对象库文件，是xml格式，前面看到的对象库信息会被保存到这里，对象库可以进行编辑，编辑后也会被保存下来。

上面的三个文件都可以在软件中修改，不建议在软件外编辑。

• 回放。选择“执行”→“开始执行”或者单击工具栏中的“回放”按钮，此时软件进入回放阶段，界面会被隐藏，回放的结果会在输出窗口中显示，如回放成功会有如图11-12所示的信息输出。

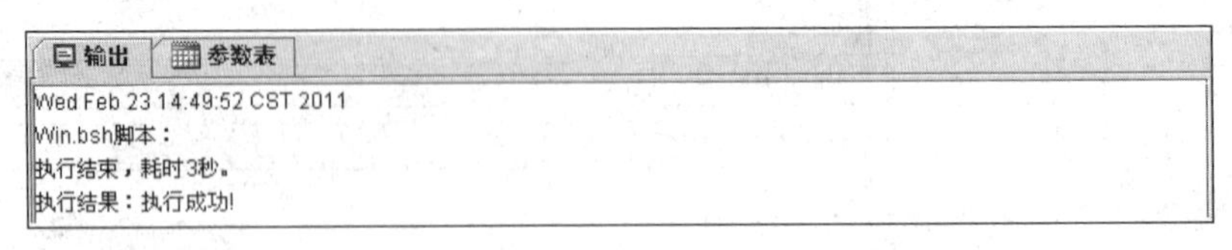

图 11-12 回放

如果回放之前将“计算器”对话框关闭，回放后会有如图11-13所示的信息输出，提示执行Windows动作时，“计算器”对话框对象没有找到。

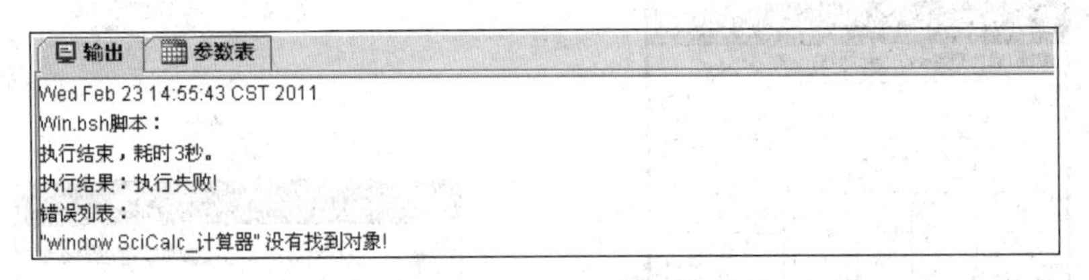

图 11-13 回放之前将“计算器”对话框关闭

如果回放之前在对象库中将等号的属性信息删除，回放后会有如图11-14所示的信息输出，提示回放clickControl动作时，等号对象在对象库中没有发现。

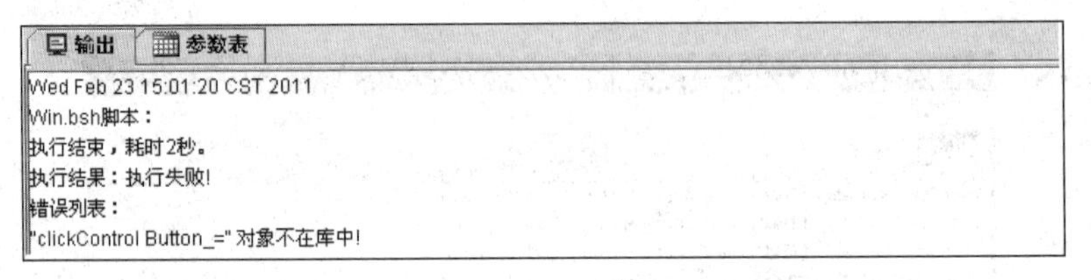

图 11-14 回放之前在对象库中将等号的属性信息删除

11.7 思考题

1. 简述手工测试时的局限性。
2. 简述什么是软件测试自动化。
3. 软件测试自动化的特点有哪些？
4. 简述什么是白盒静态测试工具，什么是白盒动态测试工具。
5. 简述什么是黑盒功能测试工具和性能测试工具。

第12章　软件测试管理

在软件产业比较发达的国家，软件测试已经成为一个独立的产业，软件公司纷纷建立独立的测试队伍研究测试技术并开展测试工作。中国的软件测试起步较晚，但随着我国软件产业的蓬勃发展以及人们对软件质量的重视，软件测试正在成为一个新兴的产业。近两年来，国内新成立专业性测试机构十余家，大批专业的软件测试人员正涌现出来。每年国内都有大量的测试技术交流会议举办，有大量的测试研究论文在专业刊物上发表。在测试技术发展的同时，测试过程的管理显得非常重要。一个成功的测试项目，离不开对测试过程的科学组织和监控，过程管理已成为测试成功的重要保证。

作为软件开发的重要环节，软件测试越来越受到人们的重视。随着软件开发规模的增大、复杂程度的增加，以寻找软件中的错误为目的的测试工作就显得更加困难。然而，为了尽可能多地找出程序中的错误，生产出高质量的软件产品，加强对测试工作的组织和管理就显得尤为重要。

软件测试是有组织和有管理的软件质量保证活动，软件质量保证就是通过对软件产品有计划地进行检查和审计来验证软件是否合乎标准，设计改进方案，从而杜绝软件缺陷的产生。软件质量保证部门有责任监督测试流程，保证测试工作的客观性，同时也有助于测试流程的改进。而软件测试是提高软件质量的关键环节，建立科学的软件测试管理体系是非常重要的，只有这样才能确保软件测试在软件质量保证中发挥应有的重要作用。要想实现良好的测试管理，就要对测试团队进行系统的组织和明确的职责划分。

软件测试管理工具是指利用工具对测试输入、执行和结果进行管理。测试管理工具可以帮助测试人员完成测试工作。

12.1　软件测试的组织

为了确保软件的质量，对过程应进行严格的管理。虽然测试是在实现且经验证后进行的，实际上，测试的准备工作在分析和设计阶段就开始了。

当设计工作完成以后，就应该着手测试的准备工作。一般来讲，由一位对整个系统设计熟悉的设计人员编写测试大纲，明确测试的内容和测试通过的准则，设计完整合理的测试用例，以便系统实现后进行全面测试。

将所开发好的程序提交测试部门后，由测试负责人组织进行测试。测试一般可按下列方式组织：

1. 测试准备

测试人员要仔细阅读有关资料，包括规格说明、设计文档、使用说明书及在设计过程中形成的测试大纲、测试内容及测试的通过准则，全面熟悉系统，编写测试计划，设计测试用例，做好测试前的准备工作。

2. 测试计划

为了保证测试的质量，测试需要有计划地进行，将测试过程分成几个阶段，即代码审查、单元测试、集成测试、确认测试、系统测试和验收测试。

3. 代码会审

代码会审是由一组人通过阅读、讨论和争议对程序进行静态分析的过程。会审小组由组长，2～3名程序设计和测试人员及程序员组成。会审小组在充分阅读待审程序文本、控制流程图及有关要求、规范等文件基础上，召开代码会审会，程序员逐句讲解程序的逻辑，并展开热烈的讨论甚至争议，以揭示错误的关键所在。实践表明，程序员在讲解过程中能发现许多自己原来没有发现的错误，而讨论和争议则进一步促使了问题的暴露。例如，对某个局部性小问题修改方法的讨论，可能发现与之有牵连的甚至能涉及模块的功能说明、模块间接口和系统总结构的大问题，导致对需求定义的重定义、重设计验证，大大改善了软件的质量。

4. 单元测试

单元测试集中在检查软件设计的最小单位——模块上，通过测试发现实现该模块的实际功能与定义该模块的功能说明不符合的情况，以及编码的错误。由于模块规模小、功能单一、逻辑简单，测试人员有可能通过模块说明书和源程序，清楚地了解该模块的I/O条件和模块的逻辑结构，采用结构测试（白盒法）的用例，尽可能达到彻底测试，然后辅之以功能测试（黑盒法）的用例，使之对任何合理和不合理的输入都能鉴别和响应。高可靠性的模块是组成可靠系统的坚实基础。

5. 集成测试

集成测试是将模块按照设计要求组装起来同时进行测试，主要目标是发现与接口有关的问题。如数据穿过接口时可能丢失；一个模块与另一个模块可能有由于疏忽的问题而造成有害影响；把子功能组合起来可能不产生预期的主功能；个别看起来是可以接受的误差可能积累到不能接受的程度；全程数据结构可能有错误等。

6. 确认测试

集成测试以后，各个模块已经按照设计要求组装成一个完整的软件系统，各个模块间存在的问题基本解决。为了验证软件的有效性，要对它的功能和性能等方面做进一步的评价，就需要确认测试。

7. 系统测试

系统测试是针对整个产品系统进行的测试，其目的是验证系统是否满足了需求规格的定义，找出与需求规格不相符合或与之矛盾的地方。系统测试的对象不仅仅包括需要测试的产品系统的软件，还要包含软件所依赖的硬件、外设等。

8. 验收测试

验收测试的目的是向未来的用户表明系统能够像预定要求那样工作。经集成测试后，已经按照设计把所有的模块组装成一个完整的软件系统，接口错误也已经基本排除了，接着就应该进一步验证软件的有效性，这就是验收测试的任务，即软件的功能和性能如同用户所合理期待的那样。

经过上述软件测试过程完成对软件进行测试后，软件就满足要求，测试阶段结束，经验收后，可以将软件提交用户。

12.2 软件测试的人员组织

为了保证软件的开发质量，软件测试应贯穿于软件定义与开发的整个过程。因此，对分析、设计和实现等各阶段所得到的结果，包括需求规格说明、设计规格说明及源程序都应进行软件测试。基于此，测试人员的组织也应是分阶段的。

1. 人员组织

软件的设计和实现都是基于需求分析规格说明进行的，需求分析规格说明是否完整、正确、清晰是软件开发成败的关键。为了保证需求定义的质量，应对其进行严格的审查。审查小组由下列人员组成：

组长：1人。

成员：包括系统分析员，软件开发管理者，软件设计、开发和测试人员及用户。

2. 设计评审

软件设计是将软件需求转换成软件表示的过程，主要描绘出系统结构、详细的处理过程和数据库模式，按照需求的规格说明对系统结构的合理性、处理过程的正确性进行评价，同时利用关系数据库的规范化理论对数据库模式进行审查。评审小组由下列人员组成：

组长：1人。

成员：包括系统分析员、软件设计人员、测试负责人员各1人。

3. 测试阶段

软件测试是整个软件开发过程中交付用户使用前的最后阶段，是软件质量保证的关键。软件测试在软件生存周期中横跨两个阶段，通常在编写出每一个模块之后，就对它进行必要的测试(称为单元测试)。编码与单元测试属于软件生存周期中的同一阶段。该阶段的测试工作，由编程组内部人员进行交叉测试(避免编程人员测试自己的程序)。这一阶段结束后，进入软件生存周期的测试阶段，对软件系统进行各种综合测试。测试工作由专门的测试组完成，测试组设组长一名，负责整个测试的计划、组织工作。测试组的其他成员由具有一定的分析、设计和编程经验的专业人员组成，人数根据具体情况可多可少，一般 3～5 人为宜。

另外，要注意避免开发人员与测试人员产生矛盾。

其一，开发人员要注意的问题：

- 不要敌视测试人员。要理解测试的目的就是发现缺陷，是测试人员的工作职责。不要以为测试人员吃饱了没事干，存心找茬。
- 不要轻视测试人员，别说人家技术水平差，不配搞开发只好搞测试。

其二，测试人员要注意的问题：

- 发现缺陷时不要嘲笑开发人员，别说开发人员的程序真臭、到处是 bug。
- 在开发人员压力太大时或心情不好时不要火上浇油，发现缺陷时别大声嚷嚷。

同时应该避免另一种极端，如果测试人员与开发人员的关系非常好，可能会导致在测试的时候"手下留情"，这对项目也是一种伤害。

12.3 软件测试文件管理

软件测试文件描述要执行的软件测试及测试的结果。由于软件测试是一个很复杂的过程，对于保证软件的质量和运行有着重要意义，必须把对它们的要求、过程及测试结果以正式的文件形式写出。测试文件的编写是测试工作规范化的一个组成部分。

测试文件不只在测试阶段才考虑，它在软件开发的需求分析阶段就开始着手，因为测试文件与用户有着密切的关系。在设计阶段的一些设计方案也应在测试文件中得到反映，以利于设计的检验。测试文件对于测试阶段工作的指导与评价作用更是非常明显的。需要特别指出的是，在已开发的软件投入运行的维护阶段，常常还要进行再测试或回归测试，这时仍须用到测试文件。

1. 测试文件的类型

根据测试文件所起的作用不同，通常把测试文件分成两类，即测试计划和测试分析报告。测试计划详细规定测试的要求，包括测试的目的和内容、方法和步骤，以及测试的准则等。由于要测试的内容可能涉及软件的需求和软件的设计，因此必须及早开始测试计划的编写工作。不应在着手测试时，才开始考虑测试计划。通常，测试计划的编写从需求分析阶段开始，到软件设计阶段结束时完成。测试报告用来对测试结果的分析说明，经过测试后，证实了软件具有的能力，以及它的缺陷和限制，并给出评价的结论性意见，这些意见即是对软件质量的评价，又是决定该软件能否交付用户使用的依据。由于要反映测试工作的情况，自然要在测试阶段内编写。

2. 测试文件的重要性

(1) 验证需求的正确性：测试文件中规定了用以验证软件需求的测试条件，研究这些测试条件对弄清用户需求是十分有益的。

(2) 检验测试资源：测试计划不仅要用文件的形式把测试过程规定下来，还应说明测试工作必不可少的资源，进而检验这些资源是否可以得到，即它的可用性如何。如果某个测试计划已经编写出来，但所需资源仍未落实，那就必须及早解决。

(3) 明确任务的风险：有了测试计划，就可以弄清楚测试能做什么，不能做什么。了解测试任务的风险有助于对潜在可能出现的问题事先做好思想上和物质上的准备。

(4) 生成测试用例：测试用例的好坏决定着测试工作的效率，选择合适的测试用例是做好测试工作的关键。在测试文件编制过程中，按规定的要求精心设计测试用例有重要意义。

(5) 评价测试结果：测试文件包括测试用例，即若干测试数据及对应的预期测试结果。完成测试后，将测试结果与预期的结果进行比较，便可对已进行的测试提出评价意见。

(6) 再测试：测试文件规定的和说明的内容对维护阶段由于各种原因的需求进行再测试时，是非常有用的。

(7) 决定测试的有效性：完成测试后，把测试结果写入文件，这对分析测试的有效性，甚至整个软件的可用性提供了依据。同时还可以证实有关方面的结论。

3. 测试文件的编制

在软件的需求分析阶段，就开始测试文件的编制工作，各种测试文件的编写应按一定的格式记录，也就是说测试文件是有规范要求的。国家标准《计算机软件测试文档编制规范》对测试文件提出了要求。其中，测试计划文件包括测试计划、测试设计规范说明、测试用例规格说明、测试步骤规格说明；测试分析报告包括测试日志、测试事件报告、测试总结报告。

一个好的测试文件应当在确保质量的同时，提高易用性和可靠性，最终是用户阅读文档使用软件，如果做不到就不是一个好的软件。还要考虑降低支持的费用，一个好的文档可以帮助用户理解和解决问题，当然这也帮助公司降低了支持的费用。

12.4 软件测试管理的原则

软件生命周期模型提供了软件测试的流程和方法，为测试过程管理提供了依据。但实际的测试工作是复杂而烦琐的，可能不会有哪种模型完全适用于某项测试工作。所以，应该从不同的模型中抽象出符合实际现状的测试过程管理理念，依据这些理念来策划测试过程，以不变应万变。当然测试管理牵涉的范围非常广泛，包括过程定义、人力资源管理、风险管理等，本节仅介绍几条从过程模型中提炼出来的原则，对实际测试有指导意义的管理理念。

1. 测试不是为了证明正确

软件测试的目的是为了找出软件中的缺陷，而不是为了证明软件没有问题。事实上，完全没有缺陷的软件是不存在的，即使做了100%的语句覆盖测试、100%的分支覆盖测试和 100%的路径测试,也不能保证软件中没有缺陷。做软件测试是为了尽可能发现存在的问题。

2. 尽早测试

“尽早测试”是从 W 模型中抽象出来的理念。测试并不是在代码编写完成之后才开展的工作,测试与开发是两个相互依存的并行过程,测试活动在开发活动的前期已经开展。“尽早测试”包含两方面的含义:第一,测试人员早期参与软件项目,及时开展测试的准备工作,包括编写测试计划、制定测试方案以及准备测试用例;第二,尽早开展测试执行工作,一旦代码模块完成就应该及时开展单元测试,一旦代码模块被集成成为相对独立的子系统,便可以开展集成测试,一旦有软件系统提交,便可以开展系统测试工作。

由于及早开展了测试准备工作,测试人员能够在早期了解测试的难度、预测测试的风险,从而有效提高了测试效率,规避测试风险。由于及早开展测试执行工作,测试人员尽早发现软件缺陷,大大降低了缺陷修复成本。但是需要注意,“尽早测试”并非盲目地提前测试活动,测试活动开展的前提是达到必须的测试点。

3. 全面测试

软件是程序、数据和文档的集合,那么对软件进行测试,就不仅仅是对程序的测试,还应包括软件其他部分的全面测试,这是 W 模型中一个重要的思想。需求文档、设计文档作为软件的阶段性产品,直接影响到软件的质量。阶段产品质量是软件质量的量的积累,不能把握这些阶段产品的质量将导致最终软件质量的不可控。

“全面测试”包含两层含义:第一,对软件的所有产品进行全面的测试,包括需求、设计文档,代码,用户文档等。第二,软件开发及测试人员(有时包括用户)全面参与到测试工作中,例如对需求的验证和确认活动,就需要开发、测试及用户的全面参与,毕竟测试活动并不仅仅是保证软件运行正确,同时还要保证软件满足了用户的需求。

“全面测试”有助于全方位把握软件质量,尽最大可能排除造成软件质量问题的因素,从而保证软件满足质量需求。

4. 全过程测试

在 W 模型中充分体现的另一个理念就是“全过程测试”。W 模型表明了软件开发与软件测试的紧密结合,这就说明软件开发和测试过程会彼此影响,这就要求测试人员对开发和测试的全过程进行充分的关注。

“全过程测试”包含两层含义:第一,测试人员要充分关注开发过程,对开发过程的各种变化及时做出响应,例如开发进度的调整可能会引起测试进度及测试策略的调整、需求的变更会影响到测试的执行等。第二,测试人员要对测试的全过程进行全程跟踪,例如建立完善的度量与分析机制,通过对自身过程的度量,及时了解过程信息,调整测试策略。

“全过程测试”有助于及时应对项目变化,降低测试风险;同时对测试过程的度量与分析也有助于把握测试过程,调整测试策略,便于测试过程的改进。

5. 独立迭代测试

软件开发瀑布模型只是一种理想状况。为适应不同的需要,人们在软件开发过程中摸索出了如螺旋、迭代等诸多模型,这些模型中需求、设计、编码工作可能重叠并反复进行的,这时的测试工作将也是迭代和反复的。如果不能将测试从开发中抽象出来进行管理,势必使测试管理陷入困境。

软件测试与软件开发是紧密结合的,但并不代表测试是依附于开发的一个过程,测试活动是独立的。这正是H模型所主导的思想。"独立迭代测试"着重强调了测试的就绪点,也就是说,只要测试条件成熟,测试准备活动完成,测试的执行活动就可以开展。

6. 重视测试结果

在实际测试工作中,有时候花费的时间与结果不一定成正比。要尽可能在工作时间完成工作,要按劳取酬,而不要搞疲劳战术。同时要注重结果,要对测试人员的表现做出准确的评价。

综上所述,在遵循尽早测试、全面测试、全过程测试理念的同时,应当将测试过程从开发过程中适当地抽象出来,作为一个独立的过程进行管理,时刻把握独立迭代测试的理念,减小因开发模型的繁杂给测试管理工作带来的不便。对于软件过程中不同阶段的产品和不同的测试类型,只要测试准备工作就绪,就可以及时开展测试工作,把握产品质量。在软件测试的全过程要注重测试结果,保证软件质量。

12.5 测试管理体系

应用系统方法来建立软件测试管理体系,也就是把测试工作作为一个系统,对组成这个系统的各个过程加以识别和管理,以实现设定的系统目标,同时要使这些过程协同作用、互相促进,尽可能发现和排除软件故障。测试系统主要由下面六个相互关联、相互作用的过程组成:测试计划、测试设计、测试实施、配置管理、资源管理和测试管理。

1. 测试计划

测试计划就是确定各测试阶段的目标和策略。测试的成功始于全面的测试管理计划。因此,在每次测试之前应做好详细测试管理计划。应该了解被测对象的基本信息,选择测试的标准级别,明确测试管理计划标识和测试管理项,在定义被测对象的测试管理目标、范围后必须确定测试管理所使用的方法,提供技术性的测试管理策略和测试管理过程。测试计划模板应包括表12-1所示的内容。

表 12-1 测试计划模板

1 测试计划名称		9 应提供的测试文件	
2 引言		10 测试任务	
3 测试项		11 环境要求	
4 被测试的特性		12 职责	
5 不被测试的特性		13 人员和训练要求	
6 方法		14 进度	
7 通过准则		15 风险和应急	
8 暂停标准和再启动要求		16 批准	

2. 测试设计

测试设计是在测试计划的基础上，将测试需求转换为测试用例，覆盖全部测试点。

测试用例（Test Case）通常是指对一项特定的软件产品进行测试任务的描述，体现测试方案、方法、技术和策略。内容包括测试目标、测试环境、输入数据、测试步骤、预期结果、测试脚本等，并形成文档。测试用例是为某个特殊目标而编制的一组测试输入、执行条件以及预期结果，以便测试某个程序路径或核实是否满足某个特定需求。

测试用例的作用就是错误跟踪、更准确地反映软件的某一特性、全面地反映软件的性能和质量、明确故障责任。

3. 测试执行

使用测试用例运行程序，将获得的运行结果与预期结果进行比较和分析，记录、跟踪和管理软件故障，最终得到测试报告。测试执行分为手动测试和自动化测试。

手动测试是在合适的测试环境下，按照测试用例的条件、步骤要求准备数据，对系统进行测试，比较实际结果和测试用例所描述的期望结果，以确定系统是否正常运行。

自动化测试是通过测试工具，运行测试脚本，比较实际结果和测试用例所描述的期望结果，以确定系统是否正常运行。自动化测试的管理比较容易，并可以自动记录测试结果。

4. 配置管理

随着软件系统的日益复杂化和用户需求、软件更新的频繁化，配制管理逐渐在软件开发中扮演着越来越重要的角色。测试配置管理是软件配置管理的子集，作用于测试的各个阶段。一般情况下，配置管理包括五个基本项：配置标识、版本控制、变量控制、配置状态报告和配置审计，如图 12-1 所示。

5. 资源管理

软件项目的完成必须依赖于资源管理，包括对人力资源、工作场所以及相关设施和技

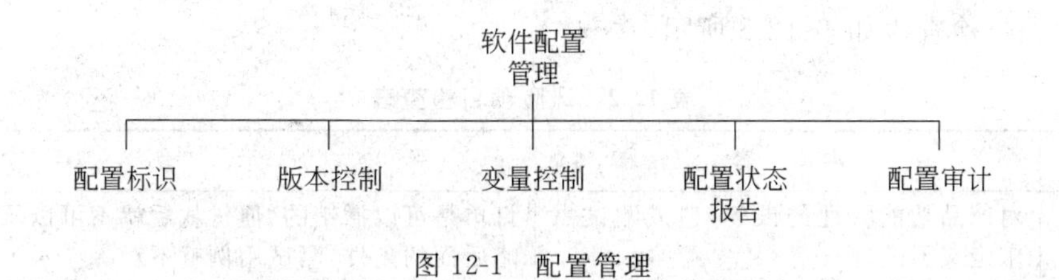

图 12-1　配置管理

术支持的管理。资源管理的目的不仅要保证测试项目要有足够的资源，还要充分有效地利用现有的资源，进行有效的优化组合，避免浪费。

6. 测试管理

采用适宜的方法对上述过程及结果进行监视，并在适用时进行测量，以保证上述过程的有效性。测试管理的主要内容如下：软件产品的监督和测量；对不符合要求产品的识别和控制；软件过程的监督和测量；产品设计和开发的验证。

此外，测试系统与软件修改过程是相互关联、相互作用的。测试系统的输出（软件故障报告）是软件修改的输入。反过来，软件修改的输出（新的测试版本）又成为测试系统的输入。

根据上述六个过程，可以确定建立软件测试管理体系的步骤：

- 识别软件测试所需的过程及其应用，即测试规划、测试设计、测试实施、配置管理、资源管理和测试管理。
- 确定这些过程的顺序和相互作用，前一过程的输出是后一过程的输入。其中，配置管理和资源管理是这些过程的支持性过程，测试管理则对其他测试过程进行监视、测试和管理。
- 确定这些过程所需的准则和方法，一般应制订这些过程形成文件的程序，以及监视、测量和控制的准则和方法。
- 确保可以获得必要的资源和信息，以支持这些过程的运行和对它们的监测。
- 监视、测量和分析这些过程。
- 实施必要的改进措施。

12.6　软件测试风险的控制

1. 主要存在的风险

软件测试存在较高的风险，测试风险管理就是设法降低或缓解测试过程中的风险，包括确定哪些风险是可以避免的、可以采取哪些措施等。

风险识别的有效方法就是建立风险项目检查表；此前的历史资料等帮助建立项目检查表；识别风险并确定其程度，给出预防或处理措施。

测试对象的风险，即测试对象比较复杂，在测试的广度和深度都不够。

测试操作的风险，主要指测试操作过程中存在的各种风险。

风险项目检查表如表 12-2 所示。

表 12-2 风险项目检查表

类型	内　　容	示　　例
测试需求	对产品功能特性的误解,造成测试需求定义不准确	订单是可以撤销的,但付款后就不可以了,如果忽略后面的条件,测试用例就不对
测试依据	质量标准不够清晰,导致对这方面的问题是否为缺陷难以判断	适用性是仁者见仁、智者见智,测试人员和开发人员之间有不同意见,争论过多
环境风险	测试环境是一个模拟环境,和实际运行环境不一致,造成测试结果的误差	用户数量大、运行中产生的垃圾数据多、长时间运行
测试范围	很难完成 100% 的测试覆盖率,有些边界范围容易被忽视	难以覆盖模块间参数传递和成千上万的操作组合
测试深度	对系统设计和实现了解不够,导致系统的功能、安全性、兼容性、性能、可靠性等测试深度不够	软件系统设计复杂,采用了新的技术,测试用例不到位,忽略了一些边界条件、深层次的逻辑和安全性等方面的问题
回归测试	一般都是选择性地执行,不会运行所有的测试用例,而运行部分测试用例,这必然带来风险	修正了一个缺陷后,测试人员往往根据自己的经验确定回归测试范围,而开发改动的代码范围影响大,问题在范围外
需求变更	软件需求变化相对频繁,有时在开发后期还发生需求变更,从而影响设计、代码,最终影响测试	需求变更后,文档变更,文档不一致,测试用例没有及时更新、回归测试不足
设计代码	由于开发方面出现问题,严重影响测试	设计出现重大失误、代码质量差,分布时间不变,测试时间会被大大压缩
用户期望	测试人员不是用户,很难准确把握用户的期望,这种差异会带来风险	测试的适用性测试时,用户界面喜好、操作习惯会因不同的用户存在一些差异
测试技术	借助一些测试技术完成测试任务,可能有些技术还不成熟,会带来风险	正交实验法在软件测试中很难到达其规定的条件
测试工具	测试工具模拟手工操作、软件运行状态变化、数据传递等,但可能与实际的操作、状态和数据传递等存在差异	当性能测试工具模拟 1000 个并发用户同时向服务器发出请求,这些请求是从某个网段的十几台机器发出。而实际运行环境中,1000 个用户从发布在世界各地、不同的网段和机器发出请求、请求的数据内容不同
人员风险	测试人员的状态、责任感、行为规范等	有些测试用例被有意或无意地遗漏,或工作疏忽而漏报缺陷。测试人员因病、离职等,造成资源不足、测试不充分

2. 控制风险的对策

风险的控制方法如下:

- 采取措施避免可以避免的风险。

- 高风险转移为低风险。
- 设法降低不可避免的风险。
- 做好风险管理计划。
- 制定处理风险一些应急、有效的方案。
- 计划时，对于估算资源、时间、预算留有余地。
- 制定文档标准，建立机制，保证文档及时产生。

3. 风险识别和控制措施

风险识别和控制措施如表12-3所示。

表12-3 风险识别和控制措施

风　　险	可能性	潜在的影响	严重性	预防/处理措施
软件需求不清楚或变更导致测试需求及范围发生变化	高	导致测试计划及工作量发生变化	较严重	和用户充分沟通，做好调研、需求分析，调整测试策略和计划
开发进度延长，包括项目计划的变更、各个环节的进度拖延	中	推迟系统测试执行的时间和进度	严重	设定更多的阶段目标，控制整体进度，做好沟通和协调
由于设计时间不足、代码互审和单元测试不够而导致开发代码质量低	中	缺陷太多、严重，反复测试的次数和工作量大	严重	做好软件设计、提高编码人员的水平进行单元测试，调整测试策略和计划
对需求的理解偏差大，原因是缺乏原型、与客户沟通不足、需求评审不到位	中	难以确认设计的合理性、难以判断是否为缺陷	严重	和用户与产品经理多沟通，并借助一些原型、演示版本来改进
测试工程师对业务不熟悉，主要原因是业务领域新、测试人员是新人或介入项目太晚	低	测试数据准备不足、不充分，测不到关键点，同时测试效率难提高	一般	测试人员及早介入项目，和产品经理或设计人员沟通，加强培训，建立良好的关系
项目提交日期的变更而导致测试周期变更，一般是由客户提出变更	低	系统测试总时间缩短，难以保证测试的质量	非常严重	严格控制项目的时间变更，多与客户沟通并得到客户的理解，调整测试策略和资源

12.7 常用的测试管理工具

测试管理工具，是指利用工具对测试输入、执行和结果进行管理。一般而言，测试管理工具对测试计划、测试用例、测试实施进行管理，还包括对缺陷跟踪进行管理。测试管理工具提高测试效率，提升测试质量、测试用例复用率等。

1. TestDirector 测试管理工具

TestDirector 是 HP 公司开发的一款测试管理软件，用于对白盒测试和黑盒测试的管理，可以方便地管理测试过程，具有测试需求管理、计划管理、实例管理、缺陷管理等功能。

2. QA Director 测试管理工具

QA Director 是 Compuware 公司开发的一款测试管理和设计软件，具有分布式的测试能力和支持多平台，能够使开发和测试团队跨越多个环境控制测试活动。它具有测试需求计划和组织管理、自动和手动测试管理、测试结果分析、实例管理、缺陷管理等功能。

3. TestCenter 测试管理工具

TestCenter 是一款基于 B/S 体系结构的测试管理软件，其核心是完成功能测试管理，能够实现测试需求管理、测试用例管理、测试业务组件管理、测试计划管理、测试执行、测试结果日志分析、测试结果分析、缺陷管理，支持测试需求和测试用例之间的关联关系，可以通过测试需求索引测试用例等。

4. Bugzilla 测试管理工具

Bugzilla 是 Mozilla 公司开发的开源缺陷跟踪工具，用于记录及跟踪软件 bug 的工具，通过建立完善的 bug 跟踪体系，报告 bug、产生分析报表。Bugzilla 的网址是 http://www.bugzilla.org/docs/2.20/html。

5. Rational TestManager 测试管理工具

Rational TestManager 是 IBM 公司开发的一款测试管理软件，是国外使用最多的测试管理工具之一。

12.8 思考题

1. 简述测试管理体系由哪几个阶段组成。
2. 简述软件测试管理的原则。
3. 简述软件测试风险的控制。

附录 A　术语中英文对照

A

Accessibility	易用性、适用性
Acceptance Testing	验收测试
Accessibility Test	适用性测试
Actor	参与者
Actual Outcome	实际结果
Ad hoc Testing	随机测试
Algorithm	算法
Algorithm Analysis	算法分析
Alpha Testing	α测试
American National Standards Institute(ANSI)	美国国家标准协会
Analysis	分析
Anomaly	异常
ANSI(American National Standards Institute)	美国国家标准协会
Application Software	应用软件
Application Under Test(AUT)	所测试的应用程序
Architecture	体系结构
Archive Testing	文档测试
Artifact	工件
Assertion Checking	断言检查
Audit	审计
Audit Trail	审计跟踪
Automated Testing	自动化测试
Availability	有效性
Availability Testing	有效性测试

B

Backus-Naur Form	BNF 范式
Baseline	基线
Basic Block	基本块
Basis Test Set	基本测试集
Behaviour	行为
Bench Test	基准测试

Benchmark	标杆/指标/基准
Best Practise	最佳实践
Beta Testing	β测试
Black Box Testing	黑盒测试
Bottom-up Testing	自底向上测试
Boundary Value Testing	边界值测试
Boundary Value	边界值
Boundry Value Analysis	边界值分析
Branch	分支
Branch Condition	分支条件
Branch Condition Combination Coverage	分支条件组合覆盖
Branch Condition Coverage	分支条件覆盖
Branch Condition Testing	分支条件测试
Branch Coverage	分支覆盖
Branch Outcome	分支结果
Branch Point	分支点
Branch Testing	分支测试
Breadth Testing	广度测试
British Standard(BS)	英国国家标准
Browse/Server	浏览器/服务器
Brute Force Testing	强力测试
BS(British Standard)	英国国家标准
Buddy Test	合伙测试
Buffer	缓冲
Bug	缺陷
Bug Bash	错误大扫除
Bug Fix	错误修正
Bug Report	错误报告
Bug Tracking System	错误跟踪系统
Build Verfication Tests(BVTs)	版本验证测试
Build	工作版本(内部小版本)
Build-in	内置

C

Capability Maturity Model for Software(CMM)	软件能力成熟度模型
Capability Maturity Model Integration(CMMI)	软件能力成熟度集成模型
Capacity	容量
Capacity Test	容量测试
Capture/Replay Tool	捕获/回放工具

CASE(Computer Aided Software Engineering)	计算机辅助软件工程
CAST(Computer Aided Software Testing)	计算机辅助测试
Cause-Effect Graph	因果图
Certification	验证
Change Control	变更控制
Change Management	变更管理
Change Request	变更请求
Character Set	字符集
Check	检查
Check In	检入
Check Out	检出
Closeout	收尾
CMM(Capability Maturity Model for Software)	软件能力成熟度模型
CMMI(Capability Maturity Model Integration)	软件能力成熟度集成模型
Code Audit	代码审计
Code Coverage	代码覆盖
Code Inspection	代码审查
Code Page	代码页
Code Review	代码审查
Code Rule	编码规范
Code Style	编码风格
Code Walkthrough	代码走读
Code-Based Testing	基于代码的测试
Coding Standards	编程规范
Common Sense	常识
Commonality	通用性
Compatibility	兼容性
Compatibility Testing	兼容性测试
Complete Path Testing	完全路径测试
Completeness	完整性
Complexity	复杂度
Complexity Measurement	复杂度度量
Component	组件
Component Testing	组件测试
Computation Data Use	计算数据使用
Computer System Security	计算机系统安全性
Concurrency User	并发用户
Condition Coverage	条件覆盖

Condition Outcome	条件结果
Condition	条件
Configuration Control	配置控制
Configuration item	配置项
Configuration Management	配置管理
Configuration Testing	配置测试
Conformance Criterion	一致性标准
Conformance Testing	一致性测试
Consistency	一致性
Consistency Checker	一致性检查器
Constrain	约束
Control Flow	控制流
Control Flow Graph	控制流图
Conversion Testing	转换测试
Core Team	核心小组
Corrective Maintenance	故障维护
Correctness	正确性
Coverage Item	覆盖项
Coverage	覆盖率
Crash	崩溃
Criticality	关键性
Criticality Analysis	关键性分析
CRM(Change Request Management)	变更需求管理
Customer	客户
Cyclomatic Complexity	圈复杂度

D

Data Corruption	数据污染
Data Definition	数据定义
Data Definition C-Use Pair	数据定义 C-Use 使用对
Data Definition P-Use Coverage	数据定义 P-Use 覆盖
Data Definition P-Use Pair	数据定义 P-Use 使用对
Data Definition-Use Coverage	数据定义使用覆盖
Data Definition-Use Pair	数据定义使用对
Data Definition-Use Testing	数据定义使用测试
Data Dictionary	数据字典
Data Flow Analysis	数据流分析
Data Flow Coverage	数据流覆盖
Data Flow Diagram	数据流图

Data Flow Testing	数据流测试
Data Integrity	数据完整性
Data Use	数据使用
Data Validation	数据确认
Dead Code	死代码
Debug	调试
Debugging	调试
Decision Condition	判定条件
Decision Coverage	判定覆盖
Decision Outcome	判定结果
Decision Table	判定表
Decision	判定
Defect	缺陷
Defect Density	缺陷密度
Defect Measurement	缺陷度量
Defect Tracking	缺陷跟踪
Deployment	配置
Deployment Diagram	配置图
Depth Testing	深度测试
Design Assurance	质量保证
Design Control	质量控制
Design of Experiment	实验设计
Design-Based Testing	基于设计的测试
Desk Checking	桌前检查
Determine Potential Risk	确定潜在风险
Determine Usage Model	确定应用模型
Diagnostic	诊断
Dirty Testing	肮脏测试
Disaster Recovery	灾难恢复
DIT(Decimation In Time)	按时间抽取
Documentation Testing	文档测试
Domain	域
Domain Testing	域测试
DTP(Detail Test Plan)	详细确认测试计划
Dynamic Analysis	动态分析
Dynamic Testing	动态测试

E

Efficiency	效率

Embedded Software	嵌入式软件
Emulator	仿真
End-to-End Testing	端到端测试
Enhanced Request	增强请求
Entity Relationship Diagram	实体关系图
Entry Criteria	准入条件
Entry Point	入口点
Envisioning Phase	构想阶段
Equivalence Class	等价类
Equivalence Partition Coverage	等价划分覆盖
Equivalence Partition Testing	参考等价划分测试
Equivalence Partitioning	等价划分
Error	错误
Error Guessing	错误猜测
Error Seeding	错误播种/错误插值
Event-Driven	事件驱动
Exception	异常/例外
Exception Handler	异常处理器
Exception	异常/例外
ExecuTable Statement	可执行语句
Exhaustive Testing	穷尽测试
Exit Point	出口点
Expected Outcome	期望结果
Exploratory Testing	探索性测试
Extensibility	可扩展性

F

Failure	失效
Fault	故障
Feasible Path	可达路径
Feature Testing	特性测试
Field Testing	现场测试
FMEA(Failure Modes and Effects Analysis)	失效模型效果分析
FMECA(Failure Modes and Effects Criticality Analysis)	失效模型效果关键性分析
Framework	框架
FTA(Fault Tree Analysis)	故障树分析
Functional Baseline	功能基线
Functional Decomposition	功能分解
Functional Requirement	功能需求

Functional Specification	功能规格说明书
Functional Testing	功能测试
Functionality	功能性

G

G11N(Globalization)	全球化
Gap Analysis	差距分析
Garbage Character	乱码字符
Glass Box Testing	白盒测试
Glossary	术语表
Gradual Integration	渐增式集成
GUI(Graphical User Interface)	图形用户界面

H

Hard-Coding	硬编码
Hotfix	热补丁

I

I18N(Internationalization)	国际化
Identify Exploratory Test	识别探索性测试
IEEE(Institute of Electrical and Electronic Engineers)	美国电子与电器工程师学会
Incident	事故
Incremental Testing	渐增测试
Indicator	指标
Infeasible Path	不可达路径
Input Domain	输入域
Inspection	审查
Installability Testing	可安装性测试
Installing Testing	安装性测试
Institute of Electrical and Electronic Engineers(IEEE)	美国电子与电器工程师学会
Instrumentation	插装
Instrumenter	插装器
Integration	集成
Integration Testing	集成测试
Interface	接口
Interface Analysis	接口分析
Interface Testing	接口测试
Interoperability	互操作性
Invalid Input	无效输入
ISO	国际标准化组织

Isolation Testing 隔离测试
Issue 问题
Iteration 迭代
Iterative Development 迭代开发

J

Japanese Industrial Standard(JIS) 日本工业标准
JIS(Japanese Industrial Standard) 日本工业标准
Job 工作
Job Control Language 工作控制语言

K

Key Concepts 关键概念
Key Process Area 关键过程区域
Keyword Driven Testing 关键字驱动测试
Kick-Off Meeting 启动会议

L

L10N(Localization) 本地化
Lag Time 延迟时间
LCSAJ Coverage LCSAJ 覆盖
LCSAJ Testing LCSAJ 测试
LCSAJ(Linear Code Sequence And Jump) 线性代码顺序和跳转
Lead Time 前置时间
Load Testing 负载测试
Localization Testing 本地化测试
Logic Analysis 逻辑分析
Logic-Coverage Testing 逻辑覆盖测试

M

Main Test Plan 主确认计划
Maintainability 可维护性
Maintainability Testing 可维护性测试
Maintenance 维护
Master Project Schedule 总体项目方案
Measurement 度量
Memory Leak 内存泄漏
Message 消息
Metric 度量
Migration Testing 迁移测试
Milestone 里程碑

Model	模型，原型
Modified Condition/Decision Coverage	修改条件/判定覆盖
Module Testing	模块测试
Monkey Testing	跳跃式测试
Mouse Leave	鼠标离开对象
Mouse Over	鼠标在对象之上
MTBF(Mean Time Between Failures)	平均失效间隔时间
MTP(Main Test Plan)	主确认计划
MTTF(Mean Time To Failure)	平均失效时间
MTTR(Mean Time To Repair)	平均修复时间
Multiple Condition Coverage	多条件覆盖
Mutation Analysis	变异分析
Mutation Testing	变异测试

N

N/A(Not Applicable)	不适用的
Negative Testing	逆向测试，反向测试，负面测试
Nominal Load	额定负载
Non-Functional Requirements Testing	非功能需求测试
N-Switch Coverage	N 切换覆盖
N-Transitions	N 转换

O

Object Attributes	对象属性
Object Diagram	对象图
Object Methods	对象方法
Object Oriented	面向对象
Object Point	对象点
Object Relation	对象关系
Off-The-Shelf Software	套装软件
Operability	互操作性
Operational Testing	可操作性测试
Output Domain	输出域
Organization	组织

P

Pair Programming	成对编程
Paper Audit	书面审计
Parent Class	父类
Partition Testing	分类测试

Path Coverage	路径覆盖
Path Sensitizing	路径敏感性
Path	路径
Peer Review	同行评审
Performance	性能
Performance Indicator	性能指标
Performance Testing	性能测试
Pilot	试验
Pilot Testing	试验测试
Plan	计划
Portability	可移植性
portability Testing	可移植性测试
Positive Testing	正向测试
Postcondition	后置条件
Precondition	前提条件
Predicate	谓词
Predicate Data Use	谓词数据使用
Priority	优先级
Process and Product Quality Assurance(PPQA)	产品质量保证过程
Product	产品
Program Instrumentation	程序插装
Progressive Testing	递进测试
Project Management	项目经理
Project Organization	项目组织
Prototype	原型
Pseudo Code	伪代码
Pseudo-Localization Testing	伪本地化测试
Pseudo-Random	伪随机

Q

QA(Quality Assurance)	质量保证
QC(Quality Control)	质量控制
QM(Quality Management)	质量管理
Quality	质量
Quality Assurance(QA)	质量保证
Quality Control(QC)	质量控制
Quality Management(QM)	质量管理

R

Race Condition	竞争状态

Rational Unified Process(RUP)	统一过程
Recovery Testing	恢复测试
Refactoring	重构
Regression Analysis And Testing	回归分析和测试
Regression Testing	回归测试
Release	发布
Release Note	版本说明
Reliability	可靠性
Reliability Assessment	可靠性评估
Reliability Testing	可靠性测试
Requirement Analysis	需求分析
Requirements Management Tool	需求管理工具
Requirements-Based Testing	基于需求的测试
Return Of Investment(ROI)	投资回报率
Reusebility	复用性
Review	评审
Risk Assessment	风险评估
Risk	风险
Risk Measurement	风险度量
Robustness	强健性
Root Cause Analysis(RCA)	根本原因分析

S

Safety	安全性
Safety Critical	严格的安全性
Sanity Testing	健全测试
Scalability	可测量性
Schedule Measurement	进度度量
Schema Repository	模式库
SCI(Software Configuration Item)	软件配置项
SCM(Software Configuration Management)	软件配置管理
Screen Shot	抓屏、截图
SDP(Software Development Plan)	软件开发计划
Security Testing	安全性测试
Security	安全性
Service	服务
Service Manageability	可维护性
Serviceability Testing	可服务性测试
Severity	严重性

Shipment	发布
Simple Subpath	简单子路径
Simulation	模拟
Simulator	模拟器
Size Measurement	规模度量
SLA(Service Level Agreement)	服务级别协议
Smoke Testing	冒烟测试
Software Configuration Item(SCI)	配置项
Software Configuration Management(SCM)	软件配置管理
Software Configuration Item(SCI)	软件配置项
Software Defect	软件缺陷
Software Development Plan(SDP)	软件开发计划
Software Development Process(SDP)	软件开发过程
Software Diversity	软件多样性
Software Element	软件元素
Software Engineering	软件工程
Software Engineering Environment	软件工程环境
Software Error	软件错误
Software Failure	软件失效
Software Fault	软件故障
Software Life Cycle	软件生命周期
Software Measurement	软件度量
Software Quality Assurance(SQA)	软件质量保证
Software Quality Control(SQC)	软件质量控制
Software Process Improvement(SPI)	软件过程改进
Software Reliability	软件可靠性
Software Reliability Model	软件可靠性模型
Software Requirement Specification(SRS)	软件需求说明
Software Testing	软件测试
Software Testing Automatization	软件测试自动化
Source Code	源代码
Source Statement	源语句
Specification	规格说明书
Specified Input	指定的输入
SPI(Software Process Improvement)	软件过程改进
Spiral Model	螺旋模型
SQA(Software Quality Assurance)	软件质量保证
SQAP(Software Quality Assurance Plan)	软件质量保证计划

SQL(Structured Query Language)	结构化查询语言
SRS(Software Requirement Specification)	软件需求说明
Staged Delivery	分阶段交付
State Diagram	状态图
State Transition Testing	状态转换测试
State Transition	状态转换
State	状态
Statement Coverage	语句覆盖
Statement Testing	语句测试
Statement	语句
Static Analysis	静态分析
Static Analyzer	静态分析器
Static Testing	静态测试
Statistical Testing	统计测试
Stepwise Refinement	逐步优化
Storage Testing	存储测试
Stress Testing	强度测试
Structural Coverage	结构化覆盖
Structural Test Case Design	结构化测试用例设计
Structural Testing	结构化测试
Structured Analysis	结构化分析
Structured Basis Testing	结构化的基础测试
Structured Design	结构化设计
Structured Programming	结构化编程
Structured Walkthrough	结构化走读
Stub	桩
Sub-area	子域
Summary	总结
Supportability	支持度
SVVP(Software Verification&Validation Plan)	软件验证和确认计划
Symbolic Evaluation	符号评价
Symbolic Execution	符号执行
Symbolic Trace	符号轨迹
Synchronization	同步
Syntax Testing	语法分析
System	系统
System Analysis	系统分析
System Design	系统设计

System Integration 系统集成
System Testing 系统测试

T

TC(Test Case) 测试用例
TCS(Test Case Specification) 测试用例规格说明
TDS(Test Design Specification) 测试设计规格说明书
Technical Requirements Testing 技术需求测试
Test 测试
Test Automation 测试自动化
Test Case 测试用例
Test Case Design Technique 测试用例设计技术
Test Case Suite 测试用例套
Test Comparator 测试比较器
Test Completion Criterion 测试完成标准
Test Coverage 测试覆盖
Test Design 测试设计
Test Driver 测试驱动
Test Environment 测试环境
Test Execution 测试执行
Test Execution Technique 测试执行技术
Test Generator 测试生成器
Test Harness 测试用具
Test Infrastructure 测试基础建设
Test Log 测试日志
Test Measurement Technique 测试度量技术
Test Metrics 测试度量
Test Procedure 测试规程
Test Records 测试记录
Test Report 测试报告
Test Scenario 测试场景
Test Script 测试脚本
Test Specification 测试规格
Test Strategy 测试策略
Test Suite 测试套
Test Target 测试目标
Test Ware 测试工具
Testability 可测试性
Testing Bed 测试平台

Testing Coverage	测试覆盖
Testing Environment	测试环境
Testing Item	测试项
Testing Normalization	测试规范
Testing Plan	测试计划
Testing Procedure	测试过程
Thread Testing	线程测试
Time Sharing	时间共享
TIR(Test Incident Report)	测试事故报告
ToolTip	控件提示或说明
Top-Down Testing	自顶向下测试
Total Quality Mangement(TQM)	全面质量管理
Total Quality Control(TQC)	全面质量控制
TPS(Test Process Specification)	测试步骤规格说明
TQC(Total Quality Control)	全面质量控制
TQM(Total Quality Mangement)	全面质量管理
Traceability	可跟踪性
Traceability Analysis	跟踪性分析
Traceability Matrix	跟踪矩阵
Trade-Off	平衡
Transaction	事务/处理
Transaction Volume	交易量
Transform Analysis	事务分析
Trojan Horse	特洛伊木马
Truth Table	真值表
TST (Test Summary Report)	测试总结报告
Tune System	调试系统
TW (Test Ware)	测试件

U

UI(User Interface)	用户界面
Ungradual Intergration	非增量式集成
Unit Testing	单元测试
Usability	可用性
Usability Testing	可用性测试
Usage Scenario	使用场景
User Acceptance Test	用户验收测试
User Database	用户数据库
User Graphic Interface Testing	用户图形界面测试

User Interface(UI)	用户界面
User Profile	用户信息
User Requirement	用户需求
User Scenario	用户场景

V

V&V(Verification & Validation)	验证 & 确认
Validation	确认
Verification	验证
Version	版本
Virtual User	虚拟用户
Visibility	可视性
Volume Testing	容量测试
VTP(Verification Test Plan)	验证测试计划

W

Walkthrough	走查
Waterfall Model	瀑布模型
Web Testing	网站测试
White Box Testing	白盒测试
Work Breakdown Structure(WBS)	任务分解结构

Z

Zero Bug Bounce(ZBB)	零缺陷反弹

参考文献

[1] Glenford J Myers,等.软件测试的艺术[M]. 3版.张晓明,黄琳,译.北京:机械工业出版社,2013.

[2] James R Evans.质量管理与质量控制[M].7版. 北京:人民大学出版社,2010.

[3] Glenford J Myers,Tom Badgett,Corey Sandler.软件测试的艺术[M]. 张晓明,黄琳,译.北京:机械工业出版社,2006.

[4] Rattonl R.软件测试[M]. 2版.北京:机械工业出版社,2006.

[5] Louise Tamres.软件测试入门[M].包晓露,王小娟,朱国平,译.北京:人民邮电出版社,2004.

[6] 秦航,杨强.软件质量保证与测试[M].北京:清华大学出版社,2012.

[7] 马慧,杨一平.软件质量管理与认证方法[M].北京:清华大学出版社,2011.

[8] 朱少民.软件质量保证和管理[M].北京:清华大学出版社,2007.

[9] 李炳森.软件质量管理[M].北京:清华大学出版社,2013.

[10] 李晓红.软件质量保证及测试基础[M].北京:清华大学出版社,2015.

[11] 刘伟.软件质量保证与测试技术[M].哈尔滨:哈尔滨工业大学出版社,2011.

[12] 孟磊.软件质量与测试[M].西安:西安电子科技大学出版社,2015.

[13] 袁玉宇.软件测试与质量保证[M].北京:北京邮电大学出版社,2008.

[14] 苏秦,何进.软件过程质量管理[M].北京:科技出版社,2008.

[15] 傅兵.软件测试技术教程[M].北京:清华大学出版社,2014.

[16] 赵斌.软件测试技术经典教程[M].北京:科学出版社,2007.

[17] 朱少民.软件测试[M].北京:人民邮电出版社,2009.

[18] 郑人杰,许静,于波.软件测试[M].北京:人民邮电出版社,2011.

[19] 佟伟光.软件测试技术[M].北京:人民邮电出版社,2010.

[20] 徐光侠,韦庆杰.软件测试技术教程[M].北京:人民邮电出版社,2011.

[21] 宫云战. 软件测试教程[M].北京:机械工业出版社,2009.

[22] 周元哲.软件测试教程[M].北京:机械工业出版社,2010.

[23] 路晓丽,葛玮.软件测试技术[M].北京:机械工业出版社,2007.

[24] 徐芳.软件测试技术[M].北京:机械工业出版社,2011.

[25] 刘文乐,田秋成. 软件测试技术[M].北京:机械工业出版社,2011.

[26] 贺平.软件测试技术[M].北京:机械工业出版社,2004.

[27] 曹薇.软件测试[M].北京:清华大学出版社,2008.

[28] 朱少民.软件测试方法和技术[M].北京:清华大学出版社,2005.

[29] 陈汶滨,朱晓梅,任冬梅.软件测试技术基础[M].北京:清华大学出版社,2008.

[30] 陈明.软件测试技术[M].北京:清华大学出版社,2011.

[31] 杜庆峰.高级软件测试技术[M].北京:清华大学出版社,2011.

[32] 李海生,郭锐.软件测试技术案例教程[M].北京:清华大学出版社,2013.

[33] 姚茂群.软件测试技术与实践[M].北京:清华大学出版社,2012.

[34] 温艳冬,王法胜.实用软件测试教程[M].北京:清华大学出版社,2011.

[35] 杜文洁.软件测试教程[M].北京:清华大学出版社,2008.

[36] 陈明.软件工程实用教程[M].北京:清华大学出版社,2012.
[37] 张海藩.软件工程导论[M]. 5版.北京:清华大学出版社,2008.
[38] 古乐,史九林.软件测试技术概论[M].北京:清华大学出版社,2004.
[39] 林宁,等.软件测试实用指南[M].北京:清华大学出版社,2004.
[40] 邓武,李雪梅.软件测试技术与实践[M].北京:清华大学出版社,2012.
[41] 秦航,杨强.软件质量保证与测试[M].北京:清华大学出版社,2012.
[42] 库波,杨国勋.软件测试技术[M].北京:中国水利水电出版社,2010.
[43] 曲朝阳,刘志颖,杨杰明,等. 软件测试技术[M].北京:清华大学出版社,2015.
[44] 孙海英,等.软件测试方法与应用[M].北京:中国铁道出版社,2009.
[45] 赵瑞莲.软件测试[M].北京:高等教育出版社,2008.
[46] 陈伟柱. 单元测试之道[M].北京:电子工业出版社,2006.